内蒙古自治区高质量发展系列研究丛书

国家北方生态安全屏障综合试验区建设研究

STUDY ON THE CONSTRUCTION OF COMPREHENSIVE TEST ZONE OF ECOLOGICAL SECURITY BARRIER IN NORTH CHINA

内 蒙 古 自 治 区 研 究 室
中国草业发展战略研究中心

中国发展出版社
CHINA DEVELOPMENT PRESS

图书在版编目（CIP）数据

国家北方生态安全屏障综合试验区建设研究 / 内蒙古自治区研究室，中国草业发展战略研究中心著．—北京：中国发展出版社，2019.11

ISBN 978-7-5177-1076-9

Ⅰ．①国… Ⅱ．①内… ②中… Ⅲ．①生态环境建设－研究－内蒙古 Ⅳ．① X321.226

中国版本图书馆 CIP 数据核字（2019）第 253058 号

书　　名：国家北方生态安全屏障综合试验区建设研究
著作责任者：内蒙古自治区研究室　中国草业发展战略研究中心
出 版 发 行：中国发展出版社
联 系 地 址：北京市西城区裕民东路 3 号 9 层　100029
标 准 书 号：ISBN 978-7-5177-1076-9
经　销　者：各地新华书店
印　刷　者：北京市密东印刷有限公司
开　　本：710mm × 1000mm　1/16
印　　张：20.25
字　　数：230千字
版　　次：2019 年 11 月第 1 版
印　　次：2019 年 11 月第 1 次印刷
定　　价：79.00 元

联 系 电 话：（010）68990630　68990692
购 书 热 线：（010）68990682　68990686
网 络 订 购：http://zgfzcbs. tmall. com//
网 购 电 话：（010）88333349　68990639
本 社 网 址：http://www.develpress. com. cn
电 子 邮 件：370118561@qq. com

内蒙古自治区高质量发展系列研究丛书
编委会

“国家北方生态安全屏障综合试验区建设研究”项目组

顾　问

任继周　兰州大学教授　中国工程院院士

洛桑灵智多杰　中国藏学研究中心原副总干事

总主持人

南志标　兰州大学教授　中国工程院院士

黄季焜　北京大学现代农学院教授

成　员

第一课题组

主持人：张树礼　内蒙古自治区环境科学研究院研究员

成　员：李现华　内蒙古自治区环境科学研究院高级工程师

祁　瑜　内蒙古自治区环境科学研究院高级工程师

高学磊　内蒙古自治区环境监测中心站高级工程师

王玉华　内蒙古自治区环境监测中心站高级工程师

苏金华 内蒙古自治区环境监测中心站正高级工程师

陶赛喜雅拉图 内蒙古自治区环境监测中心站高级工程师

郭二果 呼和浩特市环境监测中心站正高级工程师

第二课题组

主持人：侯向阳 中国农业科学院草原研究所研究员

成　员：任卫波 中国农业科学院草原研究所研究员

丁　勇 中国农业科学院草原研究所研究员

杨婷婷 中国农业科学院草原研究所副研究员

李　平 中国农业科学院草原研究所副研究员

王　宁 中国农业科学院草原研究所副研究员

李元恒 中国农业科学院草原研究所助理研究员

萨茹拉 中国农业科学院草原研究所助理研究员

李西良 中国农业科学院草原研究所助理研究员

吴　尧 中国农业科学院草原研究所助理研究员

李　芳 中国农业科学院草原研究所助理研究员

张玉娟 中国农业科学院草原研究所助理研究员

高新磊 中国农业科学院草原研究所助理研究员

张　勇 中国农业科学院草原研究所助理研究员

王　凯 中国农业科学院草原研究所助理研究员

第三课题组

主持人：黄季焜 北京大学现代农学院教授

邓祥征 中国科学院地理科学与资源研究所研究员

成　员：吴　锋 中国科学院地理科学与资源研究所副研究员

张　岩 兰州大学草地农业科技学院讲师

张　帆 中国科学院地理科学与资源研究所助理研究员

刘　敏 北京大学现代农学院博士后

王　湛 北京大学现代农学院博士后

胡远宁 北京大学现代农学院博士研究生

白羽萍 中国科学院地理科学与资源研究所博士研究生

蒋思坚 中国科学院地理科学与资源研究所博士研究生

第四课题组

主持人：南志标 兰州大学教授　中国工程院院士

黄季焜 北京大学现代农学院教授

成　员：邓祥征 中国科学院地理科学与资源研究所研究员

吴　锋 中国科学院地理科学与资源研究所副研究员

唐　增 兰州大学草地农业科技学院副教授

夏　超 兰州大学草地农业科技学院副研究员

张　岩 兰州大学草地农业科技学院讲师

张　帆　中国科学院地理科学与资源研究所助理研究员

王　湛　北京大学现代农学院博士后

总协调人

田德志　内蒙古自治区政府研究室主任

协 调 人

李　健　内蒙古自治区政府研究室农牧处处长

项目办公室成员

张　岩　兰州大学草地农业科技学院讲师

王　湛　北京大学现代农学院博士后

序 言

内蒙古地处祖国北疆，横跨我国东北、华北、西北三大地区，内连八省，外接蒙俄，自然和生态资源十分丰富，是我国北方重要的生态安全屏障、祖国北疆安全稳定屏障、向北开放的重要桥头堡。新世纪以来，内蒙古紧紧围绕国家战略部署，依托能源资源优势，不断推进改革开放，经济发展取得了举世瞩目的成就。目前，内蒙古所处的国内外环境发生了重大变化，已进入新的发展阶段。推动高质量发展，是新时代保持内蒙古经济社会持续健康发展的必然要求，是解决内蒙古发展不平衡不充分问题的必然要求，也是遵循经济规律发展的必然要求。

习近平总书记十分关心内蒙古高质量发展问题，多次作出指示和批示。2014 年 1 月习近平总书记考察内蒙古时提出，内蒙古要“着力转变经济发展方式，提高经济发展质量和水平”；2018 年 3 月参加十三届全国人大一次会议内蒙古代表团审议时提出，内蒙古要“扎实推动经济高质量发展，把祖国北部边疆这道风景线打造得更加亮丽”；2019 年 3 月参加十三届全国人大二次会议内蒙古代表团审议时提出，内蒙古“要探索以生态优先、绿色发展为导向的高质量发展新路子”；2019 年 7 月在内蒙古考察并指导开展“不忘初心、牢记使命”主题教育时，习近平总书记再次强调，内蒙古要牢记初心和使命，贯彻以人民为中心的发展思想，落实新发展理念，做好稳增长、促改革、调结构、惠民生、防风险、保稳定各项工作，不断增强各族群众的获得感、幸福感、安全感。习总书记的重要讲话和指示，为内蒙古高质量发展指明了战略方向，对扎实推动内蒙古经济社会高质量发展具有深远影响。

面对世界百年未有之大变局，面对高质量发展的时代任务，我们要认真学习、坚决贯彻落实习近平总书记关于内蒙古高质量发展的一系列指示批示精神，站在国家全局和战略大局上思考发展，主动适应变化，谋划好内蒙古经济社会高质量发展的战略举措。

必须坚持以绿色低碳循环为主题，并以此作为选择重点发展方向的基本逻辑起点和依据。作为我国北方面积最大、种类最全的生态功能区，内蒙古的生态状况不仅关系全区各族群众生存和发展，而且关系到华北、东北、西北乃至全国生态安全。建设北方重要的生态安全屏障，是国家赋予内蒙古的定位。内蒙古的创新、协调、开放、共享应更多围绕绿色来做文章。内蒙古要保持加强生态文明建设的战略定力，实现绿色转型，探索以生态优先、绿色发展为导向的高质量发展新路子。

必须加快新旧动能转换，做强实体经济，筑牢高质量发展根基。

一是推动传统特色产业数字化、网络化、智能化建设，运用新技术、新模式改造提升传统产业，推动传统优势特色产业分化裂变、升级换代、跨界融合，实现“脱胎换骨”。二是大力培育产业集群，尤其是强化具有潜在战略发展价值的稀土材料、石墨烯新材料、大数据等产业集群的发展。三是建立健全产业创新驱动机制，实现经济发展动力从投资驱动向创新驱动转变，促进产业向价值链中高端迈进，形成创新驱动的现代化经济体系。四是深入实施品牌战略，培育一批国内外知名的产品、企业、行业，培育区域品牌，促进品牌高端化，改变内蒙古产品质优价低的局面。

必须推动形成高水平对外开放新格局。向北开放是我国新时代开放战略大格局中的重要一环，不仅对深化我国面向俄蒙开放合作、更好维护国家能源资源安全具有战略意义，也是推进和深化与东北亚国家和地区经贸合作的重要渠道。内蒙古在向北开放过程中具有不可替代的地缘优势。内蒙古不仅要进一步强化向北开放桥头堡的战略功能，还要继续发挥“承东启西，贯通南北”的区位优势，加强与东北、华北各省市的合作，共同构建面向俄蒙欧和东北亚的战略开放通道，带动周边省市和更多地区参与到国家向北开放的战略布局之中。

必须创新体制机制，优化营商环境。要加快“放管服”改革，放宽市场准入，提升政府办事效率，增强政府行政能力和公信力，在制度方面加快改革，降低制度成本。大力推进建设一视同仁公平竞争的营商环境。保护合法合规企业的权益，完善知识产权保护。把完善软环境建设纳入政府的政绩考核。通过诚信建设推动社会治理发展，优化发展软环境，吸引企业落户、产业生根。

必须充分尊重企业家精神。企业是市场经济的重要主体，企业家则是企业的灵魂和核心，在企业创新中起着不可替代的作用。这是因为企业家把分散的创新要素聚合在一起，不断地把科技创新与市场结合起来，从而使那些具有创新性、前瞻性的思想成为现实。因此，落实好高质量发展的时代要求，必须充分发挥企业的主体作用，充分调动亿万市场主体的积极性和创造性，充分尊重、保护和弘扬企业家精神，切实发挥好企业家在创新中的引领作用。

必须保障和改善民生，满足人民美好生活需要。高质量发展的最终目的是为了造福于人民，提高各个阶层的福祉。目前内蒙古居民收入差距比较大，仍然有不少贫困人口。要建立完善的基本保障制度，实现初次分配强调效率、再分配更加注重公平的社会财富调节机制，缓解城乡居民之间、城市及农村居民内部的收入差距扩大趋势。对结构性失业较严重的地区，制定针对性政策，避免因不充分就业和失业导致的收入差距过大问题。

作为直属国务院的政策研究和咨询机构，国务院发展研究中心长期关注内蒙古经济社会发展。为积极支持内蒙古经济社会发展，国务院发展研究中心与内蒙古自治区人民政府于 2019 年 7 月 22 日签署了合作备忘录。今后，国务院发展研究中心将全面贯彻党的十九大和习近平总书记对内蒙古工作的一系列重要讲话精神，推动高端智库优势和内蒙古自治区经济社会发展的实际需求紧密结合，为把祖国北部边疆这道风景线打造得更加亮丽提供强有力的智力支撑。

是为序。

马建堂

2019 年 10 月于北京

本报告使用词汇的说明

草地载畜量：单位面积草地上所能放养的牲畜头数。

草地质量：包括高覆盖度、中覆盖度和低覆盖度的草地。高覆盖度草地指覆盖度 >50% 的天然草地、改良草地和割草地，此类草地一般水分条件较好，草被生长茂密；中覆盖度草地指覆盖度 >20%~50% 的天然和改良草地，一般水分不足，草被较稀疏；低覆盖度指覆盖度在 5%~20% 的天然草地，水分缺乏，草被稀疏，牧业利用条件差。

地下水漏斗：区域地下水降落漏斗也称区域地下水漏斗，是由于集中开采地下水，导致集中开采区的地下水位下降，从而使周边地下水流场发生改变，周边的地下水向集中开区流动，形成区域性漏斗状凹面。地下水漏斗区的水位明显低于周围地区，潜水面呈现漏斗状曲面。

防风固沙功能：是指生态系统通过其结构与过程减少由于风蚀所导致的土壤侵蚀的作用，是生态系统提供的重要调节服务之一。它主要与风速、降雨、温度、土壤、地形和植被等因素密切相关。

费用支出法：从消费者角度来核算的生态环境效益的价值。

活立木蓄积量：指一定范围内土地上全部树木蓄积的总量，包括森林蓄积、疏林蓄积、散生木蓄积和四旁树蓄积。

经济—生态生产总值（Gross Economic-ecological Product ，GEEP）：是生态系统生产总值扣除人类损耗及负面效应后所得的价值，即把资源消耗、环境损害、生态效益纳入社会经济发展的综合核算指标体系。是在经济系统生产总值的基础上，考虑人类在经济生产活动中对生态环境的损害和生态系统对经济系统的福祉，把“绿水青山”和“金山银山”统一到一个框架体系下，是一个有增有减，有经济有生态的综合核算框架体系。

马尔科夫链：根据俄国数学家马尔科夫（A.A Markov）的随机过程理论提取出来的，通过构造状态转移概率矩阵来测量事件发生的状态及发展变化趋势。该过程中，在给定当前知识或信息的情况下，过去（即当期以前的历史状态）对于预测将来（即当期以后的未来状态）是无关的，即“无后效性”，也称为“马尔可夫性”。

农业生态分区：由可持续发展和全球环境中心及国际粮农组织根据气候条件和作物生长规律划分的一致性分区单元。

缺水警戒线：是基于人均水资源，在 1989 年由瑞典水文学家 Falkenmark 提出的一种度量水资源短缺状况的指数，现被国际普遍认可。人均年水资源量 1700m^3 为水紧张警戒线（water stress state），1000 m^3 为缺水警戒线（water scarce state），低于 500m^3 的人均年水资源量称为“严重缺水”。

生态环境质量：即生态环境的优劣程度，它以生态学理论为基础，在特定的时间和空间范围内，从生态系统层次上反映生态环境对人类生存及社会经济持续发展的适宜程度，是根据人类的具体要求对生态环境的性质及变化状态的结果进行的评定。

生态系统服务功能：是指生态系统与生态过程所形成及所维持的人类赖以生存的自然环境条件和效用。生态系统服务功能的内涵包括有机质的合成与生产、生物多样性的产生与维持、调节气候、营养物质贮存与循环、土壤肥力的更新与维持、环境净化与有害有毒物质的降解、植物花粉的传播与种子的扩散、有害生物的控制、减轻自然灾害等方面。

生态系统生产总值（Gross Ecosystem Product，GEP）：是指生态系统为人类福祉和经济社会可持续发展提供的产品与服务价值的总和，包括生产系统产品价值、生态调节服务价值和生态文化服务价值。

生态调节服务价值（Ecosystem Regulation Service，ERS）：是将生态系统最终为经济系统提供的服务价值货币化体现，不包括支持服务的中间产品价值，其是生态系统生产核算或经济—生态生产总值的一部分。

生态足迹 / 生态承载力：任何已知人口（某个个人、一个城市或一个国家）的生态足迹是生产这些人口所消费的所有资源和吸纳这些人口所产生的所有废弃物所需要的生物生产土地的总面积。通过跟踪国家或区域的能源和资源消费，将它们转化为提供这种物质流所必需的生物生产土地面积。而生态承载力则是国家和区域范围所能提供的这种生物生产土地面积。通过二者的比较，能判断一个国家或区域的生产消费活动是否处于当地生态系统承载力范围内。

生态盈余 / 超载：生态承载力大于生态足迹时，则产生生态盈余，其大小等于生态承载力减去生态足迹的余数。一个地区的生态承载力小于生态足迹时，出现生态赤字，其大小等于生态承载力减去生态足迹的差数。

生物多样性保护功能：生物多样性是指从分子到景观各种层次生命形态的集合。生态系统不仅为各类生物物种提供繁衍生息的场所，而且还为生态进化及生物多样性的产生与形成提供了条件。同时，生态系统通过生物群落的整体，创造了适宜生物生存的环境。

食物提供功能：产品提供功能是指提供粮食、油料、肉、奶、水产品、棉花、木材等农林牧渔业初级产品生产方面的功能。食物供给是产品供给的重要组成部分，对社会经济的发展及生态安全的稳定性具有重要的意义。

市场价值法：利用因环境质量变化引起的某区域产值或利润的变化来计量环境质量变化的经济效益或经济损失。

水源涵养功能：是指生态系统通过其特有的结构，与水相互作用，对降水进行截留、渗透、蓄积，并通过蒸散发，实现对水流、水循环的调控，主要表现在缓和地表径流、补充地下水、减缓河流流量的季节波动、滞洪补枯、保证水质等方面。

水资源承载力：即水资源承载最大人口论，为在某一具体的发展阶段下，以可以预见的技术、经济和社会发展水平为依据，以可持续发展为原则，以维护生态环境良性发展为前提，在水资源合理配置和高效利用的条件下，区域社会经济发展的最大人口容量。

碳固定：是指生态系统中植物通过光合作用将大气中的二氧化碳转化为碳水化合物，并以有机碳的形式固定在植物体内或土壤中，即存留于生态系统中的碳。

碳汇：是指通过植树造林、森林管理、植被恢复等措施，利用植物光合作用吸收大气中的二氧化碳，并将其固定在植被和土壤中，从而减少温室气体在大气中浓度的过程、活动或机制。

土壤保持功能：是生态系统通过其结构与过程减少由于水蚀所导致的土壤侵蚀的作用，是生态系统提供的重要调节服务之一。它主要与气候、土壤、地形和植被有关。

土壤肥力：反映土壤肥沃性的一个重要指标，它是衡量土壤能够提供作物生长所需的各种养分的能力。

叶面积指数：是在单位土地面积上植物总叶面积与土地面积之比。

“一带三屏三区”：“一带”指农牧交错带；“三屏”指大兴安岭山脉、阴山山脉和贺兰山山脉，是内蒙古生态安全屏障的天然“脊梁”，接续相连绵延数千公里，其生态区位极其重要；“三区”指沙地防治区、天然林保护区与天然草原区，作为“山水林田湖草”系统综合治理试验区建设的战略布局。

影子工程法：当环境破坏后，用人工方法建造出一新工程来代替原先生态环境系统的功能，用建造新工程的费用来估算环境破坏造成经济损失的计量方法。

支出法 GDP：指一个国家或地区所有常住单位在一定时期内用于最终消费、资本形成总额，政府支出以及货物和服务的净出口总额。它反映本期生产的国内生产总值的使用及构成。

植被指数：利用卫星不同波段探测数据组合而成的，能反映植物生长状况的指数。植物叶面在可见红光波段有很强的吸收特性，在近红外波段有很强的反射特性，这是植被遥感监测的物理基础，通过这两个波段测值的不同组合可得到不同的植被指数。

目 录

项目报告摘要

“国家北方生态安全屏障综合试验区建设研究”项目，系内蒙古自治区政府研究室2018年7月下达的政府决策重大咨询项目，2019年3月初完成。由中国草业发展战略研究中心承担，参加单位包括兰州大学、北京大学、中国科学院地理科学与资源研究所、中国农业科学院草原研究所、内蒙古自治区环境科学研究院等。项目组通过实地调研、考察、与当地相关部门领导与专家座谈、文献资料收集和情景分析等，在如下五个方面取得了主要结果。

一、内蒙古在建设国家北方生态安全屏障中的重要性和战略地位

内蒙古自治区是我国北方面积最大、种类最全的生态功能区，其中草原和森林是两类最主要的生态系统，面积分别为5448万公顷和2613万公顷，占全区面积46%和22%，均居全国第1位，分别占全国同类生态系统的14%和12%。荒漠3197万公顷，湿地

601.1 万公顷，分别占全区面积的 27% 和 5%。农田 916.2 万公顷，占全区面积的 8%。全区生态系统水源涵养总量达 591.27 亿立方米，50% 以上的东北河流水量直接来源于内蒙古中东部森林和草原区，锡林郭勒草原是滦河水系的源头和上游主要水源的涵养地，供水量占引滦入津总供水量的 1/6。全区防风固沙总量达 57.58 亿吨，占全国固沙总量的 50%，五大沙漠与五大沙地植被年滞尘量 709.53 万吨，阴山北麓草原生态功能区防风固沙受益区域面积 4.4 亿公顷，占全国国土面积的 46%。内蒙古是我国陆地生态系统中最大的碳库，固碳总量达 5361 万吨 / 年，占全国固碳总量的 9%，草原固碳量占全国草原总固碳量的 21%，全区碳汇总量为 1.52 亿吨，占全国碳汇总量的 17%。全区食物供给总能量为 95.46 万千卡，羊肉、羊绒、牛奶等产品产量居全国之首。研究评估表明，2015 年内蒙古生态调节服务价值（ERS）为 6.33 万亿元，是当年 GDP（1.78 万亿元）的 3.56 倍，居全国之首，相当于毗邻的黑龙江、吉林、辽宁、河北、陕西、山西、宁夏、甘肃等 8 省（区）价值总量的 59%。综合考虑经济价值、生态价值和生态环境损失价值（0.08 万亿元），内蒙古经济—生态生产总值（GEEP）为 8.03 万亿元，居全国第 2 位，仅次于广东省（9.39 万亿元），其提供的巨额生态系统服务价值是构筑我国北疆万里绿色长城的雄厚资本。同时，内蒙古是祖国边疆少数民族地区，是我国向北开放的重要桥头堡和“一带一路”的重要节点。内蒙古生态状况不仅关系全区各族群众生存和发展，而且关系华北、东北、西北乃至全国生态安全，把内蒙古建成我国北方重要生态安全屏障，是立足全国发展大局确立的战略定位。

二、建设国家北方重要生态安全屏障试验区的必要性和紧迫性

从20世纪70年代末开始，国家和内蒙古自治区政府实施了一系列生态环境建设工程，生态环境整体恶化的趋势得到遏制，局部区域好转，但生态系统本底脆弱和质量偏差的基本面仍然没有从根本上得到改变，潜在生态风险依然很大。生态演变轨迹分析表明，1980年到2005年全区自然资源承载力处于盈余状态，但盈余率从178%逐渐下降到16%。2010年则超载率33%，2015年总体超载率达到37%。内蒙古人均水资源量1561立方米，是全国人均水平的74%，仅为世界人均水平的21%，尤其是阿拉善盟、呼和浩特市、包头市、巴彦淖尔市、鄂尔多斯市等中西部地区水资源特别匮乏，仅为全区平均水平的16%。全区地下水利用量已经占可开采量的3/4，总体超采量超过6亿立方米。草原平均产草量从1980年的1.1吨/公顷下降到2005年的0.76吨/公顷，之后缓慢上升至2015年的0.9吨/公顷，2018年达到0.944吨/公顷，草原总面积和中高覆盖度草原面积持续减少，其中，中高覆盖度草地面积累计减少了157万公顷，但2005年之后减少速度变缓。耕地面积从525.2万公顷增加到916.2万公顷，但耕地质量差，14等和15等的耕地比重达60%以上，中低产田占耕地总面积的70%以上。粮食单产低于全国平均水平近10%。内蒙古荒漠化面积累计近3000万公顷，占国土面积的27%，春季发生的半径在60千米以上范围的沙尘暴，有45%影响到京津冀地区。据预测，若不加强生态保护建设，到2020年草原将仅剩36.6%的未退化草地，而到2030年将不足30%。因此，加强国家北方生态安全屏障试验区

建设已迫在眉睫。这也是构筑祖国北疆万里绿色长城、坚守生态底线、坚定不移走绿色发展之路、建设亮丽内蒙古的最紧迫任务。

三、国家北方生态安全屏障综合试验区建设的定位、思路、原则和目标

（一）综合试验区建设的定位

是生态系统保护修复的综合试验区，是生态服务和产品供给的保障区，是产业升级绿色发展的创新区，亦是“绿水青山就是金山银山”理论的践行区。

（二）综合试验区建设的总体思路

以提升国家北方生态敏感脆弱区的生态系统服务功能、促进生态环境保护和经济发展有机统一、保障北方地区乃至全国的生态安全为战略目标，以生态优先、绿色发展为建设理念，提出“一带三屏三区”建设格局。“一带”指农牧交错带，“三屏”指大兴安岭山脉、阴山山脉和贺兰山山脉，内蒙古生态安全屏障的天然“脊梁”接续相连绵延数千公里，其生态区位极其重要；“三区”指沙地防治区、天然林保护区与天然草原区，作为“山水林田湖草”系统综合治理试验区建设的战略布局。建议布局七项重大工程，实施五项保障支持政策，提高试验区的生态文明建设水平，使综合试验区生态系统趋于稳定与良性的循环，助推并引领试验区乃至全国的生态安全与社会经济可持续发展。

（三）综合试验区建设原则

坚持人与自然和谐共生、生态环境保护优先、产业绿色发展、以人为本永续发展与体制机制创新的原则，探索出一条符合战略定位、体现内蒙古特色、以生态优先与绿色发展为导向的高质量发展新路子。

（四）综合试验区建设目标

到 2022 年，草原植被盖度由 44% 提升至 46%，森林覆盖率由当前的 21% 提升至 24%，新增沙化土地治理面积 420 万公顷，湿地保有量由当前 601.1 万公顷提升到 633.3 万公顷，新增水土流失治理面积 320 万公顷。国家北方生态安全屏障综合试验区的制度框架、生态补偿机制和政策支持体系基本形成，经济结构得到初步优化，生态环境承载压力明显改善，城乡居民增收高于全国平均增长速度，形成一批可复制、可推广的经验，在全国推广应用。到 2035 年，实现全面提升试验区生态服务功能和生态承载力，有力支撑国土生态安全骨架和国家生态安全屏障体系建设；基本形成以绿色产业为主导的现代产业体系，实现富民强区与永续发展的目标。

四、建设国家北方生态安全屏障综合试验区重大工程布局建议

（一）国家自然保护地体系建设工程

建立大兴安岭国家森林公园、呼伦贝尔国家草地公园、锡林郭勒国家草地公园、额尔古纳国家湿地公园和巴丹吉林国家沙漠公园等五个国家公园体系建设试点工程，构建多生态系统的国家公园群体系；对生物、文化遗产等实施永久保护，与生态红线自然保护区组成完整的国家自然保护地体系。

（二）退化生态系统（水域、湿地与沙地）修复工程

实施海拉尔、乌珠穆沁、浑善达克、科尔沁、毛乌素等五大沙地治理的建设工程。推进河湖联通工程和绿水工程，对呼伦湖、乌梁素海、岱海、黄旗海和居延海等采取湿地补水、水生植被恢复、水位调控、富营养化治理等生态环境修复工程。在因矿产资源开采对草原严重破坏地区，实施绿色矿山建设可持续发展综合试验示范工程。

（三）农牧交错带退耕还草工程

在不减少国家下达给内蒙古自治区粮改饲任务的前提下，加大退耕还草和粮改饲的支持力度，在粮食单产低于100千克/亩的农牧交错带及呼伦贝尔、科尔沁、阴山北麓等区域，综合施策恢复生态屏障功能，全面实施退耕还草，加大多年生栽培草地建设力度，加大地表植被的常年覆盖，减少水土流失；在河谷滩地、湖盆洼地、沙丘间低地等水位较高的土地建立饲草基地，推行“种植一点、改良一块、保护一大片”的草原生态保护建设模式，发展粮改饲与现代畜牧业。科学核算退耕还草对牧民收入的影响，实施全额补偿的退耕退牧还草生态补偿政策。

（四）草原修复与合理利用试验示范区建设工程

以人、草、畜是生命共同体的生态文明理念为引领，加大对草原牧区道路等基础设施建设。对基本健康的草原合理利用，在利用中加以保护。对不同程度退化的草原分类治理。在无水草原区建设集雨设施，收存储备降水，供人畜使用，激活无水草原，实现放牧地和割草地的科学轮换。天然草原是—栽培草地相结合，农区—牧区相结合，建设人居—草地—家畜和谐共生、草原可持续利用的示范样板。

（五）森林生态系统保育与提升工程

在持续推进内蒙古地区的京津风沙源治理和三北防护林建设等现有重大生态工程、建立成果巩固的长效机制的同时，国家启动森林退化修复与灌木林平茬复壮工程、国有林场和林区能力提升工程，加强基础设施，增强抵御自然灾害的能力。提升天然林保护工程，建立完善的森林资源调查与认证系统，科学合理地采伐、间伐天然林。实施林业惠民工程，加强林场职工和农牧民的技能培训，鼓励其参与林业工程建设和林业生态保护。

（六）产业升级与绿色发展系统工程

实施绿色高值高效现代农业建设工程，促进内蒙古绿色生态农业发展和农民增收，助推乡村振兴战略实施；实施工业绿色与升级改造工程，运用高新技术改造提升传统产业，壮大战略性新兴产业，培育发展绿色能源产业；实施城市生态系统污染防治攻坚工程，加强对大气、水体、固体废弃物等的污染防治，建设生态宜居的呼包鄂城市群试点工程。实施生态文化服务功能提升工程，将林、草、沙、湿地等旅游区域统筹规划，实现开放的“大旅游”路线。通过实施以上系统工程为农牧民持续创造大量就业，从根本上解决人—地矛盾和保障生态安全长效问题。

（七）教育科技创新与草原生态文化传承支撑工程

加强对教育和科研投入，重点支持生态建设与恢复项目。构建试验区自然资源确权登记、生态环境监测、预警、监管与评估机制，实施生态安全屏障建设的全过程监管。依托内蒙古悠久的草原文化，在不同的生态功能区，汲取多元文化内涵，建设生态文化传承和发展示范区，推动创新发展。

五、建设国家北方生态安全屏障综合试验区的政策建议

（一）健全跨区域生态补偿体制机制

一是中央财政考虑不同区域生态功能因素和支出成本差异，通过提高均衡性转移支付系数等方式，逐步增加对北方生态屏障功能区的转移支付。科学核算跨区域生态功能的服务价值，构建跨省和跨区的平行生态补偿体制与运行机制。二是鼓励受益地区与保护生态地区、流域下游与上游、粮食生产区与销售区通过资金补偿、对口协作、产业转移、人才培训、共建园区等方式建立横向生态补偿关系。三是推进生态保护补偿试点示范，统筹各类补偿资金，探索综合性补偿办法。中央将北方生态屏障综合试验区作为开展生态保护补偿的重点区域，提高草原奖补政策的补偿标准。四是建立能源输出生态补偿、财税政策或绿色发展基金，制定有利于资源节约利用和可持续发展的资源价格。五是稳妥有序开展生态环境损害制度改革试点，建立损害生态赔偿的运行机制和采矿企业退出补偿机制。六是建立水权、排污权、碳排放权初始分配制度，完善生态产品价格形成机制，培育和发展交易平台，使生态保护者通过生态产品交易获得收益。

（二）建立生态系统服务产品的绿色金融体系与交易平台

开展自然资源统一确权登记，编制自然资源资产核算表与负债表，探索自然资源资本证券化模式。支持生态保护地区政府和社会资本按市场化原则共发起绿色发展基金，推进规范操作的绿色产业项目；试验区开展在蒙的国有企业部分税收返还、支持试验区绿色发展项目、

构建资源环境权益的综合性交易平台试点。

（三）建立产业升级转型和绿色发展政策支持体系

加快综合试验区的经济结构转型速度，延长农业产业链，发展生态、高值、多功能、可持续的现代农业，大力培育大数据中心、云计算及人工智能与区块链等绿色新兴产业，稳步推进城镇化和工业化，发展生态旅游产业和现代服务业，形成绿色发展产业体系，为社会创造更多就业，并积极引导农牧民参与非农就业。

（四）加大综合试验区基础设施建设投入力度

加大草原牧区和林区道路、供水工程设施、抗灾能力等基础设施建设。推广牧区暖季合理放牧、冷季科学补饲的养殖方式；林区天然林合理采伐，大力发展林下经济；在水热条件适宜地区，以水定量，适度发展“水草林机料”五配套的林草生产基地。

（五）构建综合试验区体制机制与科技创新保障体系

充分发挥内蒙古生态文明建设委员会作用，赋予协调生态安全屏障综合试验区建设的职能，建立投入和绩效督导评估、检查验收、质量监测的法定职责，坚持综合督导和专项督导并举，建立与完善督导的评价体系和激励机制。国家设立生态安全屏障建设重大研发专项；加强草业科学、林业科学等学科建设，建立若干所中职和高职技术学校。制定生态建设技术人员基层服务特殊优惠政策，形成扎根乡村、牧区和林区的技术队伍。制定内蒙古自治区北方生态安全屏障建设与管理条例，提高违法成本，加强执法队伍建设，加大执法力度，设立生态检察院与生态法官制度。

第一章

国家北方生态安全屏障建设的重要性

内蒙古地处祖国正北方，区位独特、资源丰富、生态类型多样，是我国北方重要生态安全屏障。内蒙古生态系统水源涵养总量达591.27亿立方米，是我国高纬度地区功能完整的综合水源涵养系统，发挥着“东北亚水塔”的重要功能；防风固沙总量达57.58亿吨，约占全国固沙总量的50%，是我国北方防沙屏障带的主体组成部分；生物多样性极其丰富，拥有四合木、蒙古野驴等多种特有或稀有物种；年固碳总量达53.61×10^6吨，是我国碳汇总量最高的省区；土壤保持总量为33.29亿吨，食物供给总能量为95.46万千卡，羊肉、羊绒、牛奶等产品产量居全国之首，是国家重要的绿色农畜产品输出地。研究表明，2015年内蒙古生态系统调节服务价值（ERS）为6.33万亿元，是当年GDP的3.56倍，居全国之首，经济—生态生产总值（GEEP）为8.03万亿元，居全国第2位，为我国提供巨额生态系统服务价值。同时，内蒙古是祖国边疆少数民族地区，是我国向北开放的重要桥头堡和“一带一路”的重要节点。内蒙古生态状况如何，不仅关系全区各族群众生存和发展，而且关系华北、东北、西北乃至全国生态安全。

因此，筑牢北方重要生态安全屏障，建设万里绿色长城，是立足全国发展大局确立的战略定位，对全国生态安全具有重要的战略意义。

一、重要的战略地位

内蒙古作为祖国北疆安全稳定的防线，是一个蒙、汉、回、满、达斡尔、鄂伦春、鄂温克等多民族聚居的边疆少数民族地区，是我国向北开放的前沿、东北经济区和西部大开发的重要组成部分、京津冀地区的重要经济腹地、国家能源供应基地和祖国北疆安全稳定的屏障，在国家政治、经济、军事、安全、社会、生态、资源安全方面具有重要的战略地位。

（一）重要的国家安全战略地位

内蒙古位于我国北部边疆，由东北向西南斜伸，呈狭长形，东西直线距离 2400 千米，南北跨度 1700 千米。总面积 118.3 万平方千米，占全国陆地面积的 1/8，在各省区市中居第 3 位。内蒙古内与黑龙江、吉林、辽宁、河北、陕西、山西、宁夏、甘肃 8 省区相邻，是我国唯一一个与东北、华北、西北三大区域接壤的省级区域；外与俄罗斯、蒙古国接壤，边境线 4200 多千米，守卫着祖国的北大门。

内蒙古是中国五个少数民族自治区之一，是内地安全的要冲，历史上就有“欲固京师必守蒙古”的论断；是军事安全的重镇，有国家多个重要军事基地和国防军工重点科研试验单；是政治安全的模范，作为党领导下成立的第一个省级少数民族自治区域，70 年来长期保持团结和谐、繁荣稳定，被党和国家领导人评价为“模范自治区”和“民族区域自治典范”，在政治安全方面发挥着首都北京“护城河”的作用；是信息安全的关键，内蒙古到2020年将成为国家级云计算中心基地，在国家科技安全、信息安全领域同样具有重要地位（任亚平，2016）。

（二）重要的北方生态安全屏障

1. 重要的生态功能区

内蒙古地处祖国正北方，横跨东北、华北、西北，与8省区接壤，拥有广袤的森林、草原、湿地和沙漠，是我国北方面积最大、种类最全的生态功能区和重要的生态安全屏障。全区地形以高原为主，分为北部高原、中部山地丘陵带、大兴安岭岭东丘陵平原、阴山南麓河套—土默川平原及鄂尔多斯高原。大兴安岭、阴山、贺兰山等山脉构成自治区的“生态脊梁”，对保护松嫩平原、华北平原，阻挡沙漠东侵南移、降低沙尘暴危害意义重大。内蒙古具有强大的生态服务功能，境内的黄河、松花江、辽河、海河四大重点流域多位于上游地区，有“东北水塔”之称，是京津冀的供水源头，也是东北地区的“林网”、华北地区乃至全国的“碳汇库”和“挡沙墙”（任亚平，2016）。全区生态系统类型多样，主要包括：森林生态系统、草原生态系统、荒漠生态系统、湿地生态系统、农业生态系统和城市生态系统，构成了全区生态屏障的复合生态系统。其中，森林、草原、荒漠、湿地等四类生态系统功能的稳定性是保障全区生态安全的关键。

内蒙古在国家生态安全战略格局中具有十分重要的意义，在国家“两屏三带”生态安全屏障格局中，内蒙古是“东北森林屏障带”和“内蒙古防沙屏障带”的主要组成部分（傅伯杰等，2017）。

在《全国主体功能区规划》25个国家级重点生态功能区中，内蒙古涉及大小兴安岭、呼伦贝尔草原草甸、浑善达克沙漠化防治、科尔沁草原和阴山北麓草原等 5 个重点生态功能区。在《全国生态功能区划（修编版）》63 个国家级重要生态功能区中，内蒙古涉及大兴安岭、松嫩平原、辽河源、科尔沁沙地、呼伦贝尔草原、浑善达克沙地、阴山北部、鄂尔多斯高原、黑河中下游和西鄂尔多斯—贺兰山—阴山等 10 个重要生态功能区。同时，全区包含了 12 个国家沙化土地封禁保护区，区域生态地位十分重要。

2. 生物多样性维护重要区域

内蒙古分布有各类野生高等植物 2781 种，植被组成主要有乔木、灌木、半灌木植物、草本植物等基本类群，其中草本植物分布面积最广。按类别分，苔藓植物 511 种，蕨类 62 种，裸子植物 23 种，被子植物 2185 种。列入《国家重点保护野生植物名录》有 10 种，占国家重点保护植物 255 种的 3.92%；其中一级重点保护植物有革苞菊 1 种，占国家一级重点保护植物的 1.96%；二级重点保护植物有 9 种，占国家二级重点保护植物的 4.41%。

全区野生脊椎动物众多，共记录到陆生脊椎动物 613 种，占全国的陆生脊椎动物 2914 种的 21.04%。其中，两栖纲 8 种，占全国两栖动物 408 种的 1.96%；爬行纲 27 种，占全国爬行动物 461 种的 5.86%；鸟纲 442 种，占全国鸟类 1372 种的 32.22%；哺乳纲 136 种，占全国哺乳动物 673 种的 20.21%。分布于内蒙古的陆生脊椎动物中，属于国家一级重点保护的野生动物有 28 种，占全国的 29.17%；国家二级重点保护的野生动物有 87 种，占全国的 54.38%。

在《中国生物多样性保护战略与行动计划（2011—2030 年）》列出的 32 个陆域生物多样性保护优先区中，内蒙古涉及大兴安岭、松嫩平原、呼伦贝尔、锡林郭勒草原和西鄂尔多斯—贺兰山—阴山等 5 个生物多样性保护优先区。其中大兴安岭生物多样性保护优先区域位于内蒙古东北部，涉及全区 10 个旗县。保护重点为兴安落叶松林、樟子松林、云杉林等寒温带针叶林生态系统以及兰科植物、驼鹿、马鹿、原麝、紫貂、黑熊等重要物种及其栖息地。松嫩平原生物多样性保护优先区地处内蒙古、吉林省和黑龙江省三省（区）交界处，涉及全区 6 个旗县。保护重点为沼泽湿地生态系统以及丹顶鹤、白鹤、白枕鹤、东方白鹳等重要物种及其栖息地。呼伦贝尔生物多样性保护优先区位于内蒙古东北部，涉及全区 6 个旗县，保护重点为典型草原和草甸生态系统以及丹顶鹤、白鹤、黑鹳等重要物种及其栖息地。锡林郭勒草原生物多样性保护优先区域位于内蒙古中东部，涉及全区 4 个旗县。保护重点为草甸草原、典型草原、沙地疏林草原、河谷湿地等生态系统。西鄂尔多斯—贺兰山—阴山生物多样性保护优先区域地跨内蒙古、甘肃省和宁夏回族自治区，涉及全区 24 个旗县。保护重点为山地生态系统、荒漠生态系统以及四合木、沙冬青、半日花、棉刺、马鹿、麝、金钱豹、黑鹳、蓝马鸡、石貂、胡兀鹫、兔狲等重要物种及其栖息地。

3. 水土流失重点防治区域

根据《全国水土保持规划国家级水土流失重点预防区和重点治理区复核划分成果》，内蒙古共涉及大小兴安岭国家级水土流失重点预防区、呼伦贝尔国家级水土流失重点预防区、燕山国家级水土流失重点预防区、祁连山—黑河国家级水土流失重点预防区和阴山北麓国家级水土流失重点预防区等 5 个国家级水土流失重点预防区，以及大兴安岭东麓国家级水土流失重点治理区、西辽河大凌河中上游国家级水土流失重点治理区、永定河上游国家级水土流失重点治理区和黄河多沙粗沙国家级水土流失重点治理区等 4 个国家级水土流失重点治理区。上述区域是水土流失防治的重点区域，对于减缓水土流失危害具有重要意义。

（三）重要的资源能源储备与输出基地

内蒙古资源富集，是我国重要的能源基地、新型化工基地、有色金属生产加工基地、绿色农畜产品生产加工基地、战略性新兴产业基地和国内外知名旅游目的地，素有“东林西铁，南粮北牧，遍地是煤”的美誉。草牧场、森林、稀土、铁、煤资源均在国内占重要地位。赤峰和乌兰察布市是京津冀清洁能源输出基地，呼伦贝尔市、兴安盟、通辽市、赤峰市、锡林郭勒盟是东北振兴的重要能源和原材料基地。呼包鄂榆城市群在推进形成西部大开发新格局、推进新型城镇化和完善沿边开放布局中，具有重要地位。

1. 重要的资源储备库

内蒙古是我国发现新矿物最多的省区，在全国已发现的 171 种矿产资源中内蒙古就有 144 种，其中查明资源储量的有 91 种。自 1958 年以来，中国获得国际上承认的新矿物有 50 余种，其中 10 种发现于内蒙古，包括钡铁钛石、包头矿、黄河矿、索伦石、汞铅矿、兴安石、大青山矿、锡林郭勒矿、二连石、白云鄂博矿。稀土查明资源储量居世界首位，包头白云鄂博矿山是世界上最大的稀土矿山。截至 2018 年底，有 47 种矿产储量居全国前 3 位，其中煤、铅、锌、银、稀土、铌、锆、锗、钌、普通萤石、冶金用砂岩、砷矿、电气石、玛瑙、砖瓦用黏土、建筑用橄榄岩、水泥配料用板岩等 18 种矿产保有资源储量居全国之首；铋、钼、铑、铸型用砂、芒硝、天然碱、电石用灰岩、饰面用辉石岩、饰面用花岗岩、水泥用大理石、镁盐、铌钽矿、蓝晶石等 13 种矿产保有资源储量居全国第 2 位，铬、钽、铍、铱、锇、铟、镉、沸石、石膏、膨润土等 10 种矿产资源保有储量居全国第 3 位。

截至 2018 年，全区煤炭已查明资源量突破万亿吨大关，居全国首位，保有量为 4205.25 亿吨，占全国总量的 25.03%；其中储量在百亿吨以上的特大型煤田有 3 处。

“十三五”时期，内蒙古是煤炭净调出量最大的省区之一，主要调往华东、京津冀、中南、东北地区及四川、重庆等地；已探明石油产地有 29 处，储量 5 万亿立方米，鄂尔多斯苏里格气田是我国最大的整装天然气田；风能储量 8.98 亿千瓦，其中可开发量达 1.5 亿千瓦，占全国可开发总量的一半，居全国第 1 位；年日照时数 2600~3400 小时，太阳能年总辐射 4599~7884 兆焦 / 平方米，太阳能资源仅次于西藏，居全国第 2 位。

内蒙古大小河流千余条，其中流域面积在 1000 平方千米以上的有 107 条，主要河流有黄河、额尔古纳河、嫩江和西辽河四大水系。大小湖泊星罗棋布，较大的湖泊有 295 个，面积在 200 平方千米以上的湖泊有达赉湖、达里诺尔和乌梁素海。内蒙古多年平均水资源总量为 545.95 亿立方米，其中地表水 406.6 亿立方米，占总量的 74.5%；地下水 139.35 亿立方米，占总量的 25.5%（内蒙古自治区水利厅）。松花江流域水资源总量最大，其次依次为辽河流域、黄河流域、西北诸河流域及海河流域。各盟市中，呼伦贝尔市水资源总量最大，乌海市水资源总量最小。

2. 重要的能源基地

内蒙古是电力大省，截至 2018 年，发电装机容量 1.2 亿千瓦，居全国第 1 位；发电量为 4828.3 亿千瓦 · 时，占全国总发电量的 7.1%。火电装机容量 0.83 亿千瓦，居全国第 3 位；风电装机容量 2868 万千瓦，居全国第 1 位；太阳能发电装机 933 万千瓦，居全国第 9 位。外送电量 1806 亿千瓦 • 时，居全国第一位，约占全国跨省送电量的

14%。到 2020 年，全区电力总装机和电力外送能力均居全国首位，外送电能力超过 7000 万千瓦；新能源装机将达到 8000 万千瓦，居全国首位，其中利用锡林郭勒盟至山东、锡林郭勒盟至江苏、蒙西至天津南、上海庙至山东 4 条电力输送通道外送 3300 万千瓦，自治区消纳约 4700 万千瓦。

3. 重要的绿色农畜产品基地

内蒙古耕地面积广阔，达 916.2 万公顷，居全国之首。种植业初步形成四大区域结构，即河套、土默川平原优质小麦草生产区，西辽河流域优质玉米生产区，大兴安岭岭东南优质大豆生产区，中西部优质马铃薯生产区。2018 年全区农作物总播种面积 8.824 万公顷，其中，粮食作物播种面积 6.79 万公顷，经济作物播种面积 2.034 万公顷。粮食总产量达 3553.3 万吨，油料产量 201.5 万吨，甜菜产量 515.9 万吨，蔬菜产量 1006.5 万吨，水果（含果用瓜）产量 225.5 万吨。粮食产量居全国第八位，人均粮食产量居全国第三位，是国家 13 个粮食主产区、6 个粮食净调出区之一，每年提供超过 100 亿千克商品粮，为保障国家粮食安全做出贡献。内蒙古草原资源丰富，2018 年全区年末牲畜存栏数 7277.9 万头（只），良种及改良种牲畜比重 95% 以上。全年肉类总产量 267.2 万吨，其中，猪肉产量达到 71.8 万吨，牛肉产量达到 61.4 万吨，羊肉产量达到 106.3 万吨。牛奶产量 565.6 万吨，禽蛋产量 55.2 万吨。羊肉、羊绒、牛奶、马铃薯等资源储量均居全国之首，是国家重要的绿色农畜产品生产加工输出基地。从 1947 年成立自治区到如今，内蒙古实现了从“调粮吃饭”到“营养中国”的跨越式发展（见图 1–1）。

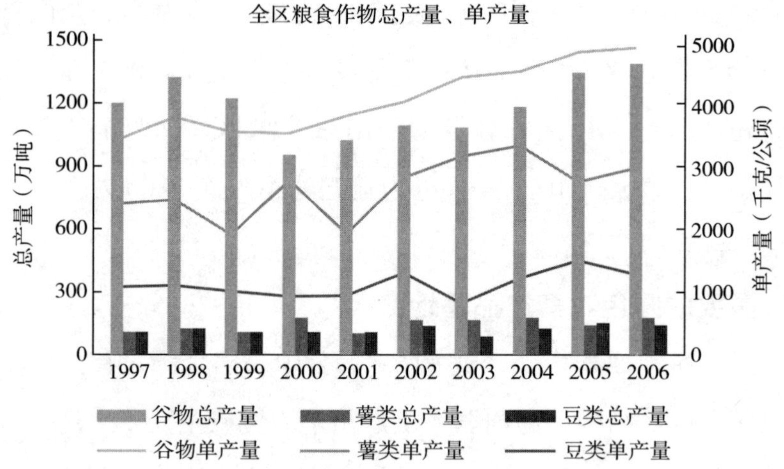

图1-1　内蒙古粮食作物产量及构成分布图

数据来源：内蒙古自治区国土资源厅，2012年。

（四）重要的社会经济发展潜力增长区域

内蒙古是一个多民族边疆省份，自古以来就是众多民族生息繁衍之地。在内蒙古广袤的土地上，生活着除珞巴族以外的蒙古族、汉族、满族、回族、达斡尔族、鄂温克族、鄂伦春族、朝鲜族等 55 个民族。截至 2018 年末，全区常住人口为 2534 万人，其中蒙古族 462.39 万人，满族 54.95 万人，回族 21.7 万人，达斡尔族 8.64 万人，鄂温克族 3.25 万人，鄂伦春族 0.46 万人。城镇人口为 1589.1 万人，乡村人口为 944.9 万人；常住人口城镇化率达 62.7%。男性人口为 1306.2 万人，女性人口为 1227.8 万人。全年出生人口为 21.1 万人，出生率为 8.35‰；死亡人口为 15.1 万人，死亡率为 5.95‰；人口自然增长率为 2.4‰。

进入 21 世纪以来，内蒙古依托丰富的资源禀赋和区位优势，社会经济取得了长足和快速的发展。2018 年全区实现地区生产总值

17289.2 亿元（见图 1–2），按可比价格计算，比上年增长 5.3%。其中，第一产业增加值 1753.8 亿元，增长 3.2%；第二产业增加值 6807.3 亿元，增长 5.1%；第三产业增加值 8728.1 亿元，增长 6%；三次产业比例为 10.1 ∶ 39.4 ∶ 50.5。全体居民人均可支配收入 28376 元，比 2017 年增长 8.3%；全体居民人均生活消费支出 19665 元，增长 3.8%。城镇常住居民人均可支配收入 38305 元，从主要收入构成看，工资性收入 23302 元，经营净收入 7128 元，财产净收入 2070 元，转移净收入 5805 元。城镇常住居民人均生活消费支出 24437 元，比 2017 年增长 3.4%。农村牧区常住居民人均可支配收入 13803 元，比 2017 年增长 9.7%，工资性收入 2897 元，经营净收入 7181 元，财产净收入 520 元，转移净收入 3205 元。农村牧区常住居民人均生活消费支出 12661 元，增长 3.9%。城镇居民家庭恩格尔系数为 26.9%，农村牧区居民家庭恩格尔系数为 27.5%。

今天的内蒙古，已经成为国家绿色农畜产品、能源、新型化工、有色金属生产加工基地。牛奶、羊肉、山羊绒和绿色有机食品产量，以及煤化工、电力装机规模和外送电量均居全国首位，稀土、新能源、光伏新材料和云计算等新兴产业规模位于全国前列。公路、铁路、民航和信息化建设突飞猛进，基本形成了覆盖全区、连接国内外的综合交通体系，建立起联通世界的现代化信息通信网络。科学技术不断进步，自主创新能力持续增强。对外经贸、科技、教育、文化、旅游、环保、体育、医疗卫生等各个领域的交流合作深入发展，形成了全方位的对外开放新格局。

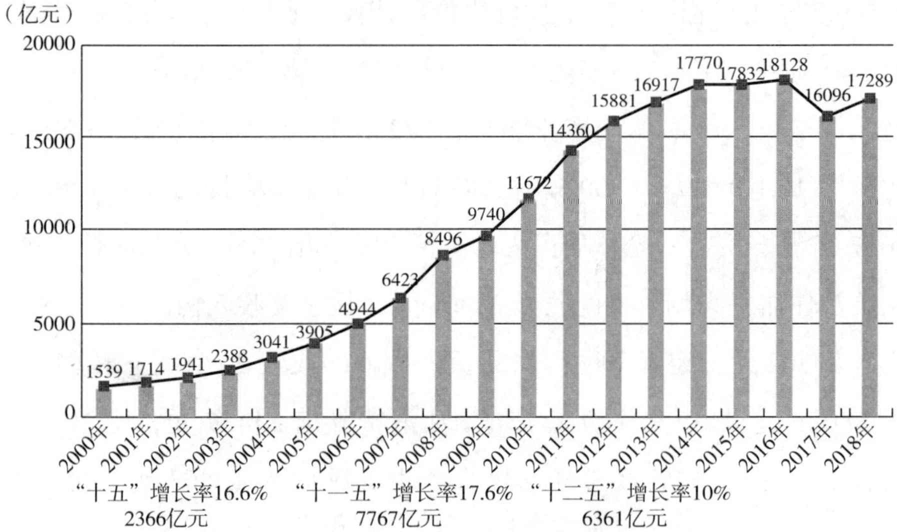

图1-2　内蒙古2000～2018年GDP变化趋势图

数据来源：内蒙古统计年鉴。

（五）重要的“一带一路”节点地区

自古以来，贯通蒙古高原的草原丝绸之路是古代丝绸之路的重要组成部分，一直是我国沟通中亚、西亚乃至地中海、欧洲的商贸大通道。2013 年，“一带一路”倡议的提出为内蒙古带来新的开放发展机遇。作为“中蒙俄经济走廊”的重要支点，内蒙古拥有不可替代的优势。这里不再遥远，不再低层次开放，而逐渐成为内联外通的中心。

从区位上看，内蒙古是中国向北开放的重要窗口，与俄罗斯、蒙古国边境线长 4200 多千米，已建成 18 个对外开放口岸，其中对俄口岸 4 个、对蒙口岸 10 个和 4 个国际航空口岸。从经济上看，内蒙古与俄罗斯、蒙古国有很强的互补性，特别是在能源、建材、农畜产品加工领域。2018 年，“一带一路”框架下首个多边合作规划纲要《中蒙俄经济走廊规划纲要》实施，内蒙古依托外接俄蒙的优势，加速推进一系列互联互通和产业合作项目。内蒙古目前与“一带一路”沿线的 57 个国家有贸易往来关系。2018 年，内蒙古和这些国家的贸易进出口额达到 107 亿美元，占全区进出口额的 67.6%，全区各口岸货运量达 9133.6 万吨，进出境 612.2 万人次，是沿边开放之初的数十倍；粮油食品、五金矿产、机械设备等进出口商品结构明显改善；铁路、公路、航空三网优势齐发，形成全方位、多层次的口岸开放格局。从人文上看，内蒙古更是与俄罗斯、蒙古国人文交流的一个重要纽带。从旅游人数上来讲，俄罗斯入境游客约 60 万人，蒙古国入境游客约 88 万人。中蒙两国蒙古族同宗同源，语言相通，多年来，双方求学、就业、就医、通婚等各方面往来密切，每年有 200 多万人次。历史上内蒙古的万里茶道就曾经是亚欧贸易的大通道，如今“一带一路”建设正在让内蒙古的草原焕发出新的光彩。

二、北方生态安全屏障生态服务功能重要性评价

内蒙古占地辽阔，横跨五个自然带，自然条件多样，自然资源丰富，这些不同的生态系统类型和自然资源在生物多样性维持、土壤保持、水源涵养、防风固沙、碳固定等方面发挥着重要的生态服务作用。同时，内蒙古生态服务功能还对我国的东北、华北、西北地区的自然气候调节、维护其经济社会的稳定发展和生态安全有着不可估量的作用。

（一）水源涵养功能

1. 功能现状

水源涵养是生态系统通过其特有的结构，与水相互作用，对降水进行截留、渗透、蓄积，并通过蒸散发，实现对水流、水循环的调控，主要表现在缓和地表径流、补充地下水、减缓河流流量的季节波动、

滞洪补枯、保证水质等方面。以水源涵养量，即降雨量与径流量的差值，作为生态系统水源涵养功能的评价指标。

计算方法：水源涵养量与降水量、蒸散发、地表径流量和植被覆盖类型等因素密切相关。水源涵养量主要通过水量平衡方程（The Water Balance Equation）进行计算。

$$TQ=\sum_{i=1}^{j}(P_i-R_i-ET_i)\cdot A_i$$

其中，TQ 为总水源涵养量（m^3）；P_i 为降雨量（mm）；R_i 为暴雨径流量（mm）；ET_i 为蒸散发（mm）；A_i 为 i 类生态系统的面积；i 为调查区第 i 类生态系统类型；j 为调查区生态系统类型数。

根据《内蒙古自治区生态环境十年变化（2000—2010 年）》（内蒙古自治区环境监测中心站，2015）评估，内蒙古生态系统水源涵养总量为 591.27 亿立方米，单位面积水源涵养量为 8.22 万 $m^3km^{-2}a^{-1}$，全区水源涵养的主体是草地和森林生态系统。空间上，水源涵养功能较强的区域主要位于大兴安岭、西辽河流域、呼伦贝尔草原以及锡林郭勒草原东部。

（1）生态系统类型水源涵养情况。内蒙古草地生态系统、森林生态系统、湿地生态系统是水源涵养功能的主要生态系统类型，其他生态系统水源涵养量较低（见表 1–1）。

草地生态系统涵养水源功能是通过草地的植被对降水截留，凋落物吸收水分、土壤吸水增加含水量以及通过综合作用阻缓地表水流流速、推迟水流产生时间等方式形成的。草地生态系统是内蒙古面积最大的生态系统，其水源涵养量最大，为 363.10 亿立方米，占全区总量的 61.41%；其中温性典型草原水源涵养量最大，为 355.61 亿立方米，占全区总量的 60.14%；其次为温性草甸草原，为 7.49 亿立方米，占全区总量的 1.27%。从水源涵养能力来看，温性典型草原涵养能力最大，为

7.59 万 $m^3km^{-2}a^{-1}$；温性草甸草原涵养能力次之，为 6.09 万 $m^3km^{-2}a^{-1}$。

森林生态系统水源涵养功能狭义上主要包括拦蓄降水和调节径流功能。拦蓄降水主要是指森林生态系统对降水的拦截和贮存作用，主要包括林冠、林下植被和枯枝落叶层的截留及土壤蓄水；调节径流主要是指森林植被影响生态系统水文过程，促进降雨再分配，影响土壤水分运动以及改变产流汇流条件等。全区森林生态系统水源涵养量为 163.80 亿立方米，占全区总量的 27.7%。其中，落叶阔叶林水源涵养量最大，为 100.53 亿立方米，占全区总量的 17.00%；其次为落叶针叶林，水源涵养量为 57.1 亿立方米，占全区总量的 9.66%。从水源涵养能力来看，落叶针叶林涵养能力最大，为 12.10 万 $m^3km^{-2}a^{-1}$；落叶阔叶林涵养能力次之，为 9.21 万 $m^3km^{-2}a^{-1}$。

全区湿地生态系统水源涵养量为 45.4 亿立方米，占全区总量的 7.68%。其中，草本沼泽水源涵养量最大，为 36.17 亿立方米，占全区总量的 6.12%；其次为湖泊，水源涵养量为 6.96 亿立方米，占全区总量的 1.18%。从水源涵养能力来看，湖泊涵养能力最大，为 16.19 万 $m^3km^{-2}a^{-1}$；水库 / 坑塘涵养能力次之，为 9.21 万 $m^3km^{-2}a^{-1}$。

表1-1　　内蒙古各类典型生态系统水源涵养功能状况

生态系统		面积		水源涵养量		水源涵养能力
		万 km^2	%	总量（亿 m^3）	%	万 $m^3km^{-2}a^{-1}$
森林	落叶阔叶林	10.91	65.29	100.53	17.00	9.21
	常绿针叶林	0.29	1.74	2.25	0.38	7.76
	落叶针叶林	4.72	28.25	57.1	9.66	12.10
	针阔混交林	0.28	1.68	2.53	0.43	9.04
	稀疏林	0.51	3.05	1.39	0.24	2.73
	小计	16.71	100	163.8	27.70	9.80

续表

生态系统		面积		水源涵养量		水源涵养能力
		万km^2	%	总量（亿m^3）	%	万$m^3km^{-2}a^{-1}$
草地	温性草甸草原	1.23	2.56	7.49	1.27	6.09
	温性典型草原	46.84	97.44	355.61	60.14	7.59
	温性草丛	0	0	0	0.00	0
	热性草丛	0	0	0	0.00	0
	小计	48.07	100	363.1	61.41	7.55
灌丛	落叶阔叶灌木林	2.11	79.62	15.63	2.64	7.41
	常绿针叶灌木林	0	0	0.01	0.00	0
	稀疏灌丛	0.54	20.38	3.29	0.56	6.09
	小计	2.65	100	18.93	3.20	7.14
园地	乔木园地	0	8.58	0	0.00	0
	灌木园地	0	91.42	0.03	0.01	0
	小计	0	100	0.03	0.01	0
湿地	森林沼泽	0.01	0.22	0.09	0.02	9.00
	灌丛沼泽	0.13	2.91	1.45	0.25	11.15
	草本沼泽	3.84	85.91	36.17	6.12	9.42
	湖泊	0.43	9.62	6.96	1.18	16.19
	水库/坑塘	0.06	1.34	0.73	0.12	12.17
	小计	4.47	100	45.4	7.68	10.16

数据来源：内蒙古自治区环境监测中心站，2015年。

（2）各盟市水源涵养情况。从各盟市水源涵养情况看，呼伦贝尔市的水源涵养量最高，为 211.60 亿立方米，约占全区的 35.79%；其次是锡林郭勒盟和赤峰市，分别为 135.74 亿立方米和 63.40 亿立方米，分别占全区的 22.96%、10.72%，水源涵养较差的包括乌海市和阿拉善盟，水源涵养量分别为 0.39 亿立方米和 5.51 亿立方米。从水源涵养功能的单位量来分析，兴安盟单位面积水源涵养量最高，为 12.77 万立方米 / 平方千米，其次是赤峰市和通辽市，分别为 11.25 万立方米 / 平方千米和 9.61 万立方米 / 平方千米。单位面积水源涵养量最低的为乌兰察布市，为4.72万立方米/平方千米（见表1–2）。

表1-2　　内蒙古各盟市生态系统水源涵养功能状况

盟市	单位量（万m^3/km^2）	森林（亿m^3）	草地（亿m^3）	总量（亿m^3）	占全省总量比例（%）
呼伦贝尔市	9.48	119.98	55.64	211.60	35.79
锡林郭勒盟	7.21	1.76	126.28	135.74	22.96
赤峰市	11.25	12.16	48.19	63.40	10.72
兴安盟	12.77	19.22	23.45	46.69	7.90
鄂尔多斯市	5.75	0.98	31.42	35.30	5.97
通辽市	9.61	5.92	20.24	27.49	4.65
巴彦淖尔市	6.17	0.31	21.65	24.01	4.06
乌兰察布市	4.72	0.92	18.17	20.89	3.53
包头市	5.61	0.39	11.45	12.75	2.16
呼和浩特市	7.05	0.56	4.16	7.50	1.27
阿拉善盟	7.29	0.20	2.22	5.51	0.93
乌海市	6.21	0.01	0.23	0.39	0.07

数据来源：内蒙古自治区环境监测中心站，2015年。

2. 重要性评价

本次评估参考ArcGIS的Natural Breaks（Jenks）自然断点分类方法，按照各区水源涵养量的前50%、50%~75%、75%~90%和90%~100%，将生态系统水源涵养重要性划分为一般、中等重要、重要和极重要四个等级，得到全区生态系统水源涵养重要性空间分布格局。

内蒙古生态系统水源涵养重要以上面积为62.76万平方千米，占全区总面积的54.85%。其中，极重要区面积为19.19万平方千米，占全区总面积的16.77%，主要分布在大兴安岭及西辽河流域；重要区面积为24.83万平方千米，约占总面积的21.70%，主要分布在呼伦贝尔草原、锡林郭勒草原东部及鄂尔多斯市西南部；中等重要地区总面积约为 18.74 万平方千米，约占总面积的 16.38%（见表 1–3）。

表1-3　　内蒙古生态系统水源涵养功能重要性分布

水源涵养重要性	面积（万km²）	占国土面积比例（%）
一般区域	51.68	45.15
中等重要	18.74	16.38
重要	24.83	21.70
极重要	19.19	16.77

数据来源：中国气象数据库、原环境保护部生态系统类型遥感数据。

各盟市重要以上水源涵养功能区面积在前 5 位的盟市依次是呼伦贝尔市、锡林郭勒盟、赤峰市、兴安盟、阿拉善盟，分别占全区重要以上水源涵养面积的 35.99%、23.07%、11.56%、7.70% 和 7.31%（见表 1–4、图 1–3）。

表1-4　　内蒙古各盟市水源涵养功能重要性评价

盟市	一般区域（万km²）	中等重要（万km²）	重要（万km²）	极重要（万km²）
呼和浩特	0.93	0.36	0.37	0.06
包头	1.17	1.24	0.22	0.12
乌海	0.15	0.01	0.01	0.00
赤峰	3.09	0.50	2.11	2.98
通辽	3.02	0.69	1.08	1.08
鄂尔多斯	5.21	1.89	1.22	0.35
呼伦贝尔	5.20	4.20	8.53	7.32
巴彦淖尔	4.48	1.05	0.82	0.16
乌兰察布	2.62	1.98	0.63	0.21
兴安	1.92	0.20	0.67	2.72
锡林郭勒	3.96	5.86	7.35	2.81
阿拉善	19.92	0.76	1.84	1.38

数据来源：中国气象数据库、原环境保护部生态系统类型遥感数据。

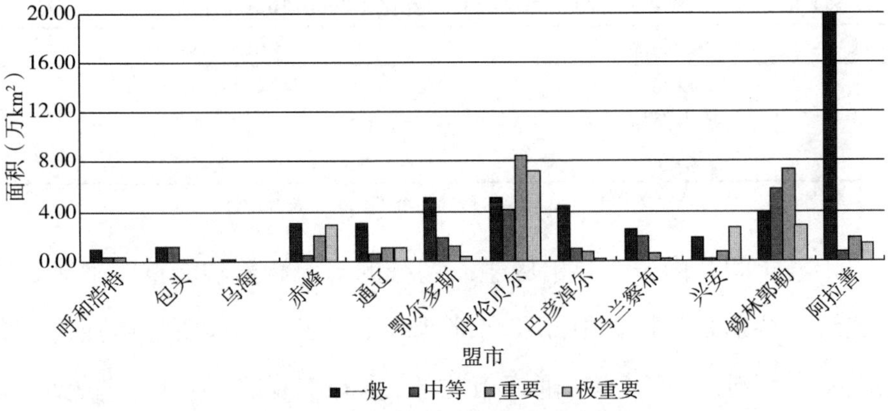

图1-3　内蒙古各盟市水源涵养服务功能重要性分布图

数据来源：中国气象数据库、原环境保护部生态系统类型遥感数据。

3. 功能变化分析

从水源涵养重要性功能区的变化来看，2000~2015 年十五年间，全区一般区域和极重要区面积呈减少趋势，中等重要区和重要区的面积在显著增加，其中重要区域面积较 2000 年增加了 44.7%，表明水源涵养功能整体上有所增强，但极重要水源涵养区面积减少（见表 1–5）。

表1-5　内蒙古水源涵养重要性动态变化（2000~2015年）（万km²，%）

重要性	2000年	2010年	2015年	2000~2015年	
	面积	面积	面积	面积变化	面积变幅
一般区域	62.80	20.24	51.68	–11.13	–17.72
中等重要	14.06	14.00	18.74	4.69	33.36
重要	17.16	17.17	24.83	7.67	44.70
极重要	20.57	20.49	19.19	–1.37	–6.68

数据来源：中国气象数据库、原环境保护部生态系统类型遥感数据。

从全区各等级水源涵养功能面积的变化情况来看，水源涵养功能增强面积为 24.43 万平方千米，减弱的面积为 12.84 万平方千米，水源涵养功能有所增强的区域面积大于减弱区域的面积（见表 1–6）。

表1-6　　内蒙古水源涵养功能面积变化（2000~2015年）

水源涵养功能变化	面积（万km^2）
减弱	12.84
基本保持	77.15
增强	24.43

数据来源：中国气象数据库、原环境保护部生态系统类型遥感数据。

十五年间，内蒙古自治区生态系统的水源涵养功能整体呈显著增强趋势，特别是阿拉善中部及南部地区水源涵养功能明显增强，但大兴安岭局部地区、兴安盟、通辽市北部、赤峰市北部、锡林郭勒盟东部、巴彦淖尔市北部地区水源涵养功能呈明显减弱趋势。

从各盟市变化看，包头市、赤峰市、通辽市、呼伦贝尔市、乌兰察布市、兴安盟、锡林郭勒盟、阿拉善盟的水源涵养功能均有不同程度的提高，其中阿拉善盟、乌兰察布市、锡林郭勒盟水源涵养功能增强的面积较2000年分别增加了1470.83%、454.29%、291.88%。乌海市、巴彦淖尔市、呼和浩特市水源涵养面积减少，分别较2000年减少了75.00%、38.89%和16.67%（见表1–7，图1–4）。

表1-7　　内蒙古各盟市水源涵养功能变化（2000~2015年）

盟市	减弱（万km^2）	基本保持（万km^2）	增强（万km^2）
呼和浩特市	0.30	1.16	0.25
包头市	0.34	1.79	0.62
乌海市	0.04	0.12	0.01
赤峰市	1.28	5.61	1.79
通辽市	0.61	4.03	1.24
鄂尔多斯市	1.22	6.23	1.22
呼伦贝尔市	4.71	14.96	5.56
巴彦淖尔市	1.26	4.48	0.77
乌兰察布市	0.35	3.15	1.94
兴安盟	0.88	3.62	1.00
锡林郭勒盟	1.60	12.09	6.27
阿拉善盟	0.24	19.90	3.77

数据来源：中国气象数据库、原环境保护部生态系统类型遥感数据。

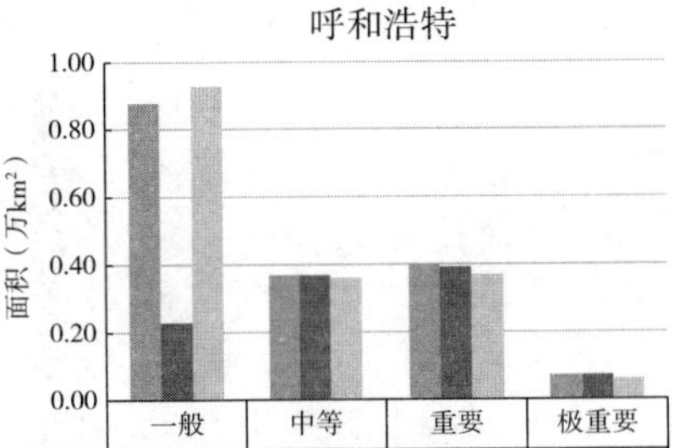

	一般	中等	重要	极重要
2000年	0.88	0.37	0.40	0.07
2010年	0.23	0.37	0.39	0.07
2015年	0.93	0.36	0.37	0.06

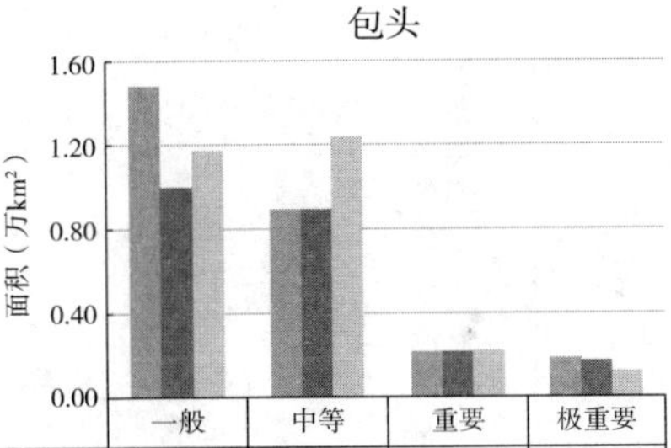

	一般	中等	重要	极重要
2000年	1.48	0.89	0.21	0.18
2010年	1.00	0.89	0.21	0.17
2015年	1.17	1.24	0.22	0.12

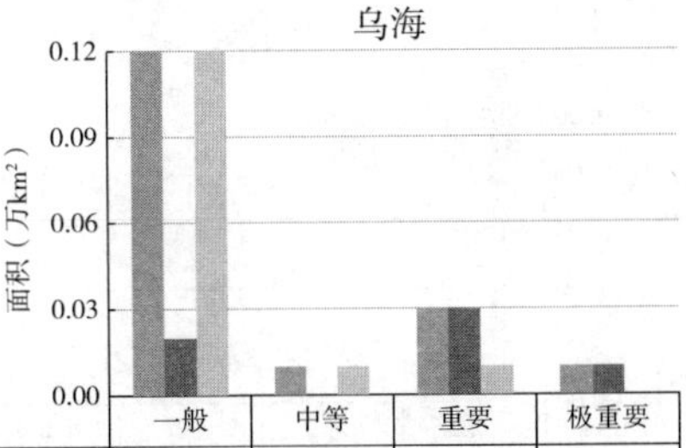

	一般	中等	重要	极重要
2000年	0.12	0.01	0.03	0.01
2010年	0.02	0.00	0.03	0.01
2015年	0.15	0.01	0.01	0.00

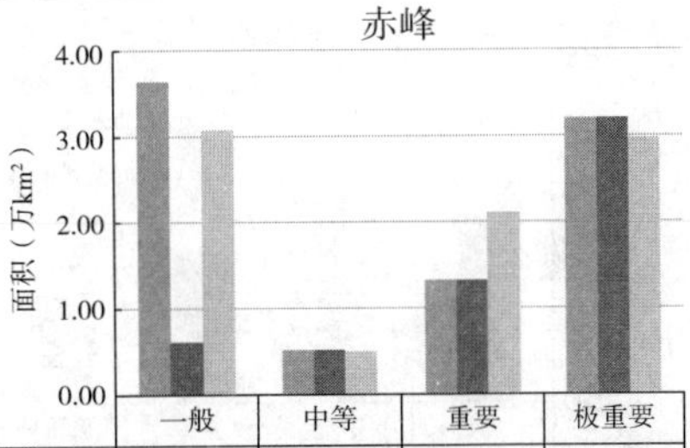

	一般	中等	重要	极重要
2000年	3.64	0.52	1.32	3.21
2010年	0.60	0.52	1.32	3.20
2015年	3.09	0.50	2.11	2.98

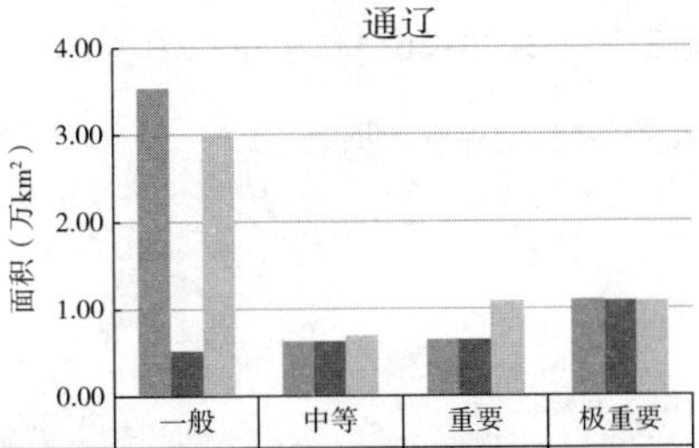

	一般	中等	重要	极重要
2000年	3.53	0.62	0.64	1.10
2010年	0.52	0.62	0.63	1.08
2015年	3.02	0.69	1.08	1.08

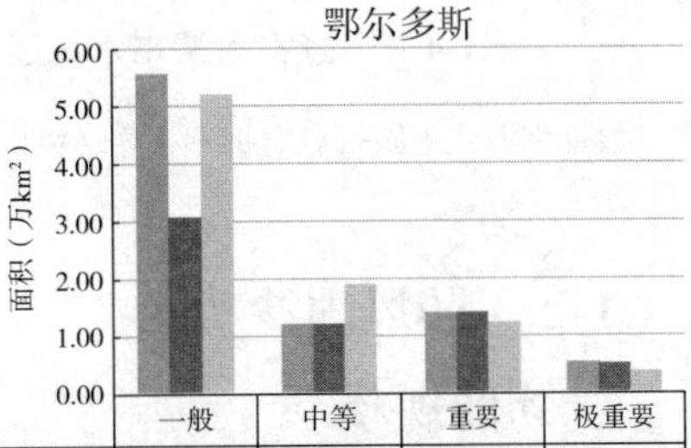

	一般	中等	重要	极重要
2000年	5.57	1.19	1.40	0.51
2010年	3.06	1.19	1.39	0.50
2015年	5.21	1.89	1.22	0.35

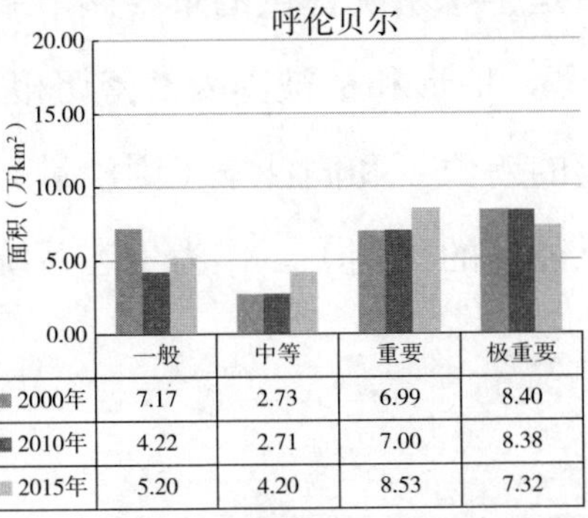

	一般	中等	重要	极重要
2000年	7.17	2.73	6.99	8.40
2010年	4.22	2.71	7.00	8.38
2015年	5.20	4.20	8.53	7.32

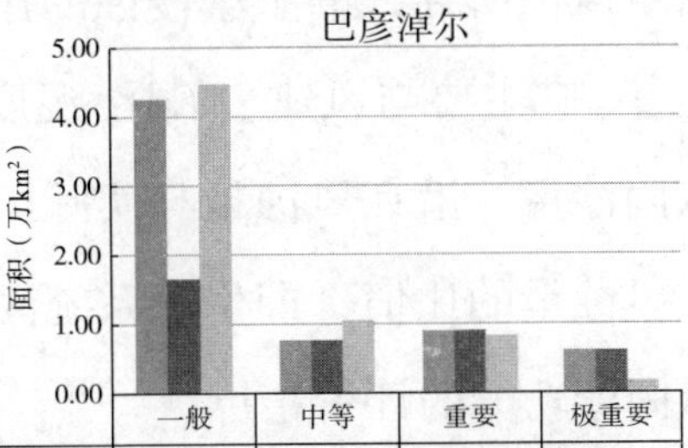

	一般	中等	重要	极重要
2000年	4.26	0.76	0.89	0.60
2010年	1.64	0.76	0.90	0.60
2015年	4.48	1.05	0.82	0.16

图1-4　内蒙古各盟市水源涵养功能变化（2000~2015年）（一）

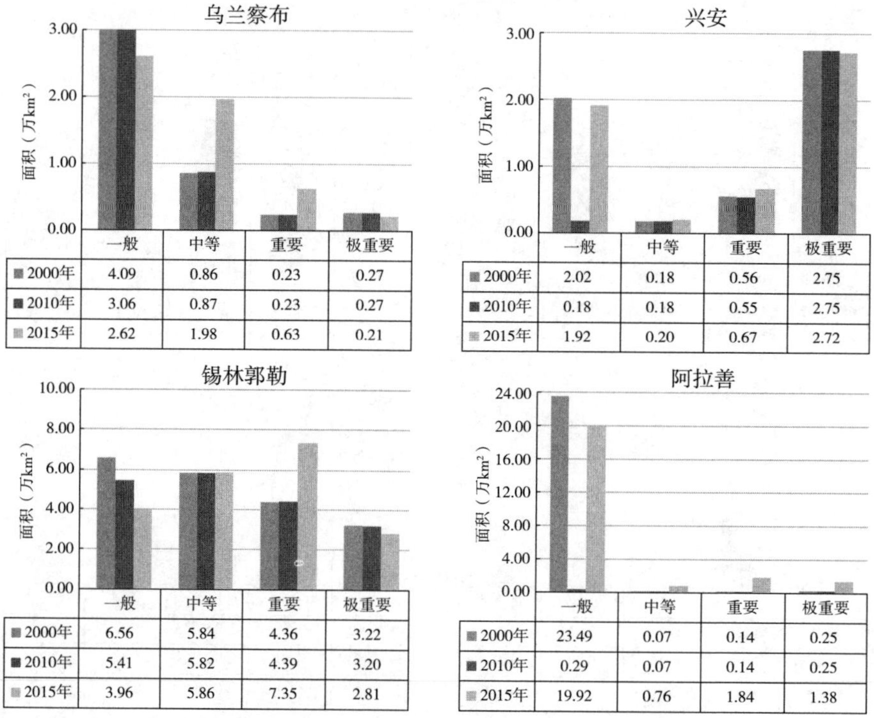

乌兰察布

	一般	中等	重要	极重要
2000年	4.09	0.86	0.23	0.27
2010年	3.06	0.87	0.23	0.27
2015年	2.62	1.98	0.63	0.21

兴安

	一般	中等	重要	极重要
2000年	2.02	0.18	0.56	2.75
2010年	0.18	0.18	0.55	2.75
2015年	1.92	0.20	0.67	2.72

锡林郭勒

	一般	中等	重要	极重要
2000年	6.56	5.84	4.36	3.22
2010年	5.41	5.82	4.39	3.20
2015年	3.96	5.86	7.35	2.81

阿拉善

	一般	中等	重要	极重要
2000年	23.49	0.07	0.14	0.25
2010年	0.29	0.07	0.14	0.25
2015年	19.92	0.76	1.84	1.38

图1-4　内蒙古各盟市水源涵养功能变化（2000~2015年）（二）

数据来源：中国气象数据库、原环境保护部生态系统类型遥感数据。

（二）防风固沙功能

1. 功能现状

防风固沙是生态系统（如森林、草地等）通过其结构与过程减少由于风蚀所导致的土壤侵蚀的作用，是生态系统提供的重要调节服务之一。它主要与风速、降雨、温度、土壤、地形和植被等因素密切相关。以固沙量（潜在风蚀量与实际风蚀量的差值）和固沙率（固沙量与潜在风蚀量的比值，即生态系统固定风蚀量的比例），作为生态系统防风固沙功能的评价指标。

计算方法：

固沙量、固沙率的计算采用修正风蚀方程（Revised Wind Erosion Equation， RWEQ），主要考虑了风速、降雨、温度、土壤质地、地形以及植被覆盖对土壤侵蚀以及土壤保持的影响。

$$SR=S_{L潜}-S_L$$

$$R_K=SR/S_{L潜}$$

$$S_L=\frac{2\cdot z}{S^2}Q_{max}\cdot e^{-(z/s)^2}$$

$$S=150.71(WF\times EF\times SCF\times K'\times C)^{-0.3711}$$

$$Q_{\max}=109.8\left[WF\times EF\times SCF\times K'\times C\right]$$

$$S_{L潜}=\frac{2\cdot z}{S_{潜}{}^2}Q_{max\ 潜}\cdot e^{-(z/s潜)^2}$$

$$Q_{\max 潜}=109.8\left[WF\times EF\times SCF\times K'\right]$$

$$S_{潜}=150.71(WF\times EF\times SCF\times K')^{-0.3711}$$

其中，SR 为固沙量（t km^{-2} a^{-1}）；R_K 为固沙率；$S_{L潜}$为潜在风力侵蚀量（t km^{-2} a^{-1}）；S_L 为实际土壤侵蚀量（t km^{-2} a^{-1}）；

Q_{max} 为最大转移量（kg/m）；z 为最大风蚀出现距离（m）；WF 为气候侵蚀因子（kg/m）；K' 为地表糙度因子；EF 为土壤侵蚀因子；SCF 为土壤结皮因子；C 为植被覆盖因子。

- 气象因子 WF

气象因子 WF 表达式：

$$WF=\mathrm{Wf}\times\frac{\rho}{\mathrm{g}}\times SW\times SD$$

式中，WF 为气象因子，单位为 kg/m，12 个月 WF 总和得到多年年均 WF; Wf 为各月多年平均风力因子，单位为（m/s）^{3}；ρ 为空气密度，单位为 kg/m^3；g 为重力加速度，单位为 m/s^2；SW 为各月多年平均土壤湿度因子，无量纲；SD 为雪盖因子，无量纲。

● 土壤可蚀因子 EF

EF 值用如下方程加以计算：

$$EF = \frac{29.09 + 0.31sa + 0.17si + 0.33(sa/cl) - 2.59OM - 0.95caco_3}{100}$$

式中，sa 为土壤粗砂含量（%）；si 为土壤粉砂含量（%）；cl 为土壤黏粒含量（%）；OM 为土壤有机质含量（%）；$caco_3$ 为碳酸钙含量（%），本次计算未予考虑，其值取 0。

● 土壤结皮因子 SCF

土壤结皮因子 SCF 的定量方程：

$$SCF = \frac{1}{1 + 0.0066(cl)^2 + 0.021(OM)^2}$$

式中，cl 为土壤黏粒含量（%）；OM 为土壤有机质含量（%）。

● 植被覆盖因子 C

不同植被类型的防风固沙效果不同，研究将植被分为林地、灌丛、草地、农田、裸地和沙漠六个植被类型，根据不同的系数计算各植被覆盖因子 C 值：

$$C = e^{a_i(SC)}$$

式中，SC 为植被覆盖度（%），由每年 36 期植被覆盖数据的最大值平均计算而得年均植被覆盖度；a_i 为不同植被类型的系数，分别为：林地 -0.1535，草地 -0.1151，灌丛 -0.0921，裸地 -0.0768，沙地 -0.0658，农田 -0.0438。

● 地表糙度因子 K'

地表糙度因子 K' 计算见公式：

$$K' = e^{(1.86K_r - 2.41K_r^{0.934} - 0.127Crr)}$$

由土垄造成的地表糙度 Kr 以 smith-carson 方程加以计算：

$$K_r = 0.2 \cdot \frac{(\Delta H)^2}{L}$$

上述公式中，Kr 为土垄糙度，单位 cm；Crr 为随机糙度因子，本次取 0，单位 cm；ZOH 为地形糙度因子，单位 cm；L 为地势起伏参数；△ H 为距离 L 范围内的海拔高程差，在 GIS 软件中使用 Neighborhood statistics 工具计算 DEM 数据相邻单元格地形起伏差值获得。

● 固沙率 R_K

固沙率为固沙量与潜在风蚀量的比值，即生态系统固定风蚀量的比例，体现了生态系统对风蚀的固定作用。其计算公式为：

$$R_K = SR/S_{L潜}$$

根据《内蒙古自治区生态环境十年变化（2000—2010 年）》（内蒙古自治区环境监测中心站，2015），内蒙古各类生态系统防风固沙总量为 57.58 亿吨，单位面积防风固沙量为 4867.29t km^{-2} a^{-1}，固沙率为 52.25%。

（1） 生态系统类型防风固沙情况。防风固沙是干旱和半干旱地区生态系统提供的一项最重要的功能。在各类生态系统中，草地生态系统防风固沙量为 37.36 亿吨，占全自治区生态系统固沙总量的 64.88%，是生态系统防风固沙功能的第一主体；沙漠防风固沙量 9.35 亿吨，占总量的 16.24%，是防风固沙功能的第二主体；农田防风固沙量为 4.3 亿吨，占全部防风固沙总量的 7.47%，排在第三位；森林、灌丛和裸地等生态系统的防风固沙量分别为 1.48 亿吨、2.22 亿吨和 2.86 亿吨，各占总量的 2.57%、3.86% 和 4.97%。各类生态系统中，森林、灌丛、草地、农田生态系统的固沙率较大，是固沙能力最强的生态系统类型（见表 1-8）。

表1-8　内蒙古各类典型生态系统防风固沙功能状况

生态系统类型	单位面积固沙量（$t\ km^{-2}\ a^{-1}$）	固沙量（亿t）	占总量的比例（%）	固沙率（%）
森林	875	1.48	2.57	87.01
灌丛	5000	2.22	3.86	78.35
草地	4652.42	37.36	64.88	79.73
农田	5211.38	4.31	7.47	80.58
沙漠	3134.62	9.35	16.24	28.93
裸地	887.1	2.86	4.97	14.40
合计	4867.29	57.58	–	52.25

数据来源：内蒙古自治区环境监测中心站，2015年。

（2）各盟市防风固沙情况。从各盟市情况看，防风固沙总量较高的为鄂尔多斯市（13.88 亿吨）、阿拉善盟（13.13 亿吨）、锡林郭勒盟（11.02 亿吨）、巴彦淖尔市（4.99 亿吨）、通辽市（3.29 亿吨）和赤峰市（3.21 亿吨），这六个盟市固沙量占全自治区固沙总量的 86%。单位固沙能力最强的为鄂尔多斯市（15985.6t $km^{-2}\ a^{-1}$），其次为乌海市（6801.2t $km^{-2}\ a^{-1}$）、包头市（6080.8t $km^{-2}\ a^{-1}$）、呼和浩特市（5985.1 t $km^{-2}\ a^{-1}$）和赤峰市（5688.7t $km^{-2}\ a^{-1}$）。重要以上固沙功能区面积在前 5 位的盟市依次是阿拉善盟、鄂尔多斯市、锡林郭勒盟、通辽市、巴彦淖尔市。固沙率最高的为通辽市，固沙率达到了 90.62%，其次为赤峰市（88.66%）、呼伦贝尔市（88.4%）和锡林郭勒盟（88.28%）。见表 1–9。

表1-9　内蒙古各盟市防风固沙功能

盟市	面积（万km^2）				固沙量（亿t）	固沙强度（$t\ km^{-2}\ a^{-1}$）	固沙率（%）
	一般区域	中等重要	重要	极重要			
呼和浩特	0.516	0.304	0.409	0.488	1.03	5985.05	85.24
包头	0.290	0.358	1.659	0.453	1.68	6080.81	80.69
乌海	0.027	0.009	0.104	0.026	0.11	6801.19	62.84
赤峰	3.941	2.016	1.387	1.345	3.21	3690.34	88.66
通辽	1.812	1.138	1.196	1.743	3.29	5585.88	90.62

续表

盟市	面积（万km^2）				固沙量（亿t）	固沙强度（$t\,km^{-2}\,a^{-1}$）	固沙率（%）
	一般区域	中等重要	重要	极重要			
鄂尔多斯	0.306	0.649	2.441	5.288	13.88	15985.55	78.04
呼伦贝尔	21.619	2.382	0.855	0.422	2.03	802.28	88.40
巴彦淖尔	0.869	0.610	3.611	1.424	4.99	7658.30	57.15
乌兰察布	0.841	1.932	2.183	0.489	2.53	4646.54	84.78
兴安	4.516	0.383	0.523	0.092	0.69	1257.32	82.18
锡林郭勒	4.774	5.449	5.546	4.220	11.02	5512.63	88.28
阿拉善	13.439	1.099	3.849	5.558	13.13	5481.83	24.15

数据来源：内蒙古自治区环境监测中心站，2015年。

2. 重要性评价

本次评估参考ArcGIS的Natural Breaks（Jenks）自然断点分类方法，将内蒙古防风固沙功能分为极重要、重要、中等重要、一般四个等级。生态系统防风固沙重要以上面积为67.17万平方千米，占全区总面积的60.12%。其中，极重要区面积为25.28万平方千米，占全区面积的22.62%；重要区面积31.45万平方千米，占全区面积的28.15%。在空间上，极重要和重要区主要分布在浑善达克沙地防风固沙区、科尔沁防风固沙区、毛乌素沙地防风固沙区、阴山北麓防风固沙区及阿拉善高原防风固沙区。防风固沙功能中等重要区面积10.44万平方千米，占全区面积的9.35%，主要分布在呼伦贝尔草原区、锡林郭勒草原区等（见表1–10）。

表1-10　　内蒙古生态系统防风固沙功能重要性分布

防风固沙重要性	面积（万km^2）	占全区面积比例（%）
一般区域	44.56	39.88
中等重要	10.44	9.35
重要	31.45	28.15
极重要	25.28	22.62

数据来源：中国气象数据库、地理空间数据云、土壤科学数据中心。

从各盟市情况看，重要以上固沙功能区面积在前 5 位的盟市依次是锡林郭勒盟、阿拉善盟、鄂尔多斯市、赤峰市和通辽市，分别占全区重要以上防风固沙面积的 16.24%、7.77%、6.84%、5.14% 和 4.82%（见表 1–11、图 1–5）。

表1-11　　内蒙古各盟市防风固沙功能

盟市	一般区域（万km^2）	中等重要（万km^2）	重要（万km^2）	极重要（万km^2）
呼和浩特	0.61	0.27	0.67	0.15
包头	0.56	0.22	1.77	0.14
乌海	0.06	0.04	0.05	0.01
赤峰	2.33	1.17	2.24	2.90
通辽	0.80	0.24	1.11	3.71
鄂尔多斯	0.56	1.22	2.48	4.36
呼伦贝尔	17.95	1.58	3.48	1.33
巴彦淖尔	1.83	1.06	2.73	0.60
乌兰察布	1.23	1.06	2.66	0.39
兴安	2.92	0.61	1.31	0.63
锡林郭勒	1.57	1.51	8.06	8.18
阿拉善	14.13	1.47	4.89	2.88

数据来源：中国气象数据库、地理空间数据云、土壤科学数据中心。

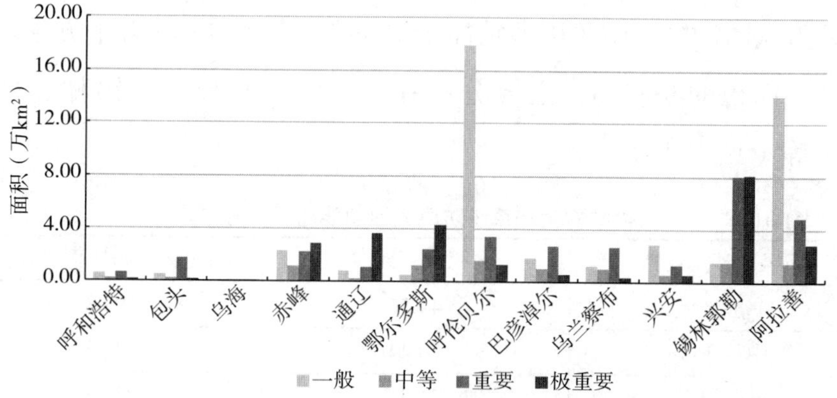

图1-5　内蒙古各盟市防风固沙服务功能重要性分布图

数据来源：中国气象数据库、地理空间数据云、土壤科学数据中心。

3. 功能变化分析

从防风固沙重要性功能区的变化来看，2000~2015 年十五年间一般区域和中等重要区面积在不断减少，而重要区和极重要区的面积在显著增加，表明了防风固沙功能区整体在从低重要性不断向高重要性转变（见表 1–12）。

表1-12　内蒙古防风固沙重要性动态变化（2000 ~ 2015年）（万km²，%）

重要性	2000年	2010年	2015年	2000~2015年	
	面积	面积	面积	面积变化	面积变幅
一般区域	68.74	44.59	44.56	–24.18	–35.18
中等重要	22.17	16.32	10.44	–11.73	–52.90
重要	10.92	23.73	31.45	20.54	188.08
极重要	4.44	21.55	25.28	20.84	468.87

数据来源：中国气象数据库、地理空间数据云、土壤科学数据中心。

从全区各等级防风固沙功能面积的变化情况来看，防风固沙功能增强面积为 59.71 万平方千米，减弱的面积为 2.51 万平方千米，防风固沙功能有所增强的区域面积明显大于防风固沙功能减弱区域的面积。见表 1–13。

表1-13　内蒙古防风固沙变化（2000 ~ 2015年）

防风固沙功能变化	面积（万km²）
减弱	2.51
基本保持	43.84
增强	59.71

数据来源：中国气象数据库、地理空间数据云、土壤科学数据中心。

十五年间，内蒙古自治区生态系统的防风固沙功能整体呈显著增强趋势，特别是呼伦贝尔草原、锡林郭勒、通辽市、赤峰市等草原区防风固沙功能显著增强，仅阴山北麓局部地区的防风固沙功能有所减弱。

从各盟市变化看，12 个盟市防风固沙功能均明显增强，排在前五名的盟市是锡林郭勒盟、呼伦贝尔市、赤峰市、通辽市、鄂尔多斯市，分别较 2000 年防风固沙面积增强了 8185.00%、6733.33%、5263.64%、4100.00% 和 3541.18%，见表 1–14。赤峰市、通辽市、鄂尔多斯市、锡林郭勒盟防风固沙重要和极重要区面积在十五年间均有显著增加，见图 1–6。

表1-14　　内蒙古各盟市防风固沙功能变化（2000～2015年）

盟市	减弱（万km^2）	基本保持（万km^2）	增强（万km^2）
呼和浩特市	0.04	0.68	0.92
包头市	0.13	0.63	1.88
乌海市	0.02	0.04	0.08
赤峰市	0.11	2.27	5.90
通辽市	0.10	1.23	4.20
鄂尔多斯市	0.17	2.16	6.19
呼伦贝尔市	0.09	14.54	6.15
巴彦淖尔市	0.60	1.86	3.63
乌兰察布市	0.13	1.33	3.82
兴安盟	0.09	2.54	2.38
锡林郭勒盟	0.20	2.02	16.57
阿拉善盟	0.82	14.53	7.99

数据来源：中国气象数据库、地理空间数据云、土壤科学数据中心

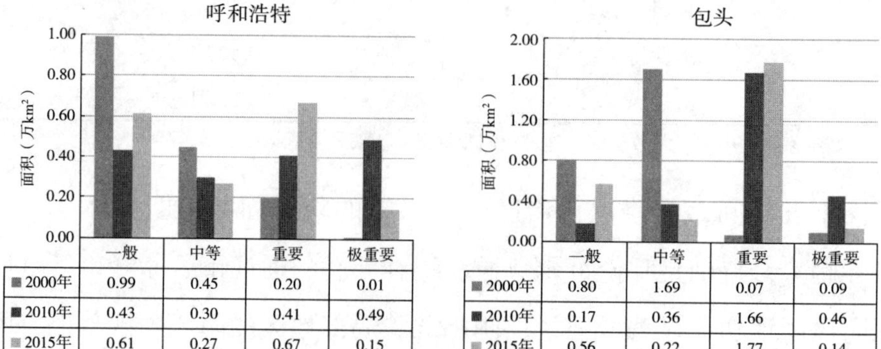

图1-6　内蒙古各盟市防风固沙功能变化（2000～2015年）（一）

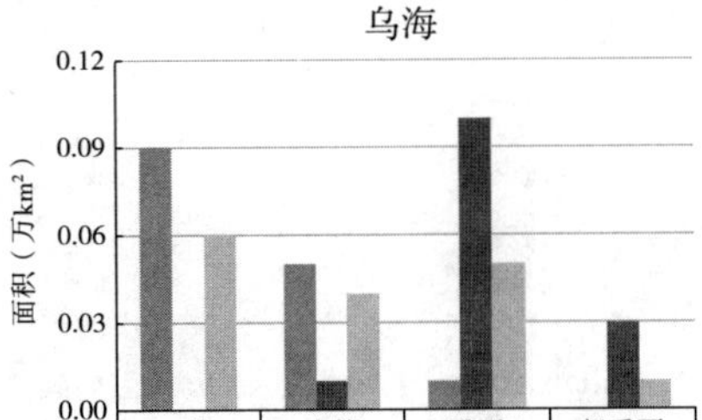

	一般	中等	重要	极重要
2000年	0.09	0.05	0.01	0.00
2010年	0.00	0.01	0.10	0.03
2015年	0.06	0.04	0.05	0.01

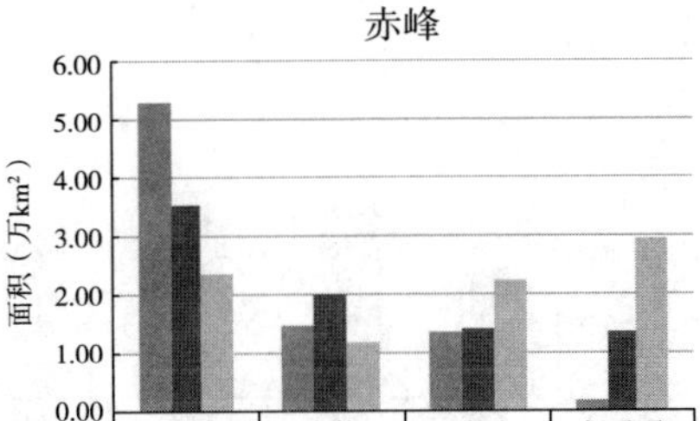

	一般	中等	重要	极重要
2000年	5.30	1.48	1.33	0.18
2010年	3.54	2.01	1.38	1.34
2015年	2.33	1.17	2.24	2.90

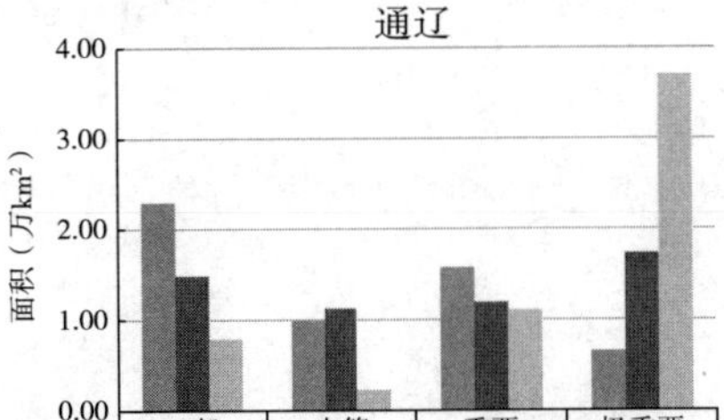

	一般	中等	重要	极重要
2000年	2.30	1.00	1.58	0.66
2010年	1.50	1.14	1.19	1.74
2015年	0.80	0.24	1.11	3.71

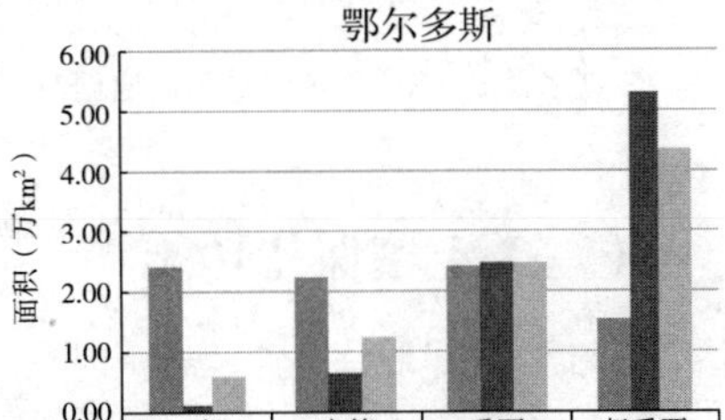

	一般	中等	重要	极重要
2000年	2.43	2.22	2.38	1.50
2010年	0.14	0.65	2.44	5.28
2015年	0.56	1.22	2.48	4.36

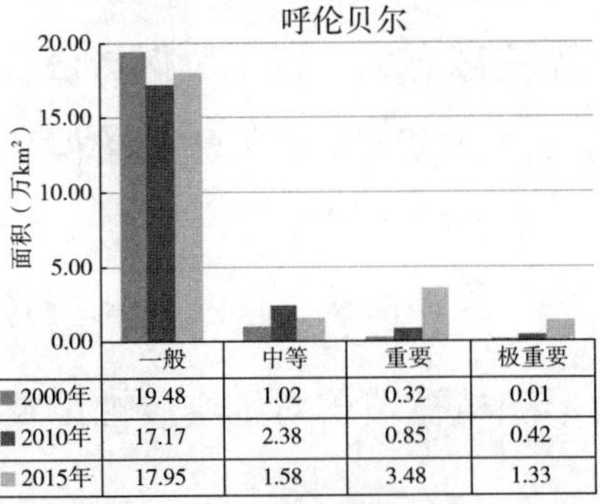

	一般	中等	重要	极重要
2000年	19.48	1.02	0.32	0.01
2010年	17.17	2.38	0.85	0.42
2015年	17.95	1.58	3.48	1.33

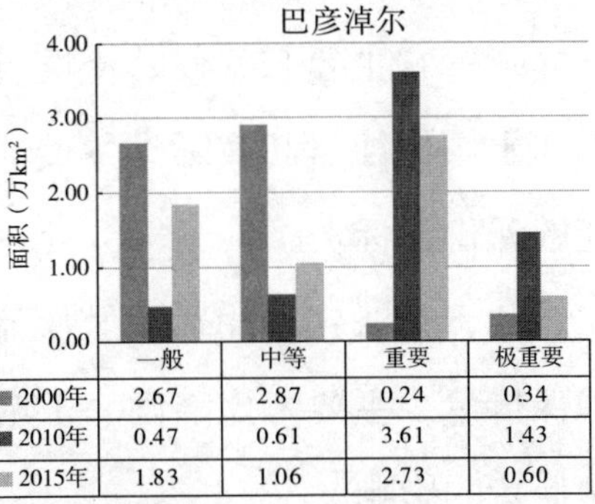

	一般	中等	重要	极重要
2000年	2.67	2.87	0.24	0.34
2010年	0.47	0.61	3.61	1.43
2015年	1.83	1.06	2.73	0.60

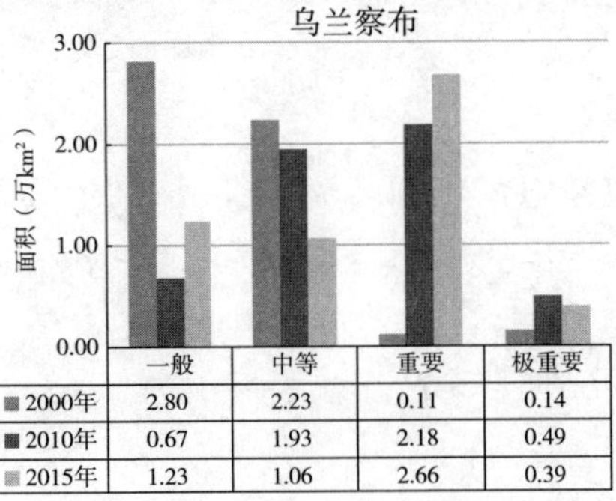

	一般	中等	重要	极重要
2000年	2.80	2.23	0.11	0.14
2010年	0.67	1.93	2.18	0.49
2015年	1.23	1.06	2.66	0.39

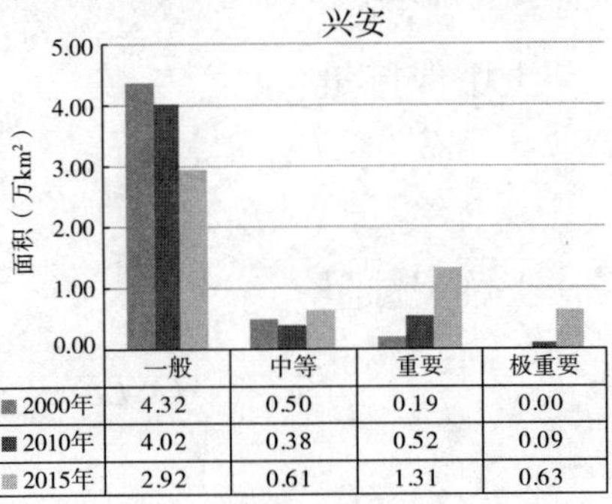

	一般	中等	重要	极重要
2000年	4.32	0.50	0.19	0.00
2010年	4.02	0.38	0.52	0.09
2015年	2.92	0.61	1.31	0.63

图1-6　内蒙古各盟市防风固沙功能变化（2000~2015年）（二）

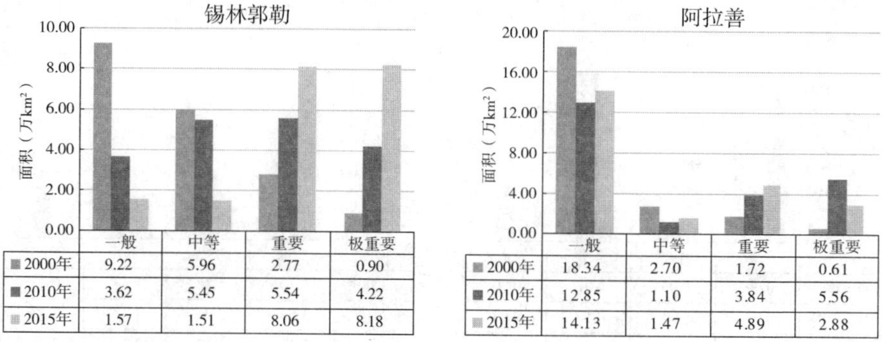

锡林郭勒

	一般	中等	重要	极重要
2000年	9.22	5.96	2.77	0.90
2010年	3.62	5.45	5.54	4.22
2015年	1.57	1.51	8.06	8.18

阿拉善

	一般	中等	重要	极重要
2000年	18.34	2.70	1.72	0.61
2010年	12.85	1.10	3.84	5.56
2015年	14.13	1.47	4.89	2.88

图1-6　内蒙古各盟市防风固沙功能变化（2000～2015年）（三）

数据来源：中国气象数据库、地理空间数据云、土壤科学数据中心。

（三）土壤保持功能

1. 功能现状

土壤保持是指生态系统（如森林、草地等）通过其结构与过程减少由于水蚀所导致的土壤侵蚀的作用，是生态系统提供的重要调节服务之一。它主要与气候、土壤、地形和植被有关。以土壤保持量，即潜在土壤侵蚀量与实际土壤侵蚀量的差值，作为生态系统土壤保持功能的评价指标。

计算方法：采用通用土壤流失方程USLE计算土壤侵蚀量以及土壤保持量，主要考虑降雨、土壤、地形和植被覆盖对土壤侵蚀以及土壤保持的影响。

土壤保持量：

$$SC = R \cdot K \cdot LS \cdot (1 - C)$$

土壤侵蚀量：

$$USLE = R \cdot K \cdot LS \cdot C \cdot P$$

$$R = \sum_{k=1}^{24} \overline{R}_k$$

$$\overline{R}_k = \frac{1}{n} \sum_{i=1}^{n} \sum_{j=0}^{m} \left(\alpha \cdot P_{i,j,k}^{1.7265}\right)$$

$$K = (\quad 0.01383 + 0.51575 \times K_{\mathrm{EPIC}}) \times 0.1317$$

$$\begin{aligned} K_{\mathrm{EPIC}} = & \{0.2 + 0.3\exp[-0.0256 m_s(1\text{-}m_{silt}/100)]\} \times [m_{silt}/(m_c + m_{silt})]^{0.3} \\ & \times \{1 \quad 0.25 orgC/[orgC + \exp(3.72 \quad 2.95 orgC)]\} \\ & \times \{1 \quad 0.7(1 \quad m_s/100)/\{(1 \quad m_s/100) + \exp[\quad 5.51 + 22.9(1 \quad m_s/100)]\}\} \end{aligned}$$

$$L = (\lambda/22.13)^{\mathrm{m}}$$

$$S = \begin{cases} 10.8\sin\theta + 0.03 & \theta < 5.14° \\ 16.8\sin\theta - 0.5 & 5.14° \le \theta < 10.20° \\ 21.91\sin\theta - 0.96 & 10.20° \le \theta < 28.81° \\ 9.5988 & \theta > 28.81° \end{cases}$$

其中，SC 为土壤保持量（t hm^{-2} a^{-1}）；R 为降雨侵蚀力因子（MJ mm hm^{-2} h^{-1} a^{-1}）；K 为土壤可蚀性因子（t hm^{2} h $hm^{-2}MJ^{-1}mm^{-1}$）；LS 为地形因子；C 为植被覆盖因子。

根据《内蒙古自治区生态环境十年变化（2000—2010 年）》（内蒙古自治区环境监测中心站，2015），内蒙古生态系统土壤保持总量为 332857.61 万吨，单位面积土壤保持量为 29.05 t hm^{-2} a^{-1}。空间上，内蒙古生态系统土壤保持功能大体呈现东高西低的分布格局，单位面积土壤保持量高值区主要位于自治区东部大兴安岭、燕山东北部以及中部大青山等地。

（1）生态系统类型土壤保持情况。森林和草地生态系统是全区土壤保持功能的主体。森林生态系统土壤保持量为 205653.69 万吨，占全区土壤保持总量的 61.78%，草地生态系统土壤保持量为 80284.40

万吨，占全区总量的24.12%。灌丛、湿地、农田、城镇和沙漠等生态系统的土壤保持量分别为18275.13万吨、8874.47万吨、17271.85万吨、1454.81万吨和870.47万吨，各占总量的5.49%、2.67%、5.19%、0.44%和0.26%。从单位面积土壤保持量来看，土壤保持功能最强的是森林生态系统，约122.61 t hm^{-2} a^{-1}，其次是灌丛生态系统，约68.81t hm^{-2} a^{-1}（见表1–15）。

表1-15　　内蒙古各类典型生态系统土壤保持功能状况

生态系统类型	面积		土壤保持量		
	km^2	比例（%）	单位量（t hm^{-2} a^{-1}）	总量（万t）	比例（%）
森林	167728.51	14.64	122.61	205653.69	61.78
灌丛	26559.64	2.32	68.81	18275.13	5.49
草地	538149.17	46.96	14.92	80284.40	24.12
湿地	47867.44	4.18	18.54	8874.47	2.67
农田	124467.62	10.86	13.88	17271.85	5.19
城镇	13572.22	1.18	10.72	1454.81	0.44
沙漠	104208.09	9.09	0.84	870.47	0.26

数据来源：内蒙古自治区环境监测中心站，2015年。

（2）各盟市土壤保持情况。从各盟市看，呼伦贝尔市的土壤保持量最高，为172892.07万吨，约占全区总量的51.94%；其次是兴安盟和赤峰市，分别为41593.01万吨和41185.18万吨，各占全区总量的12.50%和12.37%；乌海市和阿拉善盟的土壤保持量最低，其中乌海市仅为290.88万吨，不足全区土壤保持总量的0.1%。

从单位面积土壤保持量来看，土壤保持功能最强的是呼和浩特市，单位面积土壤保持量为91.61 t hm^{-2} a^{-1}，兴安盟和呼伦贝尔市次之，分别为75.44 t hm^{-2} a^{-1}和68.40 t hm^{-2} a^{-1}，阿拉善盟、锡林郭勒盟和巴彦淖尔市最差，分别为0.58 t hm^{-2} a^{-1}、6.09 t hm^{-2} a^{-1}和8.99 t hm^{-2} a^{-1}。见表1–16。

表1-16　　内蒙古各盟市生态系统土壤保持功能状况

盟市	土地面积		土壤保持量		
	km^2	占全区的比例（%）	单位量（$t\ hm^{-2}a^{-1}$）	总量（万t）	占全区的比例（%）
乌兰察布市	54458.26	4.75	16.96	9236.67	2.77
乌海市	1656.09	0.14	17.56	290.88	0.09
兴安盟	55131.22	4.81	75.44	41593.01	12.50
包头市	27594.97	2.41	25.67	7083.90	2.13
呼伦贝尔市	252775.27	22.06	68.40	172892.07	51.94
呼和浩特市	17173.75	1.50	91.61	15732.47	4.73
巴彦淖尔市	65142.70	5.69	8.99	5858.42	1.76
赤峰市	86888.97	7.58	47.40	41185.18	12.37
通辽市	58884.15	5.14	18.91	11136.85	3.35
鄂尔多斯市	86828.57	7.58	16.46	14292.45	4.29
锡林郭勒盟	199884.60	17.44	6.09	12169.44	3.66
阿拉善盟	239445.87	20.90	0.58	1386.08	0.42

数据来源：内蒙古自治区环境监测中心站，2015年。

2. 重要性评价

本次评估参考 ArcGIS 的 Natural Breaks（Jenks）自然断点分类方法，根据单位面积土壤保持量的大小划分内蒙古生态系统土壤保持重要性等级，分别为极重要、重要、中等重要、一般四个等级。内蒙古生态系统土壤保持重要以上面积为 19.36 万平方千米，占全区总面积的 16.9%。其中，极重要区总面积为 1.84 万平方千米，占全区土地面积的 1.60%，主要分布于大兴安岭及乌兰察布市南部。重要区总面积为 5.12 万平方千米，占全区面积的 4.47%，分布于呼伦贝尔市东北部以及兴安盟西部。中等重要区总面积为 12.40 万平方千米，占全区总面积的 10.83%，主要分布于呼伦贝尔市中部、赤峰市西部。一般区域总面积为 95.21 万平方千米，占全区总面积的 83.10%，见表 1–17。

表1-17　　内蒙古生态系统土壤保持功能重要性分布

土壤保持重要性	面积（万km^2）	占全区面积比例（%）
一般区域	95.21	83.10
中等重要	12.40	10.83
重要	5.12	4.47
极重要	1.84	1.60

数据来源：中国气象数据库、geom卫星（地形）数据、土壤科学数据中心。

从各盟市情况看，重要以上土壤保持功能区面积在前5位的盟市依次是呼伦贝尔市、锡林郭勒盟、乌兰察布市、兴安盟和赤峰市，分别占全区重要以上土壤保持面积的43.68%、14.80%、12.36%、10.78%和7.90%。见图1–7和表1–18。

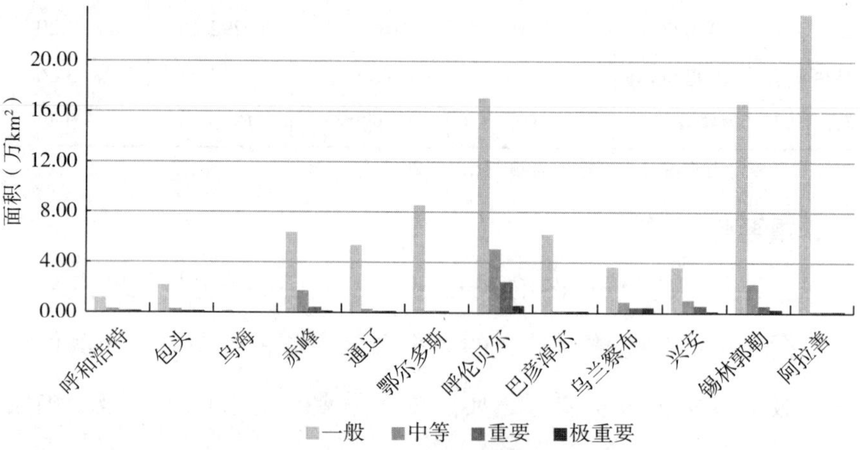

图1-7　内蒙古各盟市土壤保持服务功能重要性分布图

数据来源：中国气象数据库、geom卫星（地形）数据、土壤科学数据中心。

表1-18　　内蒙古各盟市土壤保持功能重要性评价（2015年）

盟市	一般区域（万km^2）	中等重要（万km^2）	重要（万km^2）	极重要（万km^2）
呼和浩特	1.21	0.27	0.13	0.12
包头	2.25	0.35	0.09	0.06
乌海	0.17	0.00	0.00	0.00

续表

盟市	一般区域（万km^2）	中等重要（万km^2）	重要（万km^2）	极重要（万km^2）
赤峰	6.37	1.77	0.51	0.04
通辽	5.41	0.33	0.14	0.02
鄂尔多斯	8.60	0.07	0.01	0.00
呼伦贝尔	17.15	5.08	2.47	0.57
巴彦淖尔	6.20	0.21	0.07	0.03
乌兰察布	3.71	0.88	0.39	0.47
兴安盟	3.67	1.09	0.63	0.12
锡林郭勒	16.66	2.29	0.67	0.36
阿拉善	23.81	0.06	0.02	0.04

数据来源：中国气象数据库、geom卫星（地形）数据、土壤科学数据中心。

3. 功能变化分析

从土壤保持重要性功能区的变化来看，2000~2015 年十五年间一般区域和中等重要区面积呈现增加趋势，而重要区和极重要区的面积在显著减少，表明了全区土壤保持功能有所降低。见表 1–19。

表1-19　内蒙古土壤保持重要性动态变化（2000~2015年）（万km^2，%）

重要性	2000年	2010年	2015年	2000~2015年	
	面积			面积变化	面积变幅
一般区域	90.20	91.08	95.21	5.00	5.54
中等重要	10.90	10.94	12.40	1.51	13.85
重要	7.17	7.19	5.12	–2.05	–28.53
极重要	5.32	5.38	1.84	–3.49	–65.49

数据来源：中国气象数据库、geom卫星（地形）数据、土壤科学数据中心。

从全区各等级土壤功能面积的变化情况来看，全区土壤保持功能减弱的区域面积为 18.76 万平方千米，大于增强区域面积 6.49 万平方千米，全区土壤保持功能整体呈减弱趋势（见表 1–20）。

表1-20　　内蒙古土壤保持变化（2000 ~ 2015年）

土壤保持功能变化	面积（万km²）
减弱	18.76
基本保持	88.35
增强	6.49

数据来源：中国气象数据库、geom卫星（地形）数据、土壤科学数据中心。

从各盟市变化看，阿拉善盟、锡林郭勒盟和乌兰察布市土壤保持功能表现为增强，其他盟市均呈现减弱趋势（见表 1–21、图 1–8）。

表1-21　　内蒙古各盟市土壤保持功能变化（2000~2015年）

盟市	减弱（万km²）	基本保持（万km²）	增强（万km²）
呼和浩特市	0.59	0.85	0.26
包头市	0.18	2.15	0.41
乌海市	0.02	0.14	0.00
赤峰市	2.44	6.20	0.00
通辽市	0.67	5.18	0.00
鄂尔多斯市	1.02	7.61	0.00
呼伦贝尔市	11.12	13.30	0.53
巴彦淖尔市	0.25	5.91	0.24
乌兰察布市	0.00	3.76	1.63
兴安盟	2.43	3.07	0.00
锡林郭勒盟	0.00	16.50	3.28
阿拉善盟	0.02	23.68	0.12

数据来源：中国气象数据库、geom卫星（地形）数据、土壤科学数据中心。

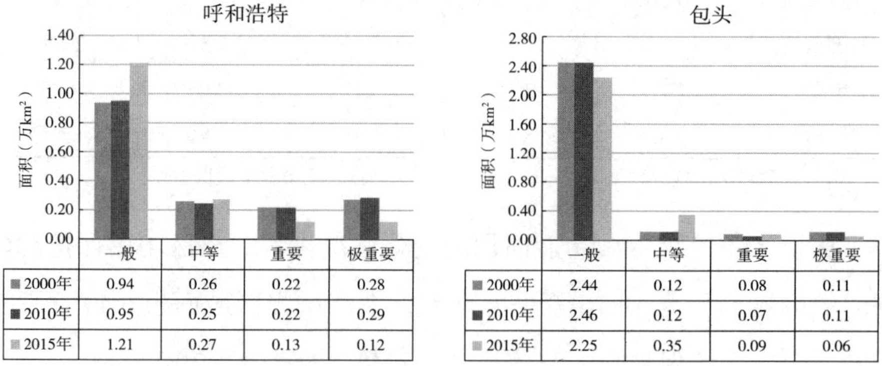

图1-8　内蒙古各盟市土壤保持功能重要性变化（2000~2015年）（一）

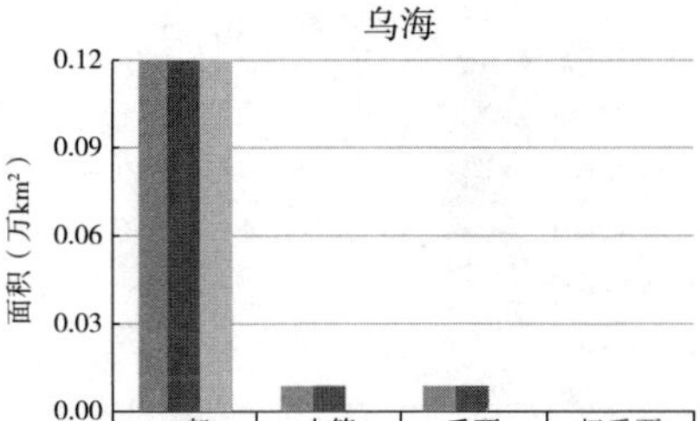

	一般	中等	重要	极重要
2000年	0.14	0.01	0.01	0.00
2010年	0.15	0.01	0.01	0.00
2015年	0.17	0.00	0.00	0.00

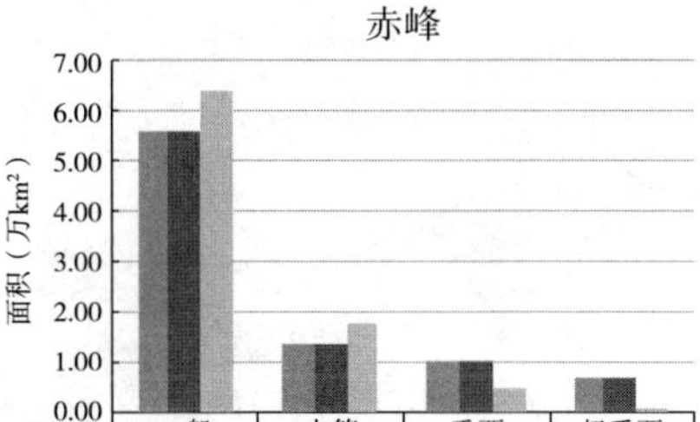

	一般	中等	重要	极重要
2000年	5.55	1.36	1.05	0.67
2010年	5.57	1.38	1.06	0.68
2015年	6.37	1.77	0.51	0.04

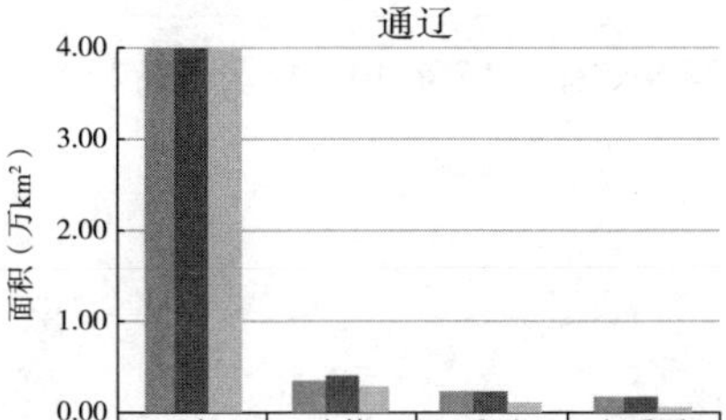

	一般	中等	重要	极重要
2000年	5.08	0.39	0.24	0.16
2010年	5.09	0.40	0.24	0.16
2015年	5.41	0.33	0.14	0.02

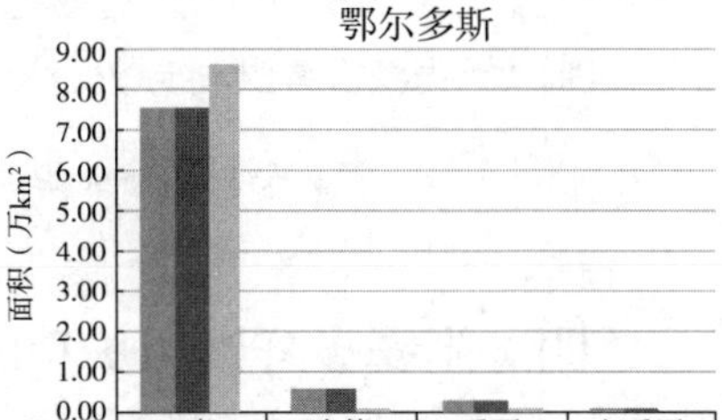

	一般	中等	重要	极重要
2000年	7.60	0.63	0.27	0.12
2010年	7.61	0.65	0.28	0.15
2015年	8.60	0.07	0.01	0.00

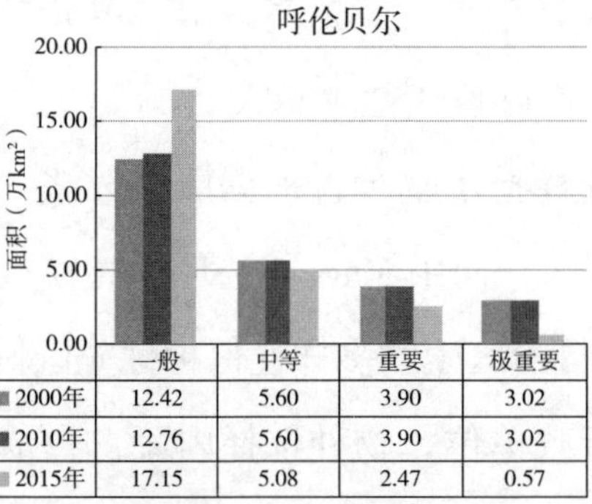

	一般	中等	重要	极重要
2000年	12.42	5.60	3.90	3.02
2010年	12.76	5.60	3.90	3.02
2015年	17.15	5.08	2.47	0.57

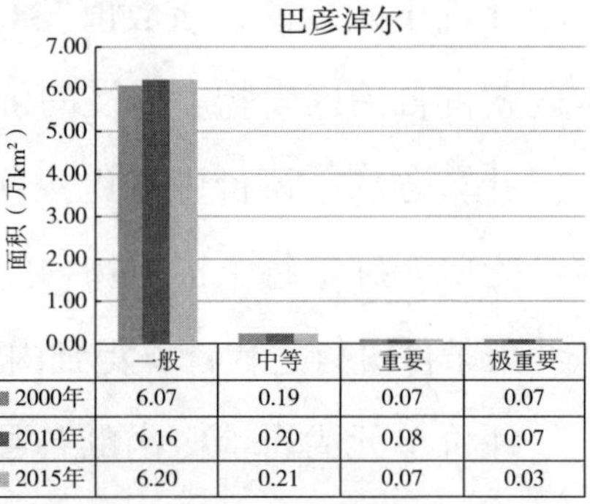

	一般	中等	重要	极重要
2000年	6.07	0.19	0.07	0.07
2010年	6.16	0.20	0.08	0.07
2015年	6.20	0.21	0.07	0.03

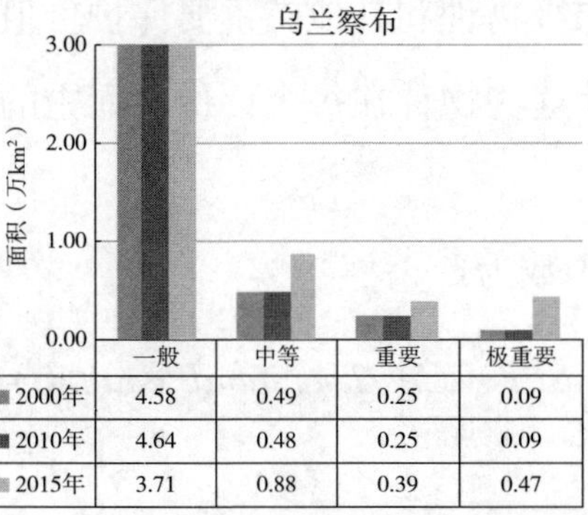

	一般	中等	重要	极重要
2000年	4.58	0.49	0.25	0.09
2010年	4.64	0.48	0.25	0.09
2015年	3.71	0.88	0.39	0.47

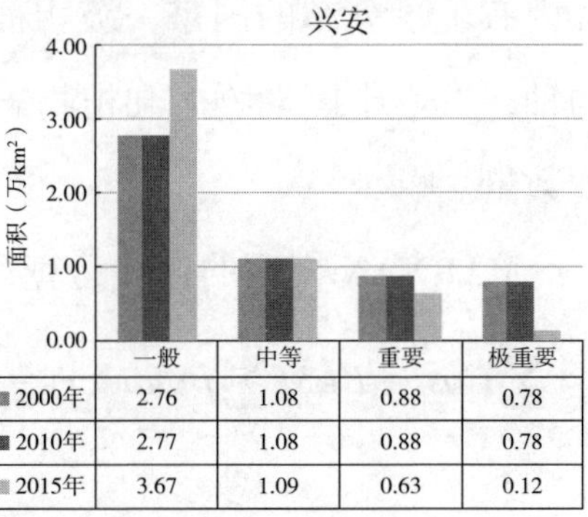

	一般	中等	重要	极重要
2000年	2.76	1.08	0.88	0.78
2010年	2.77	1.08	0.88	0.78
2015年	3.67	1.09	0.63	0.12

图1-8　内蒙古各盟市土壤保持功能重要性变化（2000~2015年）（二）

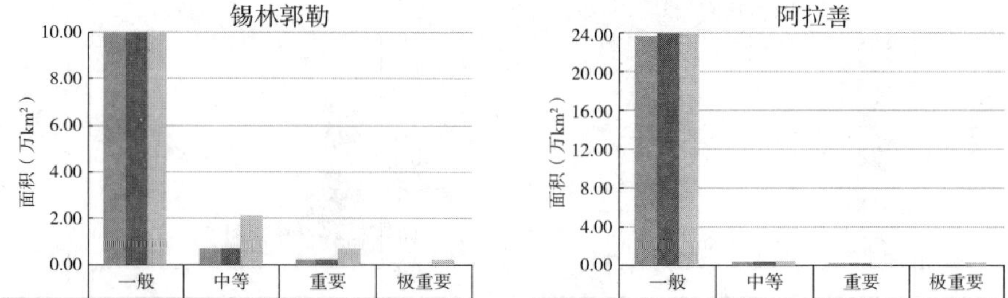

锡林郭勒

	一般	中等	重要	极重要
2000年	18.88	0.72	0.17	0.03
2010年	19.07	0.72	0.17	0.03
2015年	16.66	2.29	0.67	0.36

阿拉善

	一般	中等	重要	极重要
2000年	23.74	0.05	0.03	0.00
2010年	23.86	0.05	0.03	0.00
2015年	23.81	0.06	0.02	0.04

图1-8　内蒙古各盟市土壤保持功能重要性变化（2000~2015年）（三）

数据来源：中国气象数据库、geom卫星（地形）数据、土壤科学数据中心。

（四）生物多样性保护功能

1. 功能现状

用不可替代性指数评价生物多样性保护功能的重要性。该指数为每个评价单元赋值，该数值在0~100分布，数值越高表示该单元对保护内蒙古自治区生物多样性的价值（不可替代性）越大。

计算方法：评价中首先按规则选择指示物种，根据历史数据，以旗县为单元确定每个指示物种的分布区。使用Marxan选址运算模型，按约束条件进行迭代计算得到内蒙古自治区生物多样性保护优先区域。

评价单元为自治区内的各县级行政单位，物种选择内蒙古自治区境内有记录分布的国家一级物种、二级物种和其他有重要保护价值的物种，参照中国动物志和植物志统计这些物种在每个评价单元中的出现数量。

MARXAN模型的迭代运算目标函数为：

$$\underset{①}{\sum_{PU_S} Cost} + \underset{②}{BLM\sum_{PU_S} Boundary} + \underset{③}{\sum_{ConValue} SPF} + \underset{④}{CostThersholdPenalty(t)}$$

其中，①表示规划单元总成本；②表示保护体系边界总长度修正值；③表示未达到保护目标的补偿值；④表示超出成本阈值的补偿值。

物种生境以自然生态系统为主，仅有少量珍稀物种以人工生态系统为生境。本次调查评估，将物种生境分为森林、灌丛、草甸/草丛、草原、沼泽、水域6类。

（1）生态系统类型生物多样性保护情况。根据《内蒙古自治区生态环境十年变化（2000—2010年）》（内蒙古自治区环境监测中心站，2015），所有物种生境中，草原生态系统所占比重最大，面积为525801.6平方千米，占所有生境的45.89%。其中，草原面积为471199.15平方千米，占所有生境的41.12%；稀疏草地面积为54602.43平方千米，占所有生境的4.77%。其次是森林生态系统，面积为167733.70平方千米，占所有生境的14.64%。其中，落叶阔叶林面积在森林生态系统中最大，为109382.21平方千米，占所有生境的9.55%；其次为落叶针叶林，面积为47522.03平方千米，占所有生境的4.15%。沼泽和灌丛本别占3.50%和2.32%（见表1–22）。

表1-22　　内蒙古各类型生境面积比例

一级生境	面积（km^2）	比例（%）	三级生境	面积（km^2）	比例（%）
森林	167733.70	14.64	落叶阔叶林	109382.21	9.55
			常绿针叶林	2936.21	0.26
			落叶针叶林	47522.03	4.15
			针阔混交林	2797.05	0.24
			稀疏林	5096.18	0.44
灌丛	26565.43	2.32	落叶阔叶灌木林	21145.09	1.85
			常绿针叶灌木林	9.16	0
			稀疏灌木林	5411.18	0.47
草甸/草丛	12376.48	1.08	草甸	12371.07	1.08
			草丛	5.41	0

续表

一级生境	面积（km^2）	比例（%）	三级生境	面积（km^2）	比例（%）
草原	525801.6	45.89	草原	471199.15	41.12
			稀疏草地	54602.43	4.77
沼泽	40145.37	3.50	森林沼泽	106.88	0.01
			灌丛沼泽	1377.12	0.12
			草本沼泽	38661.37	3.37
水域	7750.42	0.68	湖泊	4310.94	0.38
			水库/坑塘	581.8	0.05
			河流	2746.84	0.24
			运河/水渠	110.84	0.01

数据来源：内蒙古自治区环境监测中心站，2015年。

（2）盟市生物多样性保护情况。从盟市看，自然生境面积最大的为呼伦贝尔市和锡林郭勒盟，分别为225690.4平方千米、191223.4平方千米；森林生境面积最大的为呼伦贝尔市和兴安盟，分别为121442平方千米、15555.4平方千米；灌丛生境面积最大的为阿拉善盟和鄂尔多斯市，分别为4455.8平方千米、4282.8平方千米；草甸生境面积最大的为锡林郭勒盟和呼伦贝尔市，分别为5167.6平方千米、5025平方千米；草原生境面积最大的为锡林郭勒盟和呼伦贝尔市，分别为173790.5平方千米、62440.7平方千米；沼泽生境面积最大的为呼伦贝尔市和锡林郭勒盟，分别为32548.7平方千米、3537.7平方千米；水域生境面积最大的为呼伦贝尔市和赤峰市，为3294.5平方千米、1097.5平方千米。见表1–23。

表1-23　　内蒙古各盟市自然生境分布现状（km^2）

盟市	森林	灌丛	草甸/草丛	草原	沼泽	水体
呼和浩特市	1001.9	3999.6	23.7	5644.8	29.0	89.7
包头市	546.7	1157.3	427.8	20813.6	34.0	115.6
乌海市	18.8	161.9	0.0	884.6	12.6	29.3

续表

盟市	森林	灌丛	草甸/草丛	草原	沼泽	水体
赤峰市	13677.7	1791.2	145.7	39865.0	557.9	1097.5
通辽市	4489.8	553.6	54.5	22828.5	472.3	380.0
鄂尔多斯市	1648.3	4282.8	419.1	56076.1	110.3	422.3
呼伦贝尔市	121442.0	939.6	5025.0	62440.7	32548.7	3294.5
巴彦淖尔市	1509.4	2461.7	307.5	39782.5	504.0	446.3
乌兰察布市	2619.6	2983.5	768.8	38376.7	109.8	215.9
兴安盟	15555.4	867.7	36.2	17802.3	2150.2	451.7
锡林郭勒盟	4799.0	2909.6	5167.6	173790.5	3537.7	1019.1
阿拉善盟	417.1	4455.8	0.1	47486.1	74.4	182.3

数据来源：内蒙古自治区环境监测中心站，2015年。

2. 重要性评价

本次评估参考ArcGIS的Natural Breaks(Jenks)自然断点分类方法，选择重要保护物种作为生物多样性保护重要性评价指标。这些重要保护物种均为国家保护和濒危物种，它们不仅体现了生物多样性的价值，也反映了人类活动和气候变化对物种的威胁。本次评估共选定246种物种作为重要保护物种，其中植物131种，动物115种。根据物种保护等级，进一步将国家一级保护物种定为最重要级别，所有一级物种保护目标为栖息地总面积的50%；国家二级保护物种定为次重要级别，所有二级物种保护目标为栖息地总面积的40%；名录中其他具有保护意义的物种划为第三级，保护目标为栖息地总面积的30%。多样性评估采用不可替代性指数评价生物多样性保护功能的重要性。指数计算采用基于Marxan软件的系统保护规划方法确定生物多样性保护优先区，某单元被迭代计算选中的次数越多，保护功能的不可替代性就越高，其保护价值也越高。研究进行100次迭代计算，则每个单元被选中的次数在0~100之间。生物多样性保护重要性按不可替代性指数划分为四个等级：0 为一般区域，0~40 为中等重要区，40~99 为重要区，100 为极重要区。

内蒙古生态系统生物多样性保护重要以上面积为 74.28 万平方千米，占全区总面积的 65.5%。极重要区面积为 26.54 万平方千米，占全区总面积的 23.40%，主要包括大兴安岭林区、呼伦贝尔草原、辽西平原大青沟、阴山山脉、贺兰山、鄂尔多斯西部等地区。重要区面积为 26.49 万平方千米，占全区总面积的 23.36%，主要分布在极重要区周围和燕山北麓。中等重要地区总面积约 21.25 万平方千米，占全区总面积的 18.74%，主要分布在锡林郭勒草原、阴山北麓和鄂尔多斯市东北部（见表 1–24、表 1–25）。

表1-24　　内蒙古生物多样性保护重要性分布（万km^2）

重要性	极重要	重要	中等重要	合计
森林生境	9.21	0.63	6.93	16.77
灌丛生境	1.00	0.25	0.86	2.11
草甸生境	0.53	0.03	0.67	1.24
草原生境	14.75	8.27	29.54	52.56
沼泽生境	1.97	0.04	1.99	4.01
水域生境	0.39	0.04	0.34	0.77
合计	27.85	9.27	40.34	77.46

数据来源：中国气象数据库、geom卫星（地形）数据、地理空间数据云（净初级生产力）。

表1-25　　内蒙古生态系统生物多样性保护功能重要性分布

生物多样性保护重要性	面积（万km^2）	占全区面积比例（%）
一般区域	39.13	34.50
中等重要	21.25	18.74
重要	26.49	23.36
极重要	26.54	23.40

数据来源：中国气象数据库、geom卫星（地形）数据、地理空间数据云（净初级生产力）。

各盟市重要以上生物多样性保护功能区面积在前 5 位的盟市依次

是呼伦贝尔市、赤峰市、锡林郭勒盟、通辽市和兴安盟，分别占全区重要以上生物多样性保护面积的16.49%、8.43%、8.40%、5.70%和5.31%（见表1-26、图1-9）。

表1-26　　内蒙古各盟市生物多样性保护功能

盟市	一般区域（万km^2）	中等重要（万km^2）	重要（万km^2）	极重要（万km^2）
呼和浩特	0.03	0.18	0.88	0.61
包头	1.11	1.16	0.31	0.17
乌海	0.14	0.02	0.00	0.00
赤峰	0.17	0.01	3.26	5.17
通辽	0.11	0.02	0.53	5.17
鄂尔多斯	1.57	3.46	3.32	0.22
呼伦贝尔	1.57	6.96	6.25	10.24
巴彦淖尔	4.80	0.72	0.93	0.03
乌兰察布	0.83	2.37	1.93	0.26
兴安	0.06	0.06	0.84	4.47
锡林郭勒	5.19	6.24	8.20	0.20
阿拉善	23.55	0.05	0.01	0.00

数据来源：中国气象数据库、geom卫星（地形）数据、地理空间数据云（净初级生产力）。

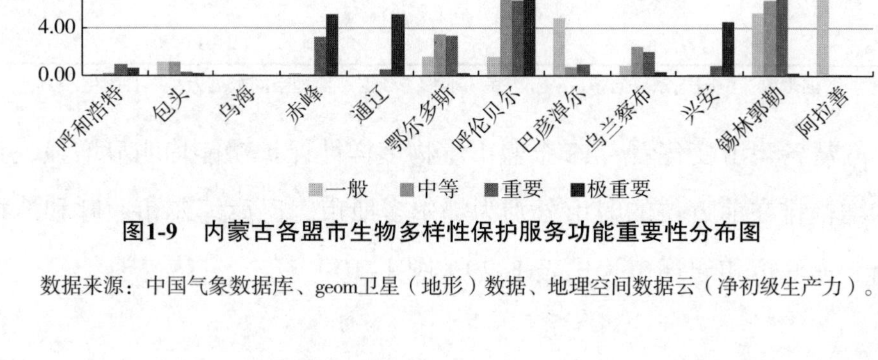

图1-9　内蒙古各盟市生物多样性保护服务功能重要性分布图

数据来源：中国气象数据库、geom卫星（地形）数据、地理空间数据云（净初级生产力）。

3. 功能变化分析

2000~2015 年，全区生物多样性保护一般区域和中等重要区域面积分别减少了 5.97 万平方千米和 2.49 万平方千米。重要区和极重要区的面积分别增加了 2.56 万平方千米和 5.91 万平方千米，增幅分别为 10.68% 和 28.64%，表明了生物多样性保护功能区整体在从低重要性不断向高重要性转变（见表 1–27）。

表1-27 内蒙古生物多样性保护重要性动态变化（2000~2015年）（万km^2，%）

重要性	2000年	2015年	2000~2015年	
	面积	面积	面积变化	面积变幅
一般	45.10	39.13	–5.97	–13.25
中等重要	23.74	21.25	–2.49	–10.49
重要	23.93	26.49	2.56	10.68
极重要	20.63	26.54	5.91	28.64

数据来源：中国气象数据库、geom卫星（地形）数据、地理空间数据云（净初级生产力）。

从全区各等级生物多样性保护功能面积的变化情况来看，生物多样性保护功能有所增强的区域面积（24.11 万平方千米）明显大于防风固沙功能减弱区域的面积（3.95 万平方千米），生物多样性保护功能呈增强趋势（见表 1–28）。

表1-28 内蒙古生物多样性保护功能变化（2000~2015年）

生物多样性保护功能变化	面积（万km^2）
减弱	3.95
基本保持	85.35
增强	24.11

数据来源：中国气象数据库、geom卫星（地形）数据、地理空间数据云（净初级生产力）。

从各盟市变化看，12 个盟市生物多样性保护功能均明显增强，其中增幅排在前五位的盟市分别为鄂尔多斯市、巴彦淖尔市、呼和浩特市、赤峰市和通辽市（见表 1–29、图 1–10）。

表1-29　内蒙古各盟市生物多样性保护功能变化（2000~2015年）

盟市	减弱（万km^2）	基本保持（万km^2）	增强（万km^2）
呼和浩特市	0.01	1.04	0.66
包头市	0.09	2.20	0.45
乌海市	0.00	0.14	0.02
赤峰市	0.05	5.73	2.83
通辽市	0.03	4.32	1.48
鄂尔多斯市	0.01	3.89	4.68
呼伦贝尔市	2.87	17.86	4.28
巴彦淖尔市	0.01	5.31	1.16
乌兰察布市	0.38	4.40	0.62
兴安盟	0.04	4.36	1.03
锡林郭勒盟	0.46	12.53	6.85
阿拉善盟	0.00	23.56	0.05

数据来源：中国气象数据库、geom卫星（地形）数据、地理空间数据云（净初级生产力）。

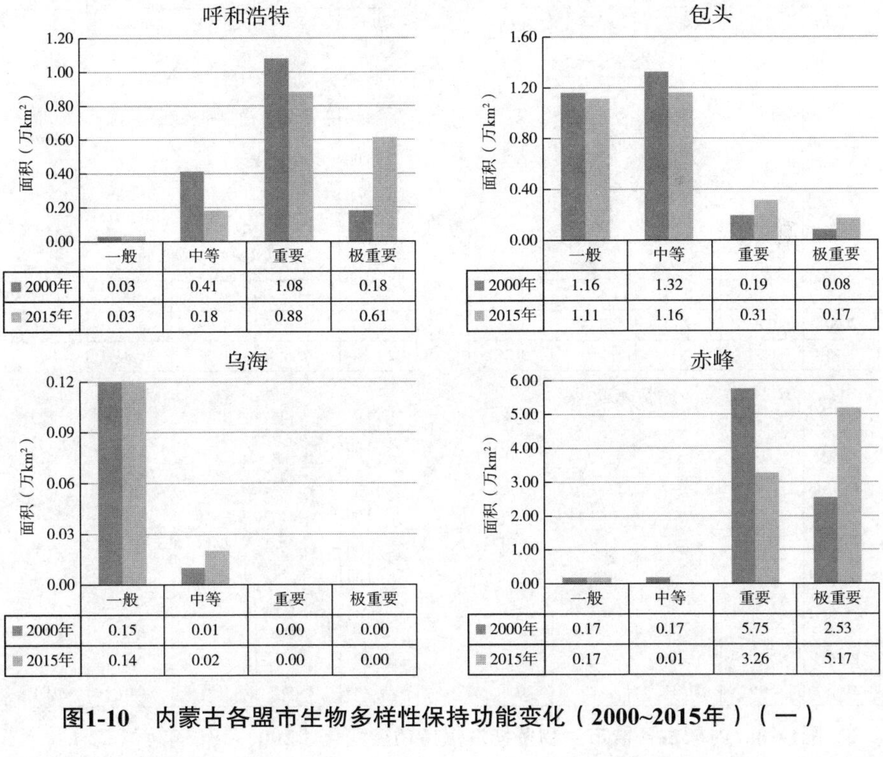

图1-10　内蒙古各盟市生物多样性保持功能变化（2000~2015年）（一）

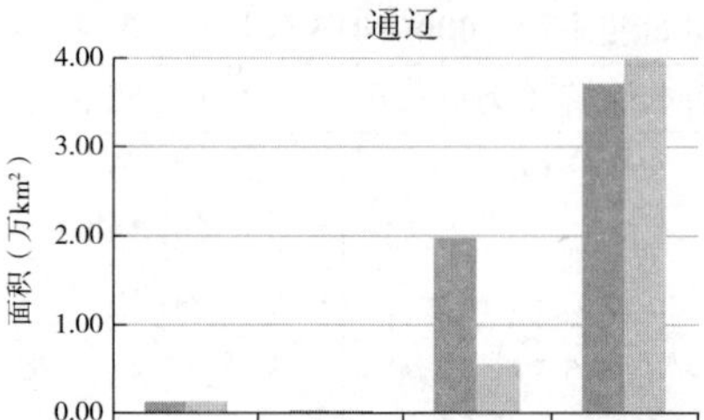

	一般	中等	重要	极重要
2000年	0.11	0.01	1.97	3.72
2015年	0.11	0.02	0.53	5.17

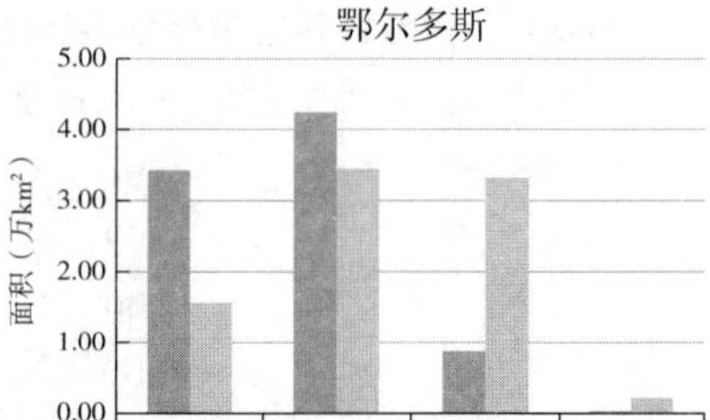

	一般	中等	重要	极重要
2000年	3.45	4.25	0.87	0.03
2015年	1.57	3.46	3.32	0.22

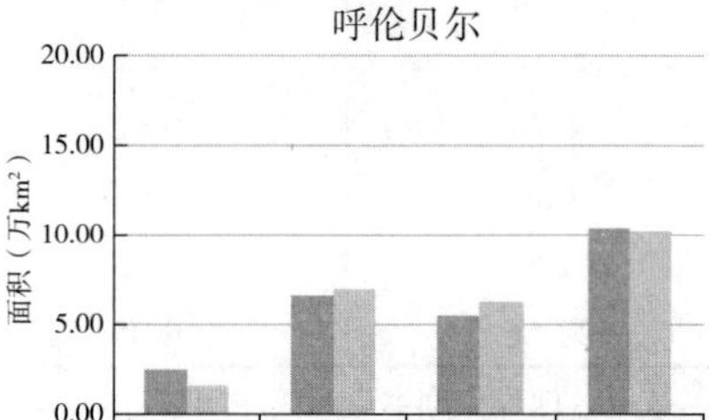

	一般	中等	重要	极重要
2000年	2.50	6.62	5.51	10.38
2015年	1.57	6.96	6.25	10.24

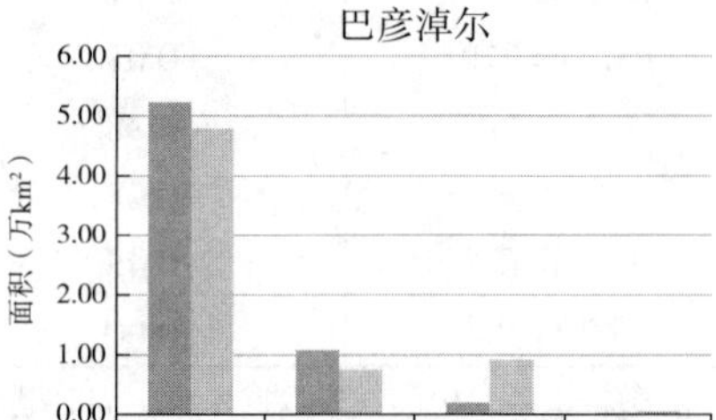

	一般	中等	重要	极重要
2000年	5.21	1.06	0.20	0.01
2015年	4.8	0.75	0.93	0.03

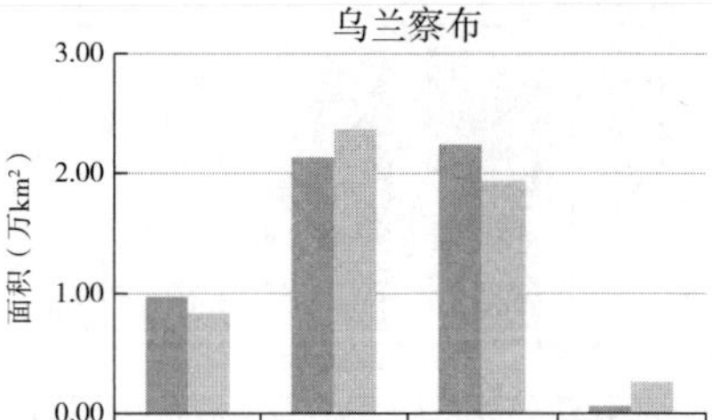

	一般	中等	重要	极重要
2000年	0.97	2.13	2.24	0.06
2015年	0.83	2.37	1.93	0.26

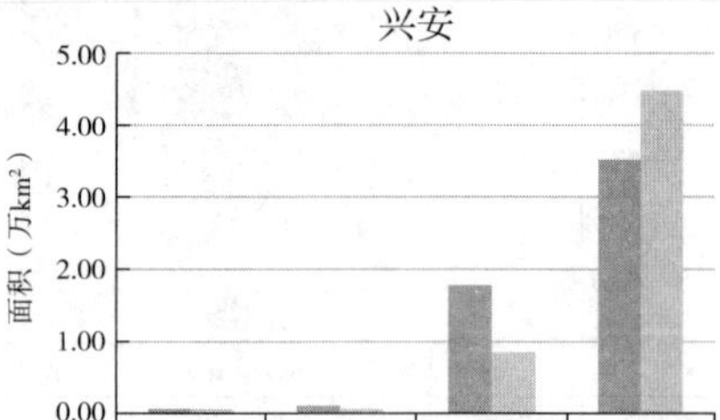

	一般	中等	重要	极重要
2000年	0.06	0.09	1.77	3.51
2015年	0.06	0.06	0.84	4.47

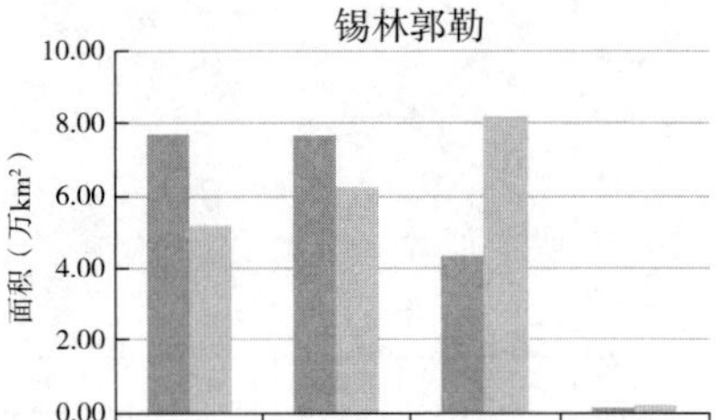

	一般	中等	重要	极重要
2000年	7.70	7.66	4.35	0.13
2015年	5.19	6.24	8.20	0.20

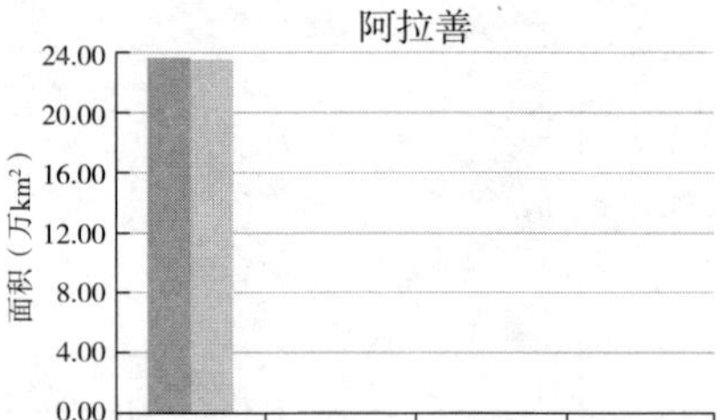

	一般	中等	重要	极重要
2000年	23.59	0.02	0.01	0.00
2015年	23.55	0.05	0.01	0.00

图1-10　内蒙古各盟市生物多样性保持功能变化（2000~2015年）（二）

数据来源：中国气象数据库、geom卫星（地形）数据、地理空间数据云（净初级生产力）。

（五）碳固定功能

1. 功能现状

碳固定是指生态系统中植物通过光合作用将大气中的二氧化碳转化为碳水化合物，并以有机碳的形式固定在植物体内或土壤中，即存留于生态系统中的碳。以固碳量 NEP，即生态系统净初级生产力与土壤呼吸之差作为生态系统碳固定的评价指标。

计算方法：固碳量 NEP，即生态系统净初级生产力与土壤呼吸的差值。

$$NEP=NPP-RS$$

其中，NEP 为固碳量（g $Cm^{-2}a^{-1}$），NPP 为生态系统净第一初级生产力（g $Cm^{-2}a^{-1}$），RS 为土壤呼吸碳排放（g C/m^2）。

根据《内蒙古自治区生态环境十年变化（2000—2010 年）》（内蒙古自治区环境监测中心站，2015），内蒙古生态系统年固碳总量为 53.61Tg，固碳能力为 46.88 g C m^{-2} a^{-1}。全区生态系统固碳能力空间差异明显，东部大兴安岭森林区域碳吸收大于碳排放，表现为强碳汇功能；中西部草地、荒漠区域碳吸收小于碳排放，表现为碳源功能。

（1）生态系统类型碳固定情况。内蒙古自治区不同生态系统类型固碳功能差异显著，森林、灌丛、草地和湿地整体上表现为碳汇。森林生态系统是内蒙古固碳的主体，年固碳量为 34.96Tg，占全区生态系统固碳总量的 65.21%。其次为草地生态系统，年固碳量为 15.82Tg，占总固碳量的 29.51%。湿地生态系统每年固定 3.41Tg 碳，灌丛年固碳总量仅为 0.70Tg。固碳能力最高的是森林生态系统，为 205.86 g C m^{-2} a^{-1}，其次为湿地（79.08 g C m^{-2} a^{-1}）、草地（28.94 g C m^{-2} a^{-1}）和灌丛（24.913 g C m^{-2} a^{-1}）。农田生态系统碳排放大于碳吸收，表现为碳源，年碳释放量为 1.27Tg，排放通量为 10.63 g C m^{-2} a^{-1}（见表 1–30）。

表1-30 内蒙古各类典型生态系统碳固定状况

生态系统类型	年固碳量（Tg）	比例（%）	固碳能力（$g\ C\ m^{-2}\ a^{-1}$）
森林	34.96	65.21	205.86
灌丛	0.70	1.30	24.91
草地	15.82	29.51	28.94
湿地	3.41	6.35	79.08
农田	−1.27	−2.37	−10.63

数据来源：内蒙古自治区环境监测中心站，2015年。

（2）各盟市碳固定情况。从各盟市碳固定功能看，内蒙古自治区各盟市生态系统碳固定功能差异明显，12 个盟市中 7 个盟市表现为碳汇。其中呼伦贝尔市生态系统固碳功能最强，年固碳量为 38.23Tg，占固碳总量的 38.23%，其次分别为兴安盟（5.62Tg，10.48%）、锡林郭勒盟（5.31Tg，9.9%）、赤峰市（5.19Tg，9.67%）、通辽市（2.72Tg，5.08%）。阿拉善盟、巴彦淖尔市、包头市、鄂尔多斯市和乌海市生态系统碳排放大于碳吸收，表现为碳源，年净碳释放量分别为 2.19Tg、0.98Tg、0.42Tg、0.31Tg 和 0.03Tg。全区各盟市固碳能力以呼伦贝尔市和兴安盟为最高，均超过 100 $g\ C\ m^{-2}\ a^{-1}$，分别为 151.7 $g\ C\ m^{-2}\ a^{-1}$ 和 102.04 $g\ C\ m^{-2}\ a^{-1}$。其次为赤峰市（59.78 $g\ C\ m^{-2}\ a^{-1}$）、通辽市（46.30 $g\ C\ m^{-2}\ a^{-1}$）、锡林郭勒盟（26.61 $g\ C\ m^{-2}\ a^{-1}$）和呼和浩特市（21.20 $g\ C\ m^{-2}\ a^{-1}$）。乌海市、包头市和巴彦淖尔市生态系统净释放通量最高。见表 1–31。

表1-31 内蒙古各盟市生态系统碳固定状况

盟市	年固碳量（Tg）	比例（%）	固碳能力（$g\ C\ m^{-2}\ a^{-1}$）
呼伦贝尔市	38.23	71.31	151.7
兴安盟	5.62	10.48	102.04
锡林郭勒盟	5.31	9.9	26.61
赤峰市	5.19	9.67	59.78
通辽市	2.72	5.08	46.3
呼和浩特市	0.36	0.68	21.2

续表

盟市	年固碳量（Tg）	比例（%）	固碳能力（$g\ C\ m^{-2}\ a^{-1}$）
乌兰察布市	0.11	0.2	2
乌海市	-0.03	-0.05	-15.96
鄂尔多斯市	-0.31	-0.57	-3.55
包头市	-0.42	-0.79	-15.34
巴彦淖尔市	-0.98	-1.83	-15.07
阿拉善盟	-2.19	-4.09	-9.15

数据来源：内蒙古自治区环境监测中心站，2015年。

2. 重要性评价

本次评估参考 ArcGIS 的 Natural Breaks（Jenks）自然断点分类方法，根据单位面积固碳量的大小划分内蒙古生态系统碳固定功能重要性等级，分别为极重要、重要、中等重要、一般重要。内蒙古生态系统碳固定功能重要以上面积为 79.83 万平方千米，占全区总面积的 69.7%。其中极重要区面积为 10.53 万平方千米，占全区面积的 9.19%；重要区面积 35.90 万平方千米，占全区面积的 31.33%。在空间上，极重要和重要区主要分布在大兴安岭、兴安盟、通辽市、赤峰市、锡林郭勒盟东部以及阴山山脉。中等重要区面积 33.40 万平方千米，占全区面积的 29.15%，主要分布在锡林郭勒草原区、鄂尔多斯、乌兰察布市以及呼和浩特市等。见表 1-32。

表1-32　　内蒙古生态系统碳固定功能重要性分布

防风固沙重要性	面积（万km^2）	占全区面积比例（%）
一般区域	34.76	30.33
中等重要	33.40	29.15
重要	35.90	31.33
极重要	10.53	9.19

数据来源：地理空间数据云（净初级生产力）。

从各盟市情况看，重要以上碳固定功能区面积在前 5 位的盟市依次是呼伦贝尔市、锡林郭勒盟、赤峰市、兴安盟、通辽市，分别占全区重要以上防风固沙面积的 21.49%、6.60%、6.06%、5.10% 和 4.50%。见表 1–33、图 1–11。

表1-33　　内蒙古各盟市碳固定功能

盟市	一般区域（万km^2）	中等重要（万km^2）	重要（万km^2）	极重要（万km^2）
呼和浩特	0.03	0.96	0.72	0.00
包头	0.63	1.95	0.18	0.00
乌海	0.14	0.02	0.00	0.00
赤峰	0.17	2.45	5.92	0.14
通辽	0.12	1.27	4.49	0.01
鄂尔多斯	1.87	6.59	0.22	0.01
呼伦贝尔	0.49	3.30	11.72	9.77
巴彦淖尔	4.30	1.76	0.45	0.01
乌兰察布	0.99	3.39	1.05	0.01
兴安盟	0.07	0.34	4.55	0.55
锡林郭勒	2.22	11.17	6.57	0.03
阿拉善	23.72	0.19	0.03	0.01

数据来源：地理空间数据云（净初级生产力）。

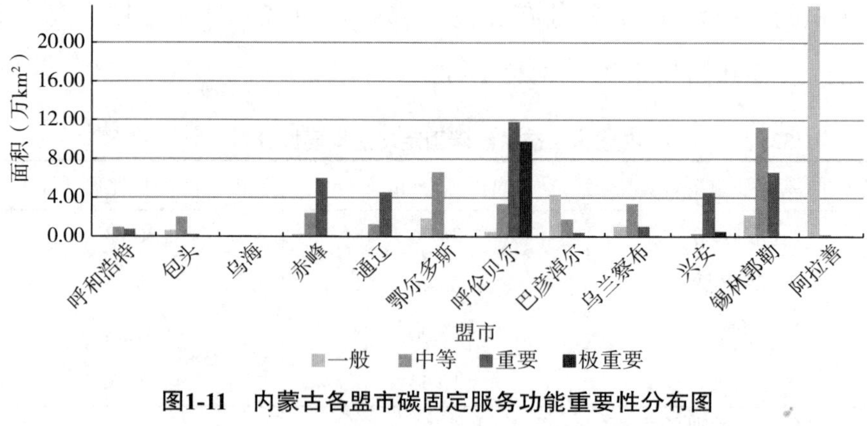

图1-11　内蒙古各盟市碳固定服务功能重要性分布图

数据来源：地理空间数据云（净初级生产力）。

3. 功能变化分析

2000~2015 年十五年间，全区碳固定一般区域和中等重要区域面积分别减少了 4.92 万平方千米和 7.91 万平方千米。重要区和极重要区的面积分别增加了 12.12 万平方千米和 0.71 万平方千米，增幅分别为 50.98% 和 7.20%，表明了碳固定功能区整体在从低重要性不断向高重要性转变（见表 1–34）。

表1-34　内蒙古碳固定重要性动态变化（2000 ~ 2015年）（万km²，%）

重要性	2000年	2015年	2000~2015年	
	面积	面积	面积变化	面积变幅
一般	39.68	34.76	–4.92	–12.40
中等重要	41.31	33.40	–7.91	–19.15
重要	23.78	35.90	12.12	50.98
极重要	9.83	10.53	0.71	7.20

数据来源：地理空间数据云（净初级生产力）。

从全区各等级固碳功能面积的变化情况来看，固碳功能有所增强的区域面积（22.07 万平方千米）明显大于防风固沙功能减弱区域的面积（3.61 万平方千米），全区固碳功能整体上表现为增强趋势（见表 1–35）。

表1-35　内蒙古碳固定变化（2000 ~ 2015年）

碳固定功能变化	面积（万km²）
减弱	3.61
基本保持	88.90
增强	22.07

数据来源：地理空间数据云（净初级生产力）。

十五年间，内蒙古自治区生态系统的固碳功能整体呈显著增强趋势，固碳功能增强的区域主要分布在通辽市科尔沁沙地、锡林郭勒草原、呼和浩特市南部水土保持区、河套灌溉区和毛乌素沙地中南部；

固碳功能减弱的区域主要分布在大兴安岭。

从各盟市变化看，12 个盟市碳固定功能均明显增强，排在前五名的盟市是通辽市、鄂尔多斯市、赤峰市、兴安盟和呼和浩特市。赤峰市、通辽市、兴安盟、锡林郭勒盟固碳功能重要和极重要区面积在十五年间均有显著增加（见表 1-36、图 1-12）。

表1-36　　内蒙古各盟市碳固定功能变化（2000~2015年）

盟市	减弱（万km^2）	基本保持（万km^2）	增强（万km^2）
呼和浩特市	0.01	1.18	0.53
包头市	0.04	2.25	0.46
乌海市	0.00	0.15	0.01
赤峰市	0.05	5.28	3.36
通辽市	0.02	3.25	2.62
鄂尔多斯市	0.03	5.05	3.61
呼伦贝尔市	2.83	19.56	2.89
巴彦淖尔市	0.03	5.51	0.98
乌兰察布市	0.12	4.64	0.68
兴安盟	0.03	3.54	1.95
锡林郭勒盟	0.46	14.68	4.84
阿拉善盟	0.00	23.81	0.13

数据来源：地理空间数据云（净初级生产力）。

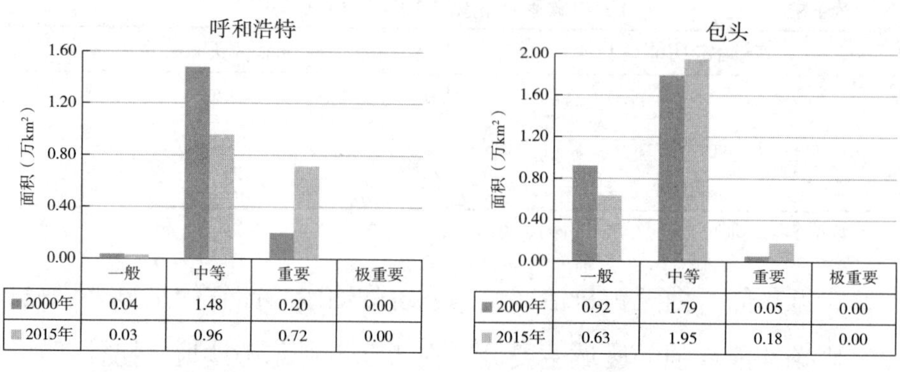

图1-12　内蒙古各盟市碳固定功能重要性变化（2000~2015年）（一）

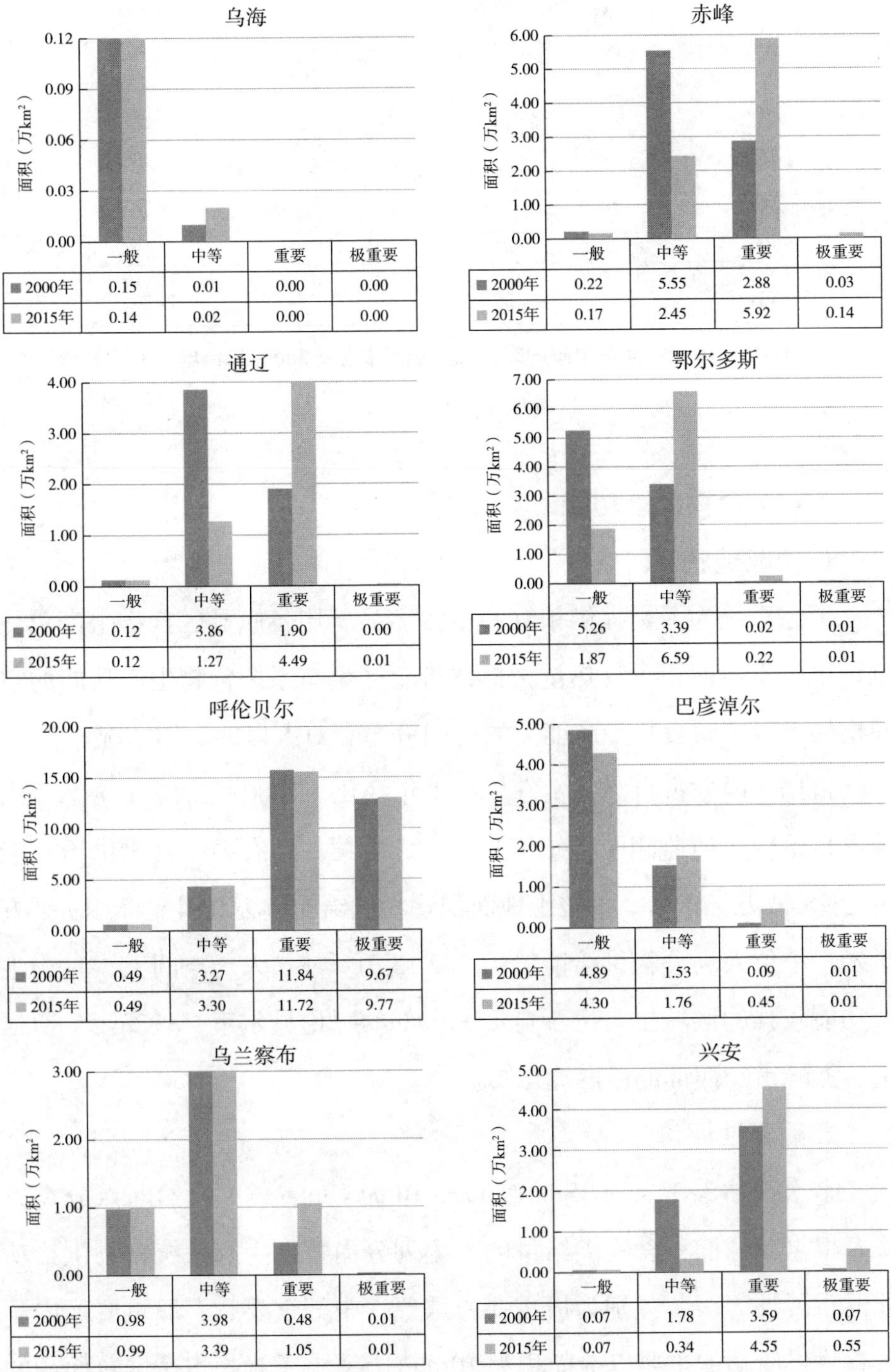

乌海

	一般	中等	重要	极重要
2000年	0.15	0.01	0.00	0.00
2015年	0.14	0.02	0.00	0.00

赤峰

	一般	中等	重要	极重要
2000年	0.22	5.55	2.88	0.03
2015年	0.17	2.45	5.92	0.14

通辽

	一般	中等	重要	极重要
2000年	0.12	3.86	1.90	0.00
2015年	0.12	1.27	4.49	0.01

鄂尔多斯

	一般	中等	重要	极重要
2000年	5.26	3.39	0.02	0.01
2015年	1.87	6.59	0.22	0.01

呼伦贝尔

	一般	中等	重要	极重要
2000年	0.49	3.27	11.84	9.67
2015年	0.49	3.30	11.72	9.77

巴彦淖尔

	一般	中等	重要	极重要
2000年	4.89	1.53	0.09	0.01
2015年	4.30	1.76	0.45	0.01

乌兰察布

	一般	中等	重要	极重要
2000年	0.98	3.98	0.48	0.01
2015年	0.99	3.39	1.05	0.01

兴安

	一般	中等	重要	极重要
2000年	0.07	1.78	3.59	0.07
2015年	0.07	0.34	4.55	0.55

图1-12　内蒙古各盟市碳固定功能重要性变化（2000~2015年）（二）

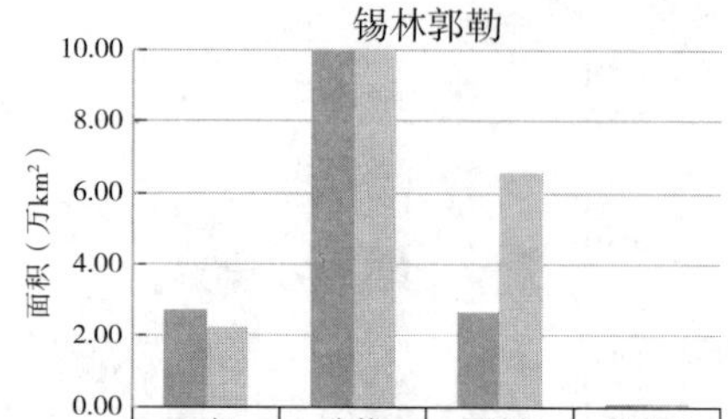

	一般	中等	重要	极重要
2000年	2.72	14.57	2.70	0.02
2015年	2.22	11.17	6.57	0.03

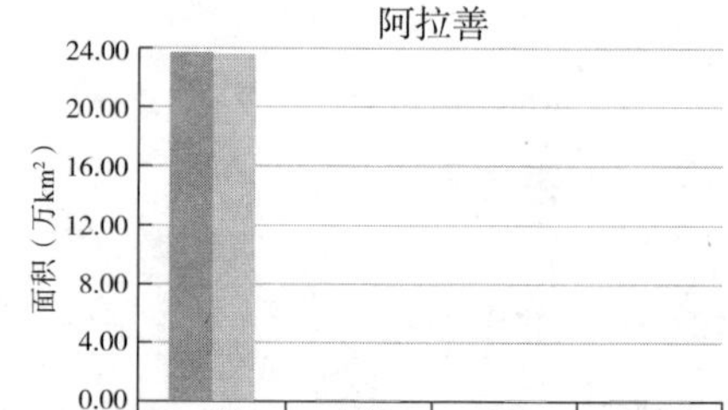

	一般	中等	重要	极重要
2000年	23.83	0.10	0.00	0.01
2015年	23.72	0.19	0.03	0.01

图1-12　内蒙古各盟市碳固定功能重要性变化（2000~2015年）（三）

数据来源：地理空间数据云（净初级生产力）。

（六）食物供给功能

1. 功能现状

生态系统为人类提供粮食和畜牧产品。用各旗县区食物生产总热量、单位土地面积食物热量指标评价全区生态系统食物生产功能的空间格局，以了解食物生产能力的空间分布和对人口的支撑情况。

根据《内蒙古自治区生态环境十年变化（2000—2010 年）》（内蒙古自治区环境监测中心站，2015），内蒙古生态系统食物供给总能量为 95.46 万亿千卡，单位土地面积食物供给能量为 0.84 亿千卡 / 平方千米，单位人均食物供给能量为 382.15 万千卡 / 人。空间上，食物生产功能较强的区域主要位于自治区东部的呼伦贝尔市、兴安盟、通辽市、赤峰市和西部的巴彦淖尔市。

2. 重要性评价

本次评估参考 ArcGIS 的 Natural Breaks（Jenks）自然断点分类方法，根据单位面积食物供给量的大小划分内蒙古生态系统食物供给功能的重要性等级，分别为极重要、重要、中等重要、一般重要。内蒙古食物供给功能重要以上面积为 106.33 万平方千米，占全区总面积的

93.11%。其中，极重要区域分布在呼和浩特市、巴彦淖尔市河套平原区、呼伦贝尔市南部和西部、通辽市中部等粮食主产区，面积为7.87万平方千米，占全区国土面积的6.89%。重要区域与极重要区域地理位置毗邻，包括呼伦贝尔市东南部、兴安盟北部、通辽市大部、赤峰市西南部、呼和浩特市土默川平原、巴彦淖尔市中南部等，面积为9.51万平方千米，占全区国土面积的8.33%。中等重要区域分布在呼伦贝尔市、兴安盟、通辽市、鄂尔多斯市等区域，乌兰察布市、锡林郭勒盟、呼和浩特市等区域也有零星分布，面积为15.63万平方千米，占全区国土面积的13.69%。见表1–37。

表1-37　　内蒙古食物生产功能重要性评价结果

食物生产重要性	面积（万km^2）	面积比例（%）
极重要	7.87	6.89
重要	9.51	8.33
中等重要	15.63	13.69
一般	81.19	71.09

数据来源：内蒙古自治区环境监测中心站，2015年。

从各盟市食物供给现状看，食物生产能力最强的地区是通辽市，食物生产总量为20.87万亿千卡，占全区总量的21.87%；呼伦贝尔市、赤峰市次之，总量为18.47万亿千卡、14.74万亿千卡，分别占全区总量的19.35%和15.44%。而锡林郭勒盟、阿拉善盟、乌海市的食物生产能力较差，分别为1.16万亿千卡、0.74万亿千卡、0.20万亿千卡，占全区总量的1.21%、0.77%、0.21%。见表1–38。

从单位土地食物生产量来看，食物生产能力最强地区是通辽市，为3.54亿千卡/平方千米，呼和浩特市、包头市次之，分别为3.43亿千卡/平方千米、1.92亿千卡/平方千米；其次是兴安盟、赤峰市、乌海市等，单位土地食物生产量分别为1.85亿千卡/平方千米、1.70

亿千卡 / 平方千米、1.22 亿千卡 / 平方千米。呼伦贝尔市、鄂尔多斯市、乌兰察布市、锡林郭勒盟、阿拉善盟等地区的食物生产能力较弱，分别为 0.73 亿千卡 / 平方千米、0.63 亿千卡 / 平方千米、0.57 亿千卡 / 平方千米、0.06 亿千卡 / 平方千米、0.03 亿千卡 / 平方千米（见表 1–38）。

表1-38　　内蒙古各盟市食物生产功能状况

盟市	单位土地量（亿kcal/km^2）	人均量（万千卡/人）	总热量（万亿kcal）	比例（%）
通辽市	3.54	655.02	20.87	21.87
呼伦贝尔市	0.73	649.13	18.47	19.35
赤峰市	1.70	321.95	14.74	15.44
兴安盟	1.85	609.14	10.19	10.68
巴彦淖尔市	1.43	539.61	9.35	9.79
呼和浩特市	3.43	256.44	5.89	6.17
鄂尔多斯市	0.63	357.26	5.44	5.70
包头市	1.92	206.31	5.31	5.56
乌兰察布市	0.57	107.92	3.10	3.25
锡林郭勒盟	0.06	111.37	1.16	1.21
阿拉善盟	0.03	400.51	0.74	0.77
乌海市	1.22	38.06	0.20	0.21

数据来源：内蒙古自治区环境监测中心站，2015年。

从人均食物量来看，通辽市最高，为 655.02 万千卡 / 人；呼伦贝尔市、兴安盟次之，分别为 649.13 万千卡 / 人、609.14 万千卡 / 人。其次是巴彦淖尔市、阿拉善盟、鄂尔多斯市、赤峰市。人均量相对较小的地区是锡林郭勒盟、乌兰察布市、乌海市，分别为 111.37 万千卡 / 人、107.92 万千卡 / 人、38.06 万千卡 / 人。见表 1–38。

3. 功能变化分析

内蒙古食物生产功能整体呈现增强趋势，从 2000 年的 47.59 万亿千卡增加到 2010 年的 95.46 万亿千卡，增加了 47.87 万亿千卡，增幅为 100.59%。从单位土地面积食物生产量，我区十年间也呈现稳步增加趋势，从2000年的0.42亿千卡/平方千米到2010年的0.84亿千卡/平方千米，增幅为100%。从人均食物量供给量来看，十年同样呈现稳步增加趋势，从2000年的213.61万千卡/人到2010年的382.15万千卡/人，增幅为78.90%。十年间，内蒙古大部分地区的食物生产功能增强，增幅较大的地区主要分布在呼伦贝尔市、兴安盟、通辽市、赤峰市、阿拉善盟、包头市、呼和浩特市、乌海市；食物生产功能减弱的地区是乌兰察布市。

从各盟市的食物生产能力变化看，内蒙古大部分盟市的食物生产能力增强，增幅最大的是包头市，增加了4.31万亿千卡，增幅为433.78%；其次是阿拉善盟、呼伦贝尔市、赤峰市和兴安盟，增幅分别为196.29%、161.57%和148.94%、105.32%；乌兰察布市的食物生产能力减弱，减幅为17.02%。

食物生产总量增长较大的地区包括呼伦贝尔市、通辽市和赤峰市，增量分别为：11.41万亿千卡、10.18万亿千卡、8.82万亿千卡。乌兰察布市的食物生产总量减少0.64万亿千卡（见表1-39）。

表1-39　　内蒙古各盟市食物生产功能变化（2000~2010年）

盟市名称	2000年	2010年	十年增量	十年增幅（%）
包头市	0.99	5.31	4.31	433.78
阿拉善盟	0.25	0.74	0.49	196.29
呼伦贝尔市	7.06	18.47	11.41	161.57
赤峰市	5.92	14.74	8.82	148.94
兴安盟	4.96	10.19	5.23	105.32
通辽市	10.69	20.87	10.18	95.17
乌海市	0.11	0.20	0.10	90.16
鄂尔多斯市	2.89	5.44	2.56	88.60
呼和浩特市	3.18	5.89	2.70	84.99
巴彦淖尔市	6.93	9.35	2.42	34.94

续表

盟市名称	2000年	2010年	十年增量	十年增幅（%）
锡林郭勒盟	0.88	1.16	0.28	31.25
乌兰察布市	3.73	3.10	-0.64	-17.02

数据来源：内蒙古自治区环境监测中心站，2015年。

（七）生态系统服务功能综合评价

1. 功能现状及重要性评价

为了揭示全区生态系统服务功能重要性空间格局，将生态系统的水源涵养、土壤保持、防风固沙、生物多样性保护等生态系统服务功能的重要性空间分布进行叠置分析，明确了全区生态系统服务综合功能的重要性分布格局。

本次评估参考ArcGIS的Natural Breaks（Jenks）自然断点分类方法，在GIS系统中将主要生态系统服务功能做叠加处理，得到生态系统服务总体情况，进一步采用Quantile（分位数）功能进行了4级分类（Classified），将其重要性由低到高依次划分为一般重要、中等重要、重要和极重要。

内蒙古生态系统服务综合功能中极重要生态服务功能区面积为49.32平方千米，占全区国土面积的43.04%，主要分布于呼伦贝尔市、兴安盟、赤峰市北部、锡林郭勒盟东部以及鄂尔多斯市等地；重要区面积为33.03万平方千米，占全区国土面积的28.83%，主要分布于锡林郭勒盟西北部、乌兰察布市北部、包头市、巴彦淖尔市以及阿拉善盟南部等地。生态系统服务功能极重要区和重要区总面积合计为82.35万平方千米，占全区国土面积的71.87%，其生态服务功能占全区土壤保持总量的93.1%、水源涵养总量的92.6%、固沙总量的90.52%，维持了生物多样性自然栖息地总面积的87.89%。见表1-40。

表1-40　　内蒙古生态系统服务功能重要性

重要性	全区面积		土壤保持		水源涵养		防风固沙（固沙量）		生物多样性	
	万km^2	%	亿吨	%	亿m^3	%	亿吨	%	万km^2	%
极重要	49.32	43.04	26.82	80.57	436.35	73.80	38.4	66.69	48.76	62.49
重要	33.03	28.83	4.17	12.53	111.19	18.80	13.72	23.83	19.82	25.40
中等重要	12.02	10.49	1.67	5.02	38.02	6.43	3.87	6.72	7.45	9.55
一般	20.21	17.64	0.63	1.88	5.71	0.97	1.59	2.76	2.00	2.56

数据来源：内蒙古自治区环境监测中心站，2015年。

从各盟市生态服务功能看，土壤保持、防风固沙功能普遍提高，而水源涵养、生物多样性保护功能则降低。其中，鄂尔多斯市、巴彦淖尔市的土壤保持和防风固沙功能增强，乌海市的水源涵养和生物多样性保护功能减弱。见表 1–41。

表1-41　　内蒙古各盟市生态系统服务功能特征

盟市	土壤保持		水源涵养		防风固沙		生物多样性保护	
	保持量（亿t）	变化（%）	涵养量（亿m^3）	变化（%）	固沙量（亿t）	固沙率变幅（%）	生境面积（万km^2）	变化（%）
乌兰察布	0.92	–1.11	20.89	–0.35	2.53	3.77	4.51	–0.53
乌海市	0.03	3.87	0.39	–7.48	0.11	63.58	0.11	–10.7
兴安盟	4.16	0.02	46.69	–0.40	0.69	0.76	3.69	–0.25
包头市	0.71	3.58	12.75	–0.96	1.68	8.34	2.31	–0.69
呼伦贝尔	17.29	0.02	211.60	–0.18	2.03	0.12	22.57	–0.14
呼和浩特	1.57	3.09	7.50	–0.72	1.03	4.07	1.08	–0.71
巴彦淖尔	0.59	4.85	24.01	–0.25	4.99	37.34	4.50	–0.24
赤峰市	4.12	1.10	63.40	–0.37	3.21	2.72	5.71	–0.47
通辽市	1.11	1.61	27.49	–1.14	3.29	3.61	2.88	–1.26
鄂尔多斯	1.43	6.94	35.30	–1.04	13.88	23.63	6.30	–0.71
锡林郭勒	1.22	0.59	135.74	–0.37	11.02	0.23	19.12	–0.27
阿拉善盟	0.14	1.49	5.51	2.50	13.13	69.30	5.26	0.33
合计	33.29	0.78	591.27	–0.37	57.59	8.47	78.55	–0.25

数据来源：内蒙古自治区环境监测中心站，2015年。

从各盟市情况看，重要以上生态系统服务功能区面积在前5位的盟市依次是呼伦贝尔市、锡林郭勒盟、赤峰市、通辽市和兴安盟，分别占全区重要以上生态系统服务功能面积的36.25%、18.33%、12.74%、9.25%和8.74%。前5位的盟市重要以上生态系统服务功能占全区重要以上生态系统服务功能面积的85.31%（见图1-13、表1-42）。

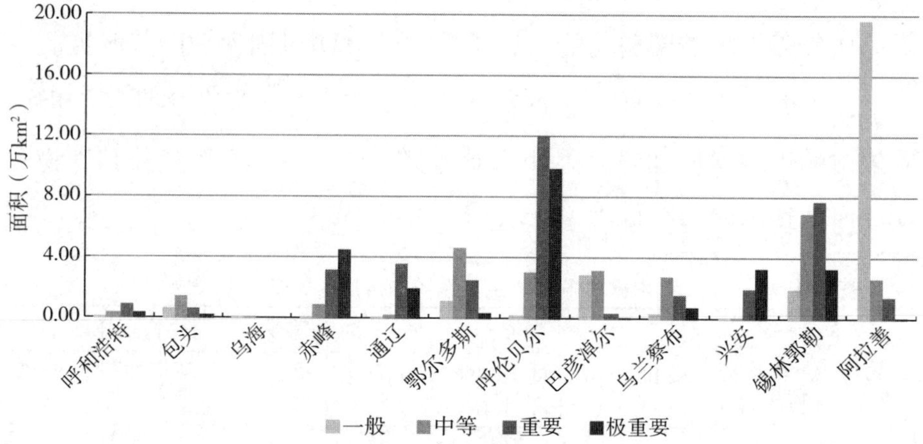

图1-13　内蒙古各盟市生态系统服务功能重要性分布图

数据来源：中国气象数据库、原环境保护部生态系统类型遥感数据、geom卫星（地形）数据、土壤科学数据中心、土壤科学数据中心、地理空间数据云（净初级生产力）。

表1-42　内蒙古各盟市生态系统服务功能

盟市	一般区域（万km^2）	中等重要（万km^2）	重要（万km^2）	极重要（万km^2）
呼和浩特	0.03	0.38	0.93	0.37
包头	0.56	1.40	0.63	0.15
乌海	0.13	0.03	0.00	0.00
赤峰	0.10	0.83	3.15	4.53
通辽	0.07	0.17	3.60	1.98
鄂尔多斯	1.18	4.69	2.42	0.29
呼伦贝尔	0.19	2.96	12.02	9.84
巴彦淖尔	2.90	3.22	0.32	0.03
乌兰察布	0.31	2.80	1.51	0.78

续表

盟市	一般区域（万km^2）	中等重要（万km^2）	重要（万km^2）	极重要（万km^2）
兴安盟	0.03	0.12	1.93	3.34
锡林郭勒	1.91	6.88	7.76	3.29
阿拉善	19.60	2.58	1.41	0.02

数据来源：中国气象数据库、原环境保护部生态系统类型遥感数据、geom卫星（地形）数据、土壤科学数据中心、土壤科学数据中心、地理空间数据云（净初级生产力）。

2. 功能变化分析

从生态系统服务功能重要性功能区的变化来看，2000~2015 年十五年间一般区域和中等重要区面积在不断减少，而重要区和极重要区的面积呈增加趋势（见表 1–43）。

表1-43 内蒙古生态系统服务功能重要性动态变化（2000 ~ 2015年）（万km^2，%）

重要性	2000年面积	2015年面积	面积变化	面积变幅
一般	33.52	27.01	–6.51	–19.42
中等重要	28.65	26.05	–2.59	–9.04
重要	26.90	35.69	8.79	32.69
极重要	23.52	24.63	1.11	4.74

数据来源：中国气象数据库、原环境保护部生态系统类型遥感数据、geom卫星（地形）数据、土壤科学数据中心、土壤科学数据中心、地理空间数据云（净初级生产力）。

从全区各等级固碳功能面积的变化情况来看，固碳功能有所增强的区域面积（26.08 万平方千米）明显大于防风固沙功能减弱区域的面积（10.47 万平方千米），全区生态系统服务功能整体上表现为增强趋势（见表 1–44）。

表1-44　　内蒙古生态系统服务功能变化（2000 ~ 2015年）

生态系统服务功能变化	面积（万km^2）
减弱	10.47
基本保持	76.00
增强	26.08

数据来源：中国气象数据库、原环境保护部生态系统类型遥感数据、geom卫星（地形）数据、土壤科学数据中心、土壤科学数据中心、地理空间数据云（净初级生产力）。

十五年间，内蒙古自治区生态系统服务功能整体呈显著增强趋势，生态系统服务功能增强的区域主要分布在通辽市科尔沁沙地、锡林郭勒草原、浑善达克沙地、河套灌溉区和毛乌素沙地中南部和阿拉善中南部；固碳功能减弱的区域主要分布在大兴安岭、呼和浩特市南部水土保持区和巴彦淖尔北部荒漠草原区。

从各盟市变化看，阿拉善盟、乌兰察布市、锡林郭勒盟、通辽市、鄂尔多斯市、包头市、赤峰市、呼和浩特市、兴安盟共 9 个盟市生态系统服务功能增强，巴彦淖尔市、呼伦贝尔市和乌海市生态系统服务功能减弱，分别较 2000 年面积减少了 6.96%、13.75% 和 60.00%（见图 1-14 和表 1-45）。

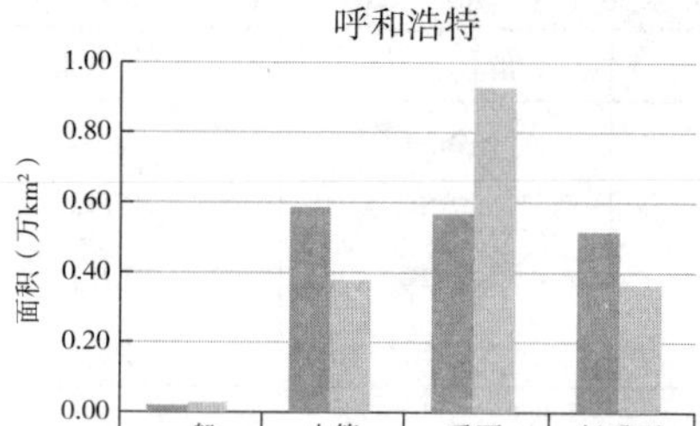

	一般	中等	重要	极重要
2000年	0.02	0.59	0.57	0.52
2015年	0.03	0.38	0.93	0.37

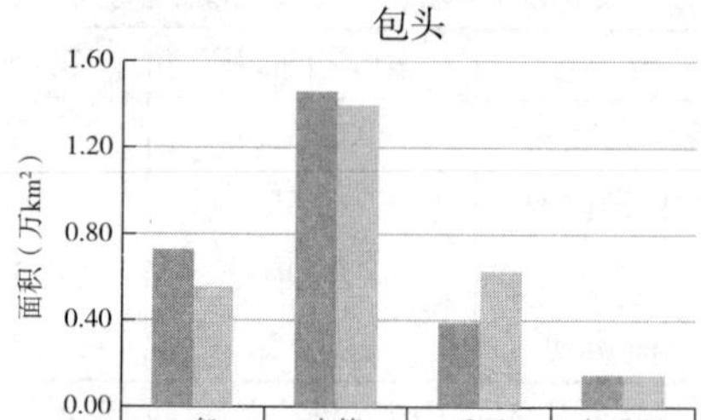

	一般	中等	重要	极重要
2000年	0.73	1.46	0.39	0.15
2015年	0.56	1.40	0.63	0.15

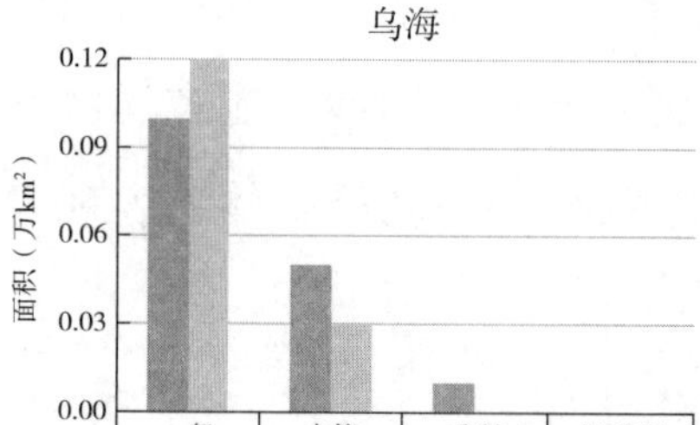

	一般	中等	重要	极重要
2000年	0.10	0.05	0.01	0.00
2015年	0.13	0.03	0.00	0.00

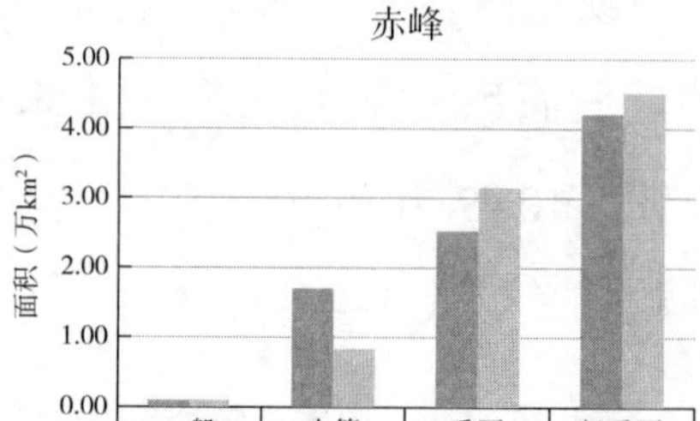

	一般	中等	重要	极重要
2000年	0.10	1.71	2.54	4.22
2015年	0.10	0.83	3.15	4.53

图1-14　内蒙古各盟市生态系统服务功能重要性变化（2000~2015年）（一）

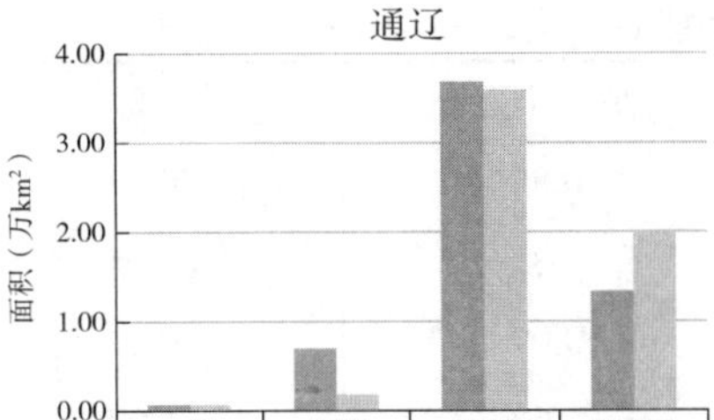

	一般	中等	重要	极重要
2000年	0.06	0.70	3.69	1.34
2015年	0.07	0.17	3.60	1.98

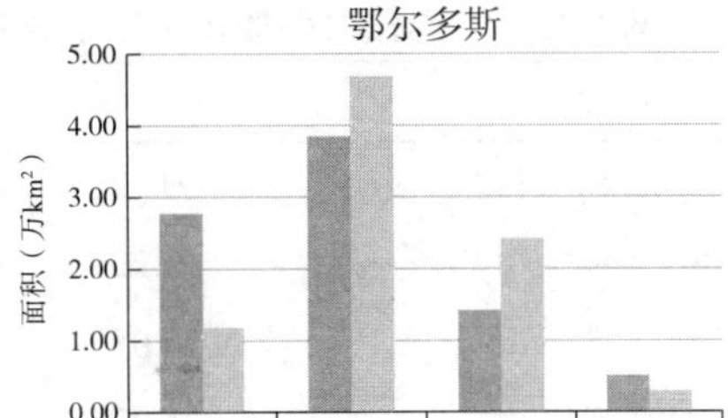

	一般	中等	重要	极重要
2000年	2.77	3.85	1.42	0.50
2015年	1.18	4.69	2.42	0.29

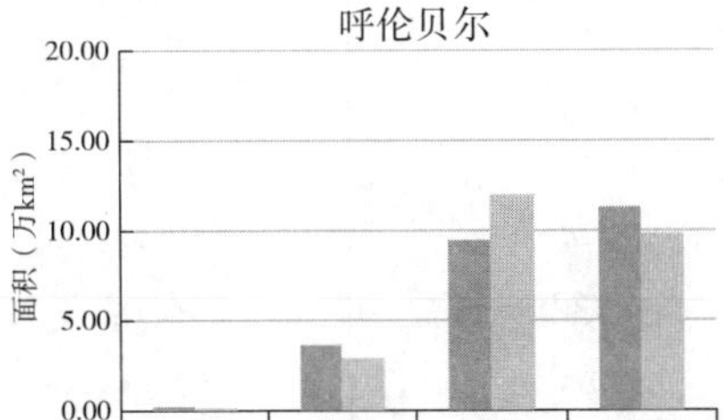

	一般	中等	重要	极重要
2000年	0.26	3.64	9.47	11.35
2015年	0.19	2.96	12.02	9.87

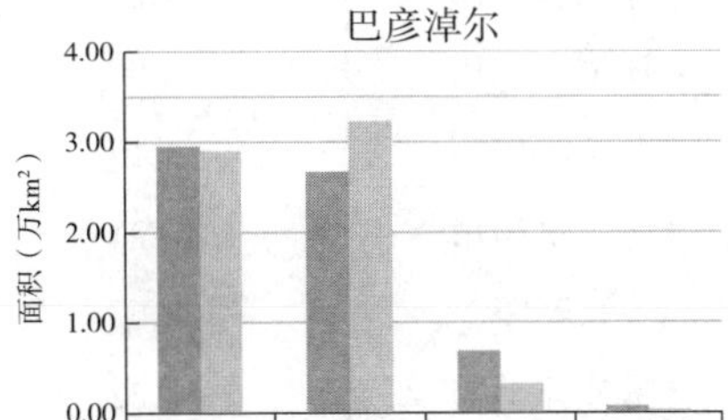

	一般	中等	重要	极重要
2000年	2.96	2.67	0.68	0.07
2015年	2.90	3.22	0.32	0.03

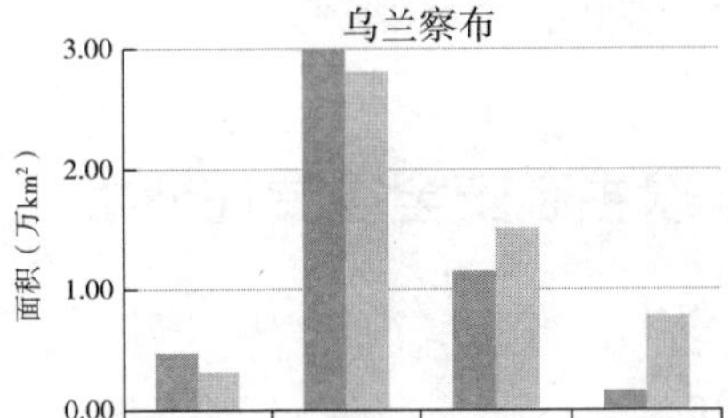

	一般	中等	重要	极重要
2000年	0.47	3.57	1.15	0.16
2015年	0.31	2.80	1.51	0.78

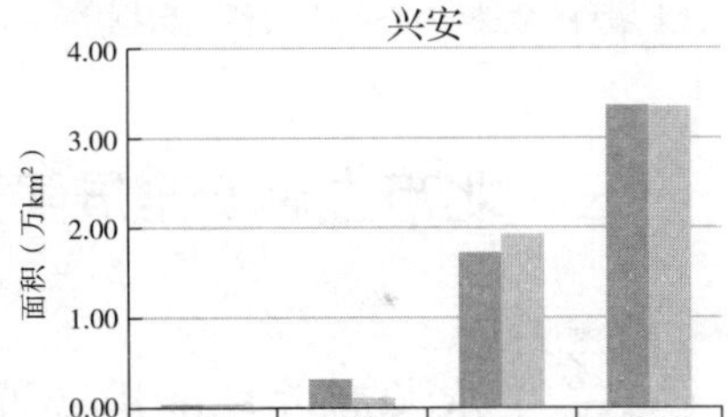

	一般	中等	重要	极重要
2000年	0.03	0.32	1.72	3.36
2015年	0.03	0.12	1.93	3.34

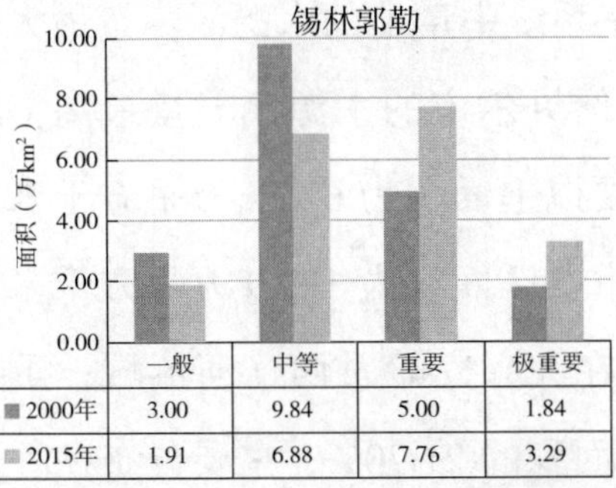

	一般	中等	重要	极重要
2000年	3.00	9.84	5.00	1.84
2015年	1.91	6.88	7.76	3.29

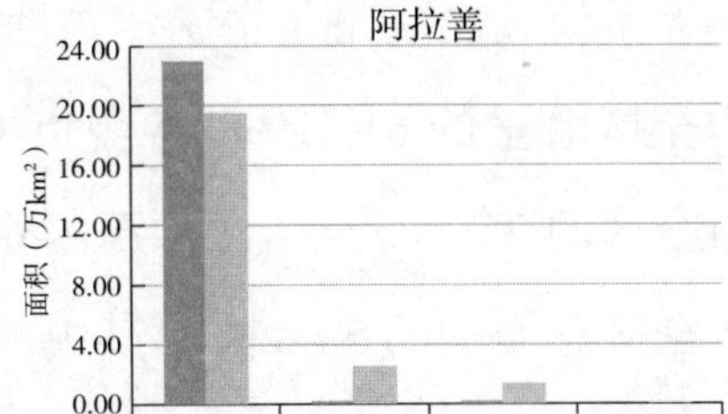

	一般	中等	重要	极重要
2000年	23.02	0.25	0.26	0.00
2015年	19.60	2.58	1.41	0.02

图1-14 内蒙古各盟市生态系统服务功能重要性变化（2000~2015年）（二）

数据来源：中国气象数据库、原环境保护部生态系统类型遥感数据、geom卫星（地形）数据、土壤科学数据中心、土壤科学数据中心、地理空间数据云（净初级生产力）。

表1-45　　内蒙古各盟市生态系统服务功能变化（2000~2015年）

盟市	减弱（万km^2）	基本保持（万km^2）	增强（万km^2）
呼和浩特市	0.38	0.84	0.47
包头市	0.22	1.85	0.65
乌海市	0.05	0.09	0.02
赤峰市	1.03	5.62	1.92
通辽市	0.29	4.19	1.31
鄂尔多斯市	1.03	4.34	3.17
呼伦贝尔市	4.00	17.27	3.45
巴彦淖尔市	1.15	4.17	1.07
乌兰察布市	0.21	3.31	1.84
兴安盟	0.67	3.98	0.78
锡林郭勒盟	1.22	10.82	7.65
阿拉善盟	0.24	19.53	3.76

数据来源：中国气象数据库、原环境保护部生态系统类型遥感数据、geom卫星（地形）数据、土壤科学数据中心、土壤科学数据中心、地理空间数据云（净初级生产力）。

三、北方生态安全屏障对国家生态安全重要性分析

（一）水源涵养功能重要性分析

内蒙古生态系统水源涵养总量为591.27亿立方米，单位面积水源涵养量为8.22万$m^3km^{-2}a^{-1}$。各类生态系统中草地的水源涵养量最大，占全区总量的61.41%。各盟市中呼伦贝尔市的水源涵养量最高，约占全区的35.79%。全区水源涵养重要以上面积为62.76万平方千米，占全区总面积的54.85%。其中，极重要区面积为19.19万平方千米，占全区总面积的16.77%，主要分布在大兴安岭及西辽河流域；重要区面积为24.83万平方千米，约占总面积的21.70%，主要分布在呼伦贝尔草原、锡林郭勒草原东部及鄂尔多斯市西南部。

内蒙古是我国北方集中分布面积最大的水源涵养区，境内河流湿

地多位于上游，且水质优良，不但有“东北亚水塔”之称，同时也是京津冀的供水源头。全区多年平均水资源总量为545.95亿立方米，约占毗邻八省水资源总量的1/6；其中地表水406.6亿立方米，地下水139.35亿立方米（内蒙古自治区水利厅）。内蒙古东部地区河网密集、湿地广布，发育大小河流千余条，是黑龙江、松花江和辽河“三江”发源地，50%以上的东北河流水量直接来源于内蒙古中东部森林草原区，是东北淡水资源的重要水源涵养区，内蒙古嫩江向黑龙江输水量为204.8亿立方米，发挥着“东北亚水塔”的重要功能，造就了著名的“东北粮仓”。

近年来呼伦贝尔草原出现的一定程度的退化和东部大兴安岭山地局部地区水源涵养的功能衰退都是松辽流域发生洪涝灾害的生态根源。如果内蒙古东部草原森林生态功能受到损害，对东北经济区腹地的生态安全将造成严重后果。因此内蒙古东部是东北经济区经济社会可持续发展的保障线，没有内蒙古东部生态环境的改善，就没有东北经济区的生态安全。

沙地质地粗不易形成毛细管，水分容易渗透，又不易蒸发。沙土昼夜温差大，能获得大量凝结水，巴丹吉林沙漠凝结水每年达50~60毫米，沙砾中的云母等颗粒还有吸水作用。有资料显示，天然降水及其他大气水分给中国沙漠的补给量可达50亿立方米，再加上背风，附近高地的补给等条件，沙地和沙漠成为干旱区的地下水库，成为某些河流、湖泊的源头，达里诺尔湖和西拉木伦河的主要补给水源是浑善达克沙地。巴丹吉林沙漠有140多个水泡子，腾格里沙漠大小水泡子达400多个，全区沙地和沙漠共有大小湖泊1423个。由于沙土中的水渗透压不高，吸附力弱，很容易被植物根系吸收，成为植物生长的重要水源。

2015 年，内蒙古被列为京津冀及周边地区水污染防治联动省份。锡林郭勒草原是海河流域滦河水系的源头和滦河上游主要水源的涵养地，供水量占引滦入津总供水量的 1/6。因此，保护和治理好内蒙古的江河湖泊不仅是内蒙古经济和社会发展的必然要求，也关系到周边，特别是京津冀地区的水生态安全，对国家水环境保护意义重大。

（二）防风固沙功能重要性分析

内蒙古中西部地区是我国北方防沙屏障带的主体组成部分，分布有国家 30 个防风固沙生态功能区中的 9 个，面积为 47.80 万平方千米，占全国防风固沙生态功能区总面积的 24.02%。各类生态系统防风固沙总量为 57.58 亿吨，占全国固沙总量的 50% 以上。草地是生态系统防风固沙功能的第一主体，占全区固沙总量的 64.88%。各盟市中鄂尔多斯市固沙量最大，占全区固沙总量的 24.01%。全区防风固沙功能重要区面积为 56.73 万平方千米，占全国重要区面积（120.01 万平方千米）的 47.3%，其中，极重要区面积为 25.28 万平方千米，占全区面积的 22.62%，占全国防风固沙极重要区面积（47.24 万平方千米）的 53.51%；重要区面积 31.45 万平方千米，占全区面积的 28.15%，占全国防风固沙重要区面积（72.77 万平方千米）的 43.22%。在空间上，极重要和重要区主要分布在浑善达克沙地防风固沙区、科尔沁防风固沙区、毛乌素沙地防风固沙区、阴山北麓防风固沙区及阿拉善高原防风固沙区。

内蒙古全区风蚀总面积为 53.15 万平方千米，中度以上风蚀发生面积合计为 29.66 万平方千米，占全部风蚀区面积的 56.5%（江凌等）。全国防风固沙功能重要以上区域主要集中在内蒙古，防风固沙也是内蒙古主要生态服务功能，科尔沁沙地、浑善达克沙地以及鄂尔多斯高原是固沙物质量较多的区域。内蒙古各土地利用类型固沙物质量序列依次为草地 > 沙漠 > 农田 > 灌丛 > 裸地 > 林地 > 城镇，草地是控制内蒙古风力侵蚀，起到防风固沙作用的主要土地利用类型，草地固沙物质量占固沙物质总量的 63.9%。全区五大沙漠、五大沙地森林植被年防风固沙量 15.92 亿吨，年滞尘量 709.53 万吨（内蒙古自治区林业厅），这些沙漠和沙地是京津沙尘暴的主要源头之一。内蒙古位于京津冀的上风向，平均海拔超过 1300 米，比京津地区高出千米以上，且多数沙漠沙地分布在西伯利亚冷空气和大陆性季风的必经之地，因此，内蒙古防风固沙的能力及其大气环境质量的好坏对首都北京乃至整个北方地区的大气环境和气候状况有着直接影响。

研究表明，阴山北麓草原生态功能区防风固沙受益土地面积为 440 万平方千米，占全国土地面积的 46%（肖玉等）；受益的人口为 10.10 亿人，约占当年全国总人口的 75%（肖玉等，2018）；受益 GDP 总量为 27.89 万亿元，约占当年全国 GDP 总量的 67%（肖玉等）。受益土地主要包括华北、东北、西北东部、西南东部、华中以及华南的部分地区，直接受益省市包括北京、天津、河北、山西、陕西、山东、吉林、辽宁、黑龙江、河南、江苏、安徽、湖北、湖南、甘肃等地区。第五次荒漠化监测（2014 年）与 2009 年监测相比，沙尘天气减少 23%，对北京地区的影响减少 63%。

（三）土壤保持功能重要性分析

内蒙古生态系统土壤保持总量为 332857.61 万吨，单位面积土壤保持量为 29.05 $t\ hm^{-2}\ a^{-1}$。森林和草地是全区土壤保持功能的主体。森林生态系统占全区土壤保持总量的 61.78%，草地生态系统占全区总量的 24.12%。全区土壤保持重要以上面积为 19.36 万平方千米，占全区总面积的 16.9%。

蒙古高原由古地中海抬升形成，松散物质大量堆积，砂岩、堆砂岩经多年强烈风、水和冻融侵蚀，形成碎石、砂土、黄土，造成松散地层，成为沙漠化的物质基地。加之内蒙古全年大风日数较多，易形成沙尘天气。因此，加强内蒙古土壤保持功能对北方气候形成和生态安全具有十分重要的作用。

内蒙古是水土流失防治的重点区域，截至 2018 年底，全区累计完成水土流失综合治理面积为 0.63 万平方千米，为区域经济社会可持续发展和群众生产生活水平的提高提供了重要的支撑与保障。鄂尔多斯过去每年向黄河输沙 1.6 亿吨，其中易在河道淤积的粗沙 1 亿吨，占入黄粗沙总量的 25%。经过 30 多年治理，鄂尔多斯水土流失综合治理度达 50%。2016 年 8 月 17 日，鄂尔多斯出现历史极值降雨，由于水土保持措施见效，当地十条入黄一级支流冲淤变化不大；暴雨中心西柳沟推算径流量可达 7176 立方米 / 秒，可实际只形成了 3000 立方米 / 秒的流量。

此外，作为国家粮食主产区之一，内蒙古耕地面积 916.2 万公顷，居全国之首。土壤环境质量优良，基本为洁净水平，是生产绿色农产品的优势地区。草原资源丰富，全年肉类总产量 267.2 万吨，是国家重要的农畜产品输出基地，也是自治区五大基地发展战略提出的绿色农畜产品生产加工输出基地。因此，内蒙古土壤保持功能，是建设绿色农畜产品生产加工基地的需要，也是全国食品安全保障的需要。

（四）生物多样性保护功能重要性分析

内蒙古由于地域辽阔，地形复杂，气候跨度大，多样的生境为物种的形成和分化创造了条件，造就了生物多样性空间分布格局的多样性。从东北至西南，依气候差异形成不同的植被地带，中温型和暖温草原带，暖温型荒漠带。隶属欧亚针叶林区的南伸。东亚阔叶林区的西北部边缘及山地林岛。欧亚草原区和亚洲荒漠区的东部，特别是草原和荒漠为内蒙古最主要的地带性植被。草原类型齐全分为 8 大类，21 个亚型，134 个组，476 个型，占全国草原类型的 58%。

内蒙古是我国北方地区面积最大、最为重要、集中连片的生物多样性保护区域。全区生态系统生物多样性保护极重要区面积为 26.54 万平方千米，占全区总面积的 23.40%，主要包括大兴安岭林区、呼伦贝尔草原、辽西平原大青沟、阴山山脉、贺兰山、鄂尔多斯西部等地区。重要区面积为 26.49 万平方千米，占全区总面积的 23.36%，主要分布在极重要区周围和燕山北麓。

内蒙古独特的自然环境格局与丰富多样的生境类型，为不同生物区系的相互交汇与融合提供了特定的空间，成为现代许多物种的分化中心，又为某些古老物种提供了天然庇护场所，是生物多样性十分丰富的地区。内蒙古分布有野生高等植物 2781 种，列入《国家重点保护野生植物名录》有 10 种，占国家重点保护植物 255 种的 3.92%；其中一级重点保护植物为革苞菊，占国家的 1.96%；二级重点保护植物有 9 种，占国家的 4.41%。全区共记录到陆生脊椎动物 613 种，占全国的陆生脊椎动物 2914 种的 21.04%。鸟纲 442 种，占全国鸟类 1372 种的 32.22%；哺乳纲 136 种，占全国哺乳动物 673 种的 20.21%。分布于内蒙古陆生脊椎动物中，属于国家一级重点保护的野生动物有 28 种，占全国的 29.17%；国家二级重点保护的野生动物有 87 种，占全国的 54.38%。内蒙古生物多样性保护极重要区面积为 26.54 万平方千米，占全区总面积的 23.40%，占全国生物多样性保护极重要区面积（200.8 万平方千米）的 13.22%，主要包括大兴安岭林区、呼伦贝尔草原、辽西平原大青沟、阴山山脉、贺兰山、鄂尔多斯西部等地区；重要区面积为 26.49 万平方千米，占全区总面积的 23.36%，占全国生物多样性保护重要区面积（107.6 万平方千米）的 24.62%，主要分布在极重要区周围和燕山北麓。

内蒙古特有或稀有物种丰富，古地中海孑遗植物主要有绵刺、四合木、沙冬青、蒙古扁桃、红沙、革苞菊、半日花等。境内分布的蒙古野驴和野骆驼是世界上最珍贵的兽类，遗鸥、大鸨的主要繁殖地在内蒙古。特别是内蒙古草原牧草种类达千余种，可为家畜提供优良牧草及营养，并保持优良品种遗传性能的延续，稳定的草原生态系统成为重要基因宝库。

（五）碳固定功能重要性分析

森林和草原作为内蒙古两大主要的生态系统类型，是陆地生态系统中一个巨大的碳库。内蒙古生态系统年固碳总量为 53.61Tg，占全国固碳总量的 9.12%，固碳能力为 46.88 $g\ C\ m^{-2}\ a^{-1}$。森林生态系统是固碳的主体，年固碳量为 34.96Tg，占全区生态系统固碳总量的 65.21%；次为草地生态系统，年固碳量为 15.82Tg，占总固碳量的 29.51%。极重要区面积为 10.53 万平方千米，占全区面积的 9.19%；重要区面积 35.90 万平方千米，占全区面积的 31.33%。极重要和重要区主要分布在大兴安岭、兴安盟、通辽市、赤峰市、锡林郭勒盟东部以及阴山山脉。

内蒙古是我国重要的碳固定区域。《中国碳平衡交易框架研究报告》显示，中国的碳汇总量约为 8.95 亿吨，各省市区中以内蒙古最高，约为 1.52 亿吨。2015 年，内蒙古的净初级生产力（NPP）为 1.87 亿吨，居全国第三位，占全国 NPP 总量的 6.78%。

据专家研究结果表明，内蒙古森林固碳量为 3600.87 万吨，居全国第三位（王关区，2013）；森林碳储量为 39384.58 万吨，居全国第五位。自 2015 年 4 月 1 日，内蒙古大兴安岭林区全面停伐之后，林区每年森林增长潜力在 1500 万 ~ 2000 万立方米之间，每年仅这部分森林蓄积吸收二氧化碳的能力就近 4000 万吨。据统计，内蒙古大兴安岭林区每生长 1 立方米的森林蓄积，便可吸收二氧化碳 1.83 吨、释放氧气 1.62 吨。按该地区每年森林增长值计算，每年仅自然新增森林蓄积吸收二氧化碳能力就近 4000 万吨，释放氧气能力达 3000 多万吨。内蒙古草原固碳量为 1.1 亿吨，占全国草地总固碳量的 21.15%（宋丽弘 & 唐孝辉，2013）。此外，内蒙古位于 IGBP 全球变化研究典型陆地样带之内，是气候变化最为敏感的区域之一。内蒙古生态系统固碳服务功能对全球碳循环具有重要意义。

（六）食物供给功能重要性分析

内蒙古拥有闻名世界的广袤草原和丰富的家畜品种资源，是国家重要的食品生产加工输出基地，食物供给总能量为 95.46 万亿千卡，在维护国家食物安全方面具有重要战略地位。内蒙古地域辽阔，气候多样，发展粮食和农畜产品生产有得天独厚的优势，东部呼伦贝尔市、兴安盟、通辽市、赤峰市土壤有机质含量高、生态环境状况好，是生产绿色有机食品的理想区域；西部巴彦淖尔市位于著名的河套平原，土壤肥沃，灌溉系统发达，历来是西北最主要的农产品产区，被称为“塞外米粮川”。2018 年内蒙古粮食总产量 3553.3 万吨，居全国第 8 位，是国家 13 个粮食主产区之一。自 1993 年粮食综合生产能力稳定在 1500 万吨以上实现自给自足开始，内蒙古成为粮食净调出省区之一，目前已具备年调出 1000 万吨以上的能力，为全国粮食供需平衡做出了贡献。

羊肉、牛奶、羊绒、马铃薯等产品产量居全国之首，具有原产地保护和有机、绿色、无公害产品认证的农畜产品 3482 多个。2018 年，内蒙古羊肉产量为 106.3 万吨，占全国总产量的 22.15%；牛奶产量 565.6 万吨，占全国总产量的 18.4%（中华人民共和国统计局，2018）。世界上羊绒品质最高的阿尔巴斯山羊生长在鄂尔多斯高原地区，2018 年内蒙古羊绒产量为 6606.8 吨，占全国羊绒产量的 70%。因此，内蒙古的羊绒产业在我国乃至全世界羊绒产业具有举足轻重的地位，素有“世界羊绒看中国、中国羊绒看内蒙”的美誉。此外，锡林郭勒羊、科尔沁牛、巴彦淖尔小麦、乌兰察布马铃薯、通辽玉米、兴安大米品质优良，形成了鄂尔多斯、伊利、蒙牛等一批闪耀世界的知名品牌。

（七）生态系统服务功能综合重要性分析

内蒙古为我国北方乃至全国提供了巨大的生态系统服务功能。全区生态系统水源涵养总量达 591.27 亿立方米，境内河流湖泊众多，水资源丰富，水质优良，直接影响本区域和周边地区水生态安全。全区生态系统防风固沙总量达 57.58 亿吨，防风固沙功能极重要和重要区面积分别占全国极重要和重要区面积的 82.61% 和 71.32%，其防风固沙的能力及其大气环境质量的好坏，对京津冀乃至整个北方地区的大气环境和气候状况有着直接影响。全区生物多样性极其丰富，是我国北方生物多样性保护的关键区域，有野生高等植物 2781 种、陆生脊椎动物 613 种，生物多样性保护极重要区和重要区的面积分别占全国的 13.22% 和 24.62%。丰富的生物多样性特别是多样的草原生态系统类型直接关系到我国北方的生态安全。全区生态系统年固碳总量达 53.61Tg，是我国陆地生态系统中的巨大碳库。全区生态系统土壤保持总量为 33.29 亿吨，占全国的 8.21%，食物供给总能量为 95.46 万亿千卡，粮食总产量 3254.54 万吨，是国家 13 个粮食主产区、6 个粮食净调出区之一，羊肉、羊绒、牛奶、马铃薯等 13 种资源储量居全国之首，是国家重要的农畜产品输出地。根据全国生态调查与评估报告，内蒙古生态系统服务功能极重要区面积为 51.20 万平方千米，占国家极重要区面积的 15.73%，占内蒙古国土面积的 44.7%；较重要区面积为 30.11 万平方千米，占国家较重要区面积的 16.38%，占内蒙古国土面积的 20.00%。因此，内蒙古在国家生态安全战略格局中占有十分重要的地位。

生态环境部环境规划院对全国 2015 年陆地生态系统生产总值进行核算，并于 2018 年发布了《中国经济生态生产总值核算发展报告 2018》。

经济—生态生产总值（GEEP）是在经济系统生产总值的基础上，考虑人类在经济生产活动中对生态环境的损害和生态系统对经济系统的福祉。GEEP 既考虑了人类活动产生的经济价值，也考虑了生态系统每年给经济系统提供的生态福祉，还考虑了人类为经济系统产生的生态环境代价（见图 1-15）。GEEP 把“绿水青山”和“金山银山”统一到一个框架体系下，是一个有增有减、有经济有生态的综合指标，纠正了以前只考虑人类经济贡献或生态贡献的片面性（王金南等，2018）。

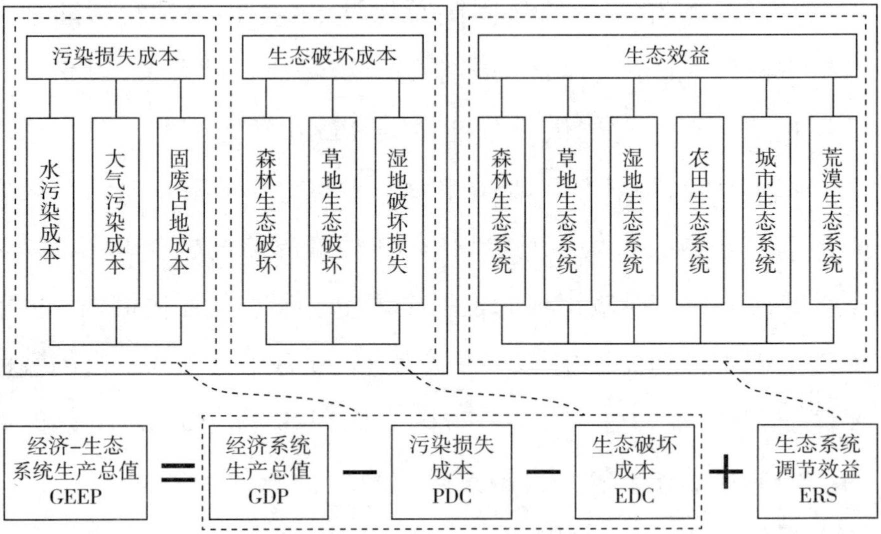

图1-15　生态系统服务价值分类图

数据来源：王金南等，2018年。

$$GEEP = GGDP + ERS$$
$$= (GDP - PDC - EDC) + ERS$$

式中，GGDP（Green Gross Domestic Product ）为绿色国内生产总值，GDP（Gross Domestic Product）为国内生产总值，PDC （Pollution Damage Cost）为环境损失成本，EDC（Ecology Degradation Cost ）为生态破坏成本，ERS（Ecosystem R egulation Service）为生态系统调节服务（王金南等，2018；马国霞等，2017）。

《中国经济生态生产总值核算发展报告 2018》表明，2015 年内蒙古生态系统生态调节服务价值（ERS）为 6.33 万亿元，是当年 GDP 的 3.56 倍，居全国之首，占毗邻 8 省价值总量的 59%，占全国价值总量的 12%（王金南等，2018）。综合考虑经济价值、生态价值和生态环境损失成本，内蒙古经济—生态生产总值（GEEP）为 8.03 万亿元，居全国第二位（见图 1–16），是毗邻 8 省 GEEP 总量的 35%，占全国 GEEP 总量的 6.54%（王金南等，2018）。总体上，内蒙古生态系统提供的生态服务大、环境污染损失相对较小，其巨额的生态服务价值是构筑我国北疆万里绿色长城的雄厚资本。

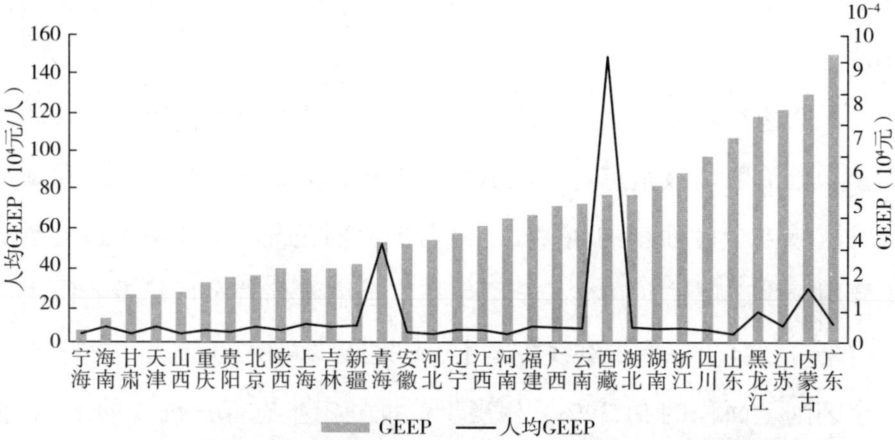

图1-16　2015年全国除港澳台外31个省市自治区GEEP与人均GEEP

数据来源：王金南等，2018年。

内蒙古农牧科学院研究表明，2015年内蒙古GEP为40729.05亿元，其中产品提供价值占 7.04%，调节服务价值占 76.34%，文化服务价值占 16.62%，调节服务价值占的比例最高，说明生态调节服务是内蒙古生态系统发挥作用的最主要功能（翟琇等，2019 年）。2000 年至 2015 年，内蒙古 GEP 提高了 89.85%，十五年间成倍增长。从内蒙古各盟市 GEP 来看，呼伦贝尔和锡林郭勒 2 个盟市 GEP 值较高，而巴彦淖尔、包头、呼和浩特、乌海等 4 个盟市 GEP 值相对较低；2000 年至 2015 年各盟市 GEP 值均在提高（翟琇等，2019 年）。2015 年全区 GEP 与 GDP 对比看， GEP 是 GDP 的 1.98 倍，说明内蒙古总体上以提供生态系统服务价值为主；从内部不同区域 GEP 与 GDP 对比来看，各盟市在提供社会经济价值（GDP）和生态系统服务价值（GEP）

方面已形成明确分工，呼伦贝尔、锡林郭勒、兴安、阿拉善主要提供生态系统服务价值；呼和浩特、包头、鄂尔多斯、乌海主要提供社会经济价值（翟琇等，2019 年）。从生态系统类型来看，内蒙古森林生态资产价值 239937 亿元，占毗邻八省总价值量的 18.74%（于冬瑶，2016）。

在全国和内蒙古主体功能区规划中，内蒙古没有优化开发区域，国家和自治区两级重点开发区域仅占全区面积的 13.1%，限制和禁止开发区域占全区面积的 86.9%，相当于祖国正北方有 1/8 的国土面积主要用于生态保护，在维护全国生态安全中发挥着举足轻重的作用。在内蒙古划定生态保护红线方案中，上报红线面积 60.79 万平方千米，占全区国土面积的 51.39%，相当于首批划定生态保护红线的 15 个省份（京津冀、长江经济带 11 省市、宁夏回族自治区）红线面积总和，是全国红线面积、比例最大的省（直辖市、自治区），也就是说祖国正北方有 1/4 的生态保护红线面积主要用于生态防护。因此，内蒙古是国家北方重要的生态安全屏障区。

总之，内蒙古生态状况如何，不仅关系全区各族群众生存和发展，而且关系华北、东北、西北乃至全国生态安全。把内蒙古建成我国北方重要生态安全屏障，是立足全国发展大局确立的战略定位，也是内蒙古必须自觉担负起的重大责任。构筑我国北方重要生态安全屏障，把祖国北疆这道风景线建设得更加亮丽，必须以更大的决心、付出更为艰巨的努力。

第二章

国家北方重要生态安全屏障建设的必要性和紧迫性

从20世纪70年代末开始，国家和内蒙古自治区政府实施了一系列的生态环境建设工程，生态系统整体恶化趋势得到遏制，局部出现好转。但草原退化和超载严重，湿地面积萎缩、生态功能退化，农业灌溉用水量大，地下水位下降明显，生态承载压力加大，生态环境形势依然严峻。生态演变轨迹分析表明，1980年到2005年全区承载力处于盈余状态，但盈余率从178%逐渐下降到16%。2010年则超载率33%，2015年总体超载率达到37%。内蒙古人均水资源量1561立方米，是全国人均水平的74%，仅为世界人均水平的21%，尤其是阿拉善盟、呼和浩特、包头市、巴彦淖尔、鄂尔多斯等中西部地区水资源特别匮乏，仅为全区平均水平的16%。全区地下水利用量已经占可开采量的3/4，总体超采量超过6亿立方米。从1980年到2018年，草原平均产草量从1.1吨/公顷下降到0.9吨/公顷，面积到2005年持续减少，2005年之后处在较为平稳的状态，高盖度草原2000年迅速减少，之后仍处于减少趋势，但是速度较上一阶段有所减缓，中高覆盖度草地面积累计减少了157万公顷；耕地面积从525.2万公顷增加到916.2万公顷，但耕地质量差，14等和15等的耕地比重达60%以上，中低产田占耕地总面积的70%以上。粮食单产低于全国平均水平近10%。内蒙古荒漠化面积累计近3000万公顷，占国土面积的27%，春季发生的半径在60千米以上范围的沙尘暴，有45%影响到京津冀地区。据预测，若不加强生态保护建设，草原2020年仅剩36.6%的未退化草地，而2030年将不足30%。因此，加强国家北方生态安全屏障试验区建设已迫在眉睫，是构筑祖国北疆万里绿色长城，是坚守生态底线、坚定不移走绿色发展之路、建设亮丽内蒙古的最紧迫任务。

一、内蒙古陆地生态系统格局与分布

内蒙古是我国北方最为重要的生态安全屏障，是我国生态安全国家战略的重要组成部分，是保障我国食物安全的重要组成部分。内蒙古面积118.3万平方千米，约占我国陆地国土面积的1/8，在全国各省区市中位居第3。内与我国东北、华北、西北地区的8个省市相邻，外与蒙古国、俄罗斯接壤，边境线4200千米，区内共有大小河流千余条，是黄河、松花江、辽河、海河等重要水系上游地区，是京津地区、东北地区重要的“水塔”，是华北地区最为重要的天然沙障，是羊肉、牛肉等优质绿色农畜产品重要供给基地。内蒙古自治区在我国生态安全、食物安全、民族团结、经济发展的国家战略中具有十分重要的地位。

（一）生态系统主要类型与分布

内蒙古境内生态系统类型丰富。内蒙古自治区位于蒙古高原，平均海拔高度1000米左右，地貌复杂多样，分布着大兴安岭、阴山、贺兰山等山脉，有森林、草原、农田、湿地、城镇和荒漠等生态类型，其中，草原48.99万平方千米（41.41%），荒漠35.38万平方千米（29.91%），森林18.19万平方千米（15.38%），农田12.47万平方千米（10.54%），河流、湖泊、湿地等各类水体1.54万平方千米（1.30%），城镇生态系统1.72万平方千米（1.45%），与20世纪70年代末相比，六大生态系统面积分别增加（或降低）了-12.43%、10.82%、4.63%、19.5%、7.16%和60.55%。各盟市主要生态系统20世纪70年代末与2018年的分布情况见表2-1和表2-2。

（二）内蒙古相邻省区生态系统格局

内蒙古毗邻八省区，分别是黑龙江省、吉林省、辽宁省、河北省、山西省、陕西省、宁夏回族自治区和甘肃省。八省区的主要生态系统分布情况及面积统计见表2-3。

我区各生态系统面积与周边八省区相比均居前列。内蒙古草地生态系统和荒漠生态系统面积均大于周边八省区总和，其中，草地生态系统较紧邻八省区面积之和多13.71万平方千米，荒漠生态系统多13.48万平方千米。森林生态系统面积排第二位，仅次于黑龙江省；城镇生态系统面积排第二位，仅次于河北省；农业生态系统面积排第三位，仅次于黑龙江省和河北省。

表2-1　20世纪70年代末内蒙古各盟市不同类型生态系统面积统计（km^2）

	包头	阿拉善	赤峰	鄂尔多斯	呼和浩特	呼伦贝尔	乌兰察布	巴彦淖尔	通辽	乌海	兴安	锡林郭勒
农田	4798	292	17737	4690	6425	17249	15655	7019	15458	139	9610	5171
森林	1181	1438	13075	1604	2599	125901	1919	596	4747	25	17804	2944
草地	19607	27710	47826	55443	7056	103337	33279	35127	29511	874	24093	175609
水域	549	875	1640	2363	348	3345	873	1811	1363	78	451	1619
城镇	740	92	1684	780	901	834	1494	1495	1275	152	801	459
荒漠	1957	214815	7161	24997	474	10906	3306	21133	8949	461	3087	22207

数据来源：中国科学院资源环境科学数据中心。

表2-2　2018年内蒙古各盟市不同类型生态系统面积统计（km^2）

	包头	阿拉善	赤峰	鄂尔多斯	呼和浩特	呼伦贝尔	乌兰察布	巴彦淖尔	通辽	乌海	兴安	锡林郭勒
农田	3825	801	22338	4426	7689	22875	15163	9221	19149	85	13463	5699
森林	1015	1426	18539	1753	2723	125043	2028	676	8019	84	17011	3602
草地	18047	22359	35340	56028	7256	68680	33568	30875	21518	603	18675	176974
水域	444	680	1552	2116	461	4083	888	1742	993	70	787	1581
城镇	1206	575	2123	2301	1704	1652	2061	1094	1765	369	949	1401
荒漠	1788	221782	7722	23672	378	37864	2844	23320	9746	420	4070	20222

数据来源：中国科学院资源环境科学数据中心。

表2-3 2018年内蒙古及周边八省区不同类型生态系统面积统计（万km^2）

	内蒙古	甘肃	宁夏	陕西	山西	河北	辽宁	吉林	黑龙江
农田	12.47	6.42	1.74	6.70	5.78	9.03	5.97	7.67	17.46
森林	18.19	3.89	0.28	4.79	4.44	3.79	6.23	8.42	19.18
草地	48.99	14.00	2.35	7.91	4.41	3.25	0.47	0.69	2.20
水域	1.54	0.34	0.10	0.17	0.15	0.52	0.59	0.46	1.03
城镇	1.72	0.54	0.24	0.56	0.87	2.12	1.29	0.80	1.08
荒漠	35.38	15.29	0.47	0.44	0.01	0.13	0.18	1.08	4.30

数据来源：中国科学院资源环境科学数据中心。

二、内蒙古主要生态系统分析

（一）草地生态系统

1. 内蒙古草原分布面积及格局

基于 MODIS NDVI 和国际地圈生物圈计划（IGBP）土地覆盖类型遥感数据，主要应用中国科学院资源环境科学数据中心的中国土地利用遥感监测数据及文献资源（刘钟龄，2017），分析内蒙古草地面积变化情况及其空间分布格局，从 20 世纪 70 年代末到 2018 年草原总面积持续减少（表 2–4），由 55.95 万平方千米减少到 2018 年的 48.99 万平方千米，减少了 12.44%，其分布格局见图 2–4。

表2-4　内蒙古草地面积变化情况（万km^2）

时间	70年代末	80年代末	1995	2000	2005	2010	2015	2018
草地	55.95	55.60	55.28	54.84	54.49	54.55	54.49	48.99

数据来源：中国科学院资源环境科学数据中心。

草地作为内蒙古最大的生态系统，在各个盟市均有分布，其中锡林郭勒盟草地面积最大，其次为呼伦贝尔市，草地面积最小的盟市为乌海市。从 20 世纪 70 年代末到 2018 年内蒙古自治区各盟市草原面积均呈逐渐减少的趋势（表 2–5）。

表2-5　　内蒙古各盟市草地面积变化情况（km^2）

盟市	70年代末	80年代末	1995年	2000年	2005年	2010年	2015年	2018年
阿拉善盟	2.77	2.77	2.65	2.60	2.60	2.60	2.64	2.24
巴彦淖尔市	3.51	3.51	3.53	3.53	3.49	3.51	3.52	3.09
鄂尔多斯市	5.54	5.53	5.56	5.50	5.38	5.39	5.41	5.60
乌海市	0.09	0.08	0.08	0.08	0.08	0.08	0.07	0.06
包头市	1.96	1.96	1.91	1.92	1.91	1.91	1.89	1.80
呼和浩特市	0.71	0.70	0.66	0.66	0.65	0.65	0.64	0.73
乌兰察布市	3.33	3.33	3.36	3.32	3.36	3.36	3.35	3.36
锡林郭勒盟	17.56	17.52	17.52	17.45	17.34	17.40	17.39	17.70
通辽市	2.95	2.90	2.76	2.68	2.66	2.65	2.63	2.15
赤峰市	4.78	4.75	4.60	4.56	4.55	4.53	4.48	3.53
兴安盟	2.41	2.30	2.39	2.38	2.37	2.36	2.35	1.87
呼伦贝尔市	10.33	10.25	10.27	10.17	10.11	10.10	10.09	6.87

数据来源：中国科学院资源环境科学数据中心。

2. 内蒙古草原变化及质量评价

（1）内蒙古草地资源总体呈减少趋势，草地质量持续下降。高覆盖度草地指覆盖度>50%的天然草地、改良草地和割草地。此类草地一般水分条件较好，草被生长茂密；中覆盖度草地指覆盖度在>20%～50%的天然草地和改良草地，此类草地一般水分不足，草被较稀疏；低覆盖度草地指覆盖度在5%～20%的天然草地，此类草地水分缺乏，草被稀疏，牧业利用条件差。从20世纪70年代末到2018年，质量好的高覆盖度草地面积由25.7万平方千米减少到17.65万平方千米，减少了31.3%；质量较好的中覆盖度面积略有增加，增加了10.1%；而质量偏差的低覆盖度草地面积也略有减少，减少了7.6%（表2–6）。

（2）内蒙古各盟市草地质量面积变化分析。从内蒙古自治区所属的11个盟市草地质量面积变化情况（表2–7）可以看出，大部分盟市质量较好的高覆盖度草地面积呈下降趋势。内蒙古草原面积主要覆盖区锡林郭勒盟质量好的高覆盖度草地减少 36.57%，而中覆盖度草地和质量偏差的低覆盖度草地面积分别增加 54.95% 和 20.13%。呼伦贝尔市质量好的高覆盖度草地面积呈逐渐下降趋势，减少 9.11%，质量较好的中覆盖度草地面积减少 60.45%。位于东部区的通辽市不同质量草地均呈逐渐下降趋势，赤峰市高覆盖度草地剧降 53.93%。

表2-6　　内蒙古不同质量草原面积变化情况（万km^2）

草地健康等级	1980年	1990年	1995年	2000年	2005年	2010年	2015年	2018年
高覆盖度草地	25.70	25.55	25.29	24.59	24.50	24.46	24.37	17.65
中覆盖度草地	19.21	19.09	19.28	19.25	19.01	19.03	18.97	21.15
低覆盖度草地	11.03	10.96	10.72	11.00	10.98	11.06	11.14	10.19

数据来源：中国科学院资源环境科学数据中心。

表2-7　　内蒙古各盟市草地质量面积变化情况（km^2）

类型	盟市	1980年	1995年	2005年	2015年	2018年
高覆盖度	阿拉善盟	517.5	484.3	449	543.4	634.42
	巴彦淖尔市	7525.3	7846.8	7162.3	7214.2	3379.26
	鄂尔多斯市	14368.3	14632.7	12908.2	13116.6	9874.18
	乌海市	13.5	11.4	11.4	20.7	75.31
	包头市	8540.5	9562.9	8506.3	8479.3	3635.89
	呼和浩特市	1694.4	1989.9	1658.1	1648.8	1904.40
	乌兰察布市	9608.6	9503.8	9034.1	9059	6692.95
	锡林郭勒盟	96083.6	95770.3	94715.7	94038.6	60950.13
	通辽市	15214.4	14171.2	13565.6	13433.9	9301.28
	赤峰市	28545.7	27684	27175.8	26638.7	13150.95
	兴安盟	16707.7	15155.3	15008.1	14930.3	13597.10
	呼伦贝尔市	58141.9	55967.3	54675.2	54514.5	52843.64
中覆盖度	阿拉善盟	1574.1	1723.4	1608.3	1720.3	3444.09
	巴彦淖尔市	12513.1	12190.6	12515.2	12801.4	14802.25
	鄂尔多斯市	23549.6	23782.9	23433.4	23430.3	28279.33
	乌海市	497.8	471.8	420	373.3	341.59
	包头市	6515.3	5687.8	5877.5	5874.4	7309.43

续表

类型	盟市	1980年	1995年	2005年	2015年	2018年
中覆盖度	呼和浩特市	3439.6	2867.2	2822.6	2790.5	3182.79
	乌兰察布市	17743.6	18302.5	18685.1	18295.2	20781.12
	锡林郭勒盟	58853.3	58702.8	56348.9	56404.9	91190.61
	通辽市	11459.6	10687	10335.5	10212.1	9380.63
	赤峰市	11759.3	11334.1	11284.3	11188.9	15234.50
	兴安盟	6779.7	8161	8035.5	7982.6	4536.27
	呼伦贝尔市	37435.7	38905	38749.5	38701.8	14804.01
低覆盖度	阿拉善盟	25618.4	24248.5	23942.6	24140.6	18280.57
	巴彦淖尔市	15089	15214.4	15200.9	15230	12693.08
	鄂尔多斯市	17524.8	17165	17457.4	17601.5	17874.57
	乌海市	362.9	334.9	341.2	314.2	185.47
	包头市	4551.3	3823.3	4695.4	4574.1	7101.86
	呼和浩特市	1921.5	1726.6	2028.3	2010.7	2168.81
	乌兰察布市	5927.3	5797.7	5849.5	6187.6	6094.42
	锡林郭勒盟	20672	20740.4	22352.9	23439.6	24833.07
	通辽市	2837.2	2748	2727.2	2703.4	2836.22
	赤峰市	7521.2	6976.7	7025.5	6983	6954.46
	兴安盟	605.6	608.7	611.8	608.7	541.58
	呼伦贝尔市	7759.7	7854	7651.8	7648.7	1032.75

数据来源：中国科学院资源环境科学数据中心。

（3）草原生产力大幅衰减成为新“常态”。草原生产力是决定草原生态、生产功能的关键指标。草原退化导致的直接结果就是生产力的衰减。内蒙古草原生产力 20 世纪 80 年代全国第一次草原调查为 1035 千克 / 公顷，到 2011 年内蒙古草情监测生产力为 600 千克 / 公顷，下降 40% 左右，严重地区下降 60% ~ 80%。就内蒙古锡林郭勒草原而言，与 20 世纪 80 年代相比较植被盖度下降，牧草产量降低。其中，草甸草原的平均盖度降低 15%，牧草鲜重降低 1460.2 千克 / 公顷；温性典型草原的平均盖度降低 6%，牧草鲜重降低 786.7 千克 / 公顷；温性荒漠草原的平均盖度降低 1.9%，牧草鲜重降低 109.4 千克 / 公顷。

（4）内蒙古草原植被指数呈减弱趋势。研究使用 MODIS 传感器观测采集并使用植被冠层辐射传输模型定量计算获得的叶面积指数，作为分析内蒙古草地时空分布特征的遥感数据源。研究区植被叶面积指数时序过程有减小特征，荒漠草原叶面积指数从 2003 年到 2017 年无变化；典型草原空间异差性较大，局部连片呈减弱趋势；草甸草原整体呈减弱趋势。

3. 内蒙古草原演替变化成因

（1）人口数量和家庭收入来源与草原退化。内蒙古总人口从 1945 年 493.3 万逐渐增加到 2018 年的 2534 万，其中牧区人口从 1945 年至 2005 年呈逐渐增加的趋势，1995 年至 2005 年人口相对稳定，牧区人口总数约为 1362.3 万人口左右，随后 2006 年至 2015 年牧区人口逐渐下降。1945 年至 2018 年内蒙古家畜数据呈逐渐增加趋势，其中 2000 年至 2018 年为家畜数量增长期（内蒙古自治区统计年鉴，1945 年 ~ 2018 年）（图 2–1）。

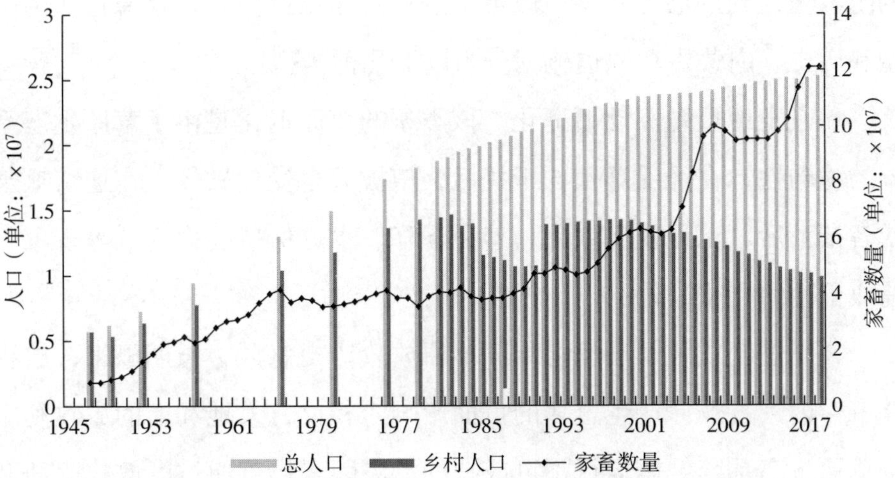

图2-1　1945年到2018年内蒙古人口和家畜数量变化规律

数据来源：内蒙古统计年鉴。

牧户的人均净收入年际变化呈逐渐增加的趋势，从 1956 年的 386 元到 2018 年为 19967 元，而主要以家畜经营性收入为主（图 2–2）。

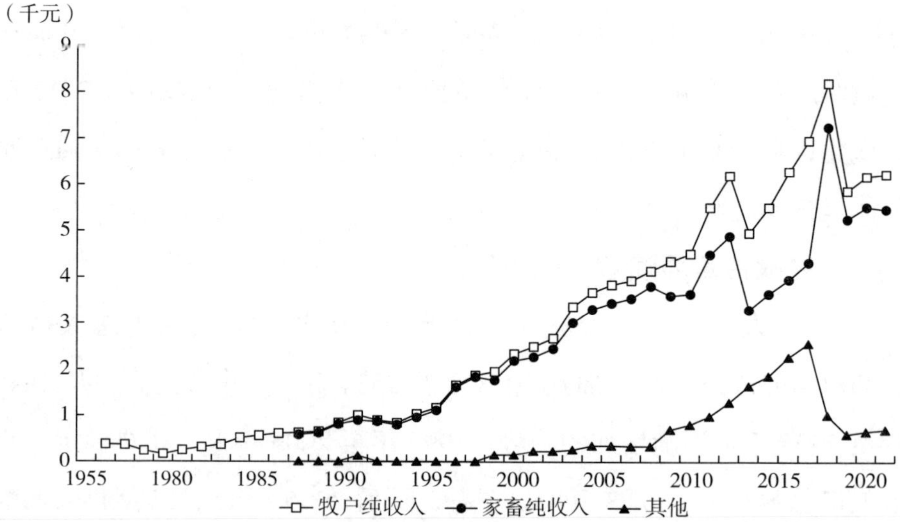

图2-2　内蒙古牧区人均收入来源变化规律分析

数据来源：内蒙古统计年鉴。

（2）草原退化的历史分析。利用文献资料和数据材料，从草原的游牧史、利用历史、草原政策史分析百年尺度内蒙古草原退化的类型和历史。内蒙古草原退化划分为以下几种类型：

一是土地垦殖驱动型退化。该类型的草原退化是由于草原生态系统的脆弱性，在经受垦殖的干扰后，植被完全受到破坏，在连续垦殖或者撂荒后，土地发生沙化、养分下降、水分保持能力降低等现象，造成土地的严重退化。

二是过度放牧驱动型退化。草原放牧历史悠久，长期以来，放牧并未对内蒙古草原产生过多的负面影响，相反，人地和谐的放牧利用是草原生态系统健康运行不可或缺的活泼因素。草原过度放牧驱动型的退化主要发生在近半个世纪以来，目前，已成为该地区的主导性草原退化的类型。

三是气候变化驱动型退化。受温室气体排放等人为因素的影响，近百年来，全球发生了变暖为主要特征的气候变化，内蒙古草原亦不例外，实际上，根据 IPCC 评估报告，地处中高纬度的内蒙古草原气候变化发生强度更大，生态系统的脆弱性更强，研究发现，半个世纪以来，内蒙古草原发生了以暖干化为主要特征的显著气候变化，对草原生态系统产生了显著的影响，造成植被生产力降低、物候变化等，一定程度上驱动了该地区的草地退化。

（3）土地垦殖与草原退化。在新中国成立以来，中国草地开垦面积达 1.9×10^{5} 平方千米，占我国现有草地面积的 4.8% 左右，由草地开垦的耕地约占现有耕地的 18.2%，其中，内蒙古地区是中国草原开垦的核心区之一。新中国成立以来，内蒙古出现过三次开垦高潮。第一次是 1958 年至 1959 年，片面地强调大办农业；盲目开垦牧区第二次是在三年困难时期，在牧区半农半牧区开荒耕种；大办副食品基地第三次是在 1966 年至 1976 年“文化大革命”时期，盲目建设生产兵团和国营农场，任意开垦草原，无偿占用牧场，致使草原资源受到极其严重的破坏，草原生态环境付出沉重代价。

（4）过度放牧与草原退化。长期过度放牧导致草原生产力普遍衰减已是不争的事实，草原退化与生产力衰减相伴而存。近 70 年来内蒙古草原理论载畜数量和实际家畜数量呈负相关变化关系，理论载畜数量从 20 世纪 50 年代的 5800 万羊单位下降至 2012 年的 4420 万羊单位，草甸草原、典型草原、荒漠草原、草原化荒漠和荒漠承载能力平均分别为 1.36 羊单位 / 公顷、0.41 羊单位 / 公顷、0.33 羊单位 / 公顷和 0.25 羊单位 / 公顷。而内蒙古全区草地载畜率从 1945 年的 0.1 羊单位 / 公顷增加到 2018 年的 1.2 羊单位 / 公顷（图 2–3），实际载畜率远超各类型草原的理论载畜率，虽有一定数量的饲草料作补充，但草畜矛盾越来越激化是不争的事实，尤其是季节性的超载过牧更是引致草地退化的重要原因。

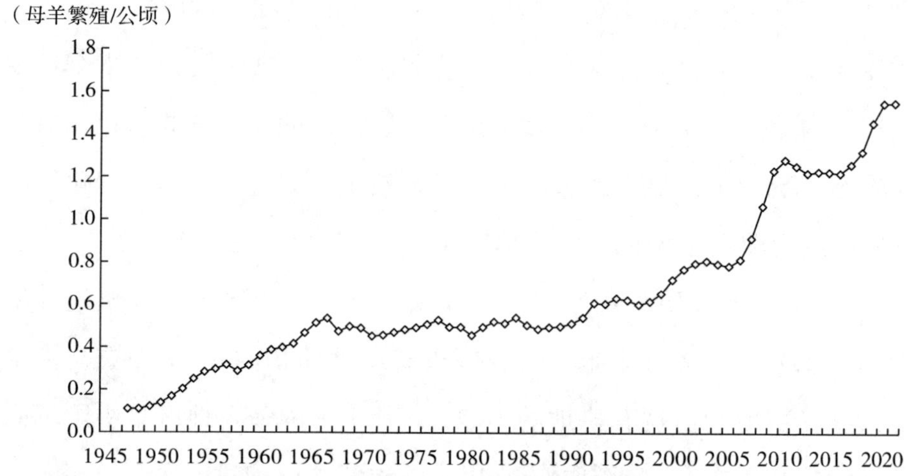

图2-3　内蒙古草原草地载畜力逐年变化规律

数据来源：内蒙古统计年鉴。

（5）气候变化与草原退化。气温与内蒙古草原区大部分区域NDVI具有显著的相关性，而随着季节的变换，其显著相关影响与分布具有较大差异。在春季，森林草原区、典型草原的东部区和荒漠草原区NDVI均呈显著正相关分布，密度大且分布面积广，典型草原的北部区域呈显著负相关分布，密度大但分布面积较小，草原荒漠区呈零散的显著正相关分布。夏季，内蒙古草原区大部分区域NDVI与气温呈显著负相关，主要集中在森林草原区、典型草原区和荒漠草原的北部区域，草原荒漠区呈零散的显著负相关分布，而荒漠草原区的南部较为集中的呈显著正相关分布，密度较大而面积较小。

（6）地下水超采与草原退化。地处蒙古高原的内蒙古自治区，总土地面积 118 万平方千米，而水资源却十分短缺，水资源总量仅为 509.22 亿立方米，占全国水资源总量的 1.86%。半个多世纪以来，由于人口增长、农业用水增加、工业加速发展等方面的原因，蒙古高原水资源的人为利用显著增加。以农业用水为例，50 余年来，耕地面积持续增加，全区水浇地面积和水浇地面积占全部耕地面积的比例呈现快速增加的趋势，农业用水需求日益增加，尤其是在草原地区，草地大面积开垦，地下水超采现象十分严重，造成一系列生态隐患。

以湖泊为代表的水资源是蒙古高原的重要生命线。Tao 等（2015）研究表明，自 20 世纪 80 年代以来，面积大于 1 平方千米的湖泊数量由 1987 年前后的 785 个（其中，内蒙古自治区 427 个，蒙古国 358 个），锐减到 2010 年的 577 个。其中，内蒙古自治区减少了 145 个，占自治区湖泊总数量的 34.0%；蒙古国减少了 63 个，占蒙古国湖泊总数的 17.6%。同时，伴随着湖泊数量的减少，湖泊面积也显著减少。特别是内蒙古地区，湖泊总面积由 1987 年前后的 4160 平方千米缩小到 2010 年的 2901 平方千米，面积缩小高达 30.3%。虽然我国内蒙古自治区和蒙古国经历着同样的气候暖干化，但内蒙古地区高强度的人为干扰导致其湖泊面积快速萎缩，而蒙古国湖泊面积仅轻微下降。降水变化解释了蒙古国湖泊面积变化的 70%，而在内蒙古自治区，煤炭开采耗水解释了湖泊面积变化的 66.5%，而降雨变化仅解释 20%。在内蒙古草原区，湖泊锐减的原因 64.6% 是来自煤炭开采耗水；而在其农牧交错区，灌溉耗水是湖泊减少的主要因素，解释了近 8 成的面积变化（见图 2–4 和图 2–5）。

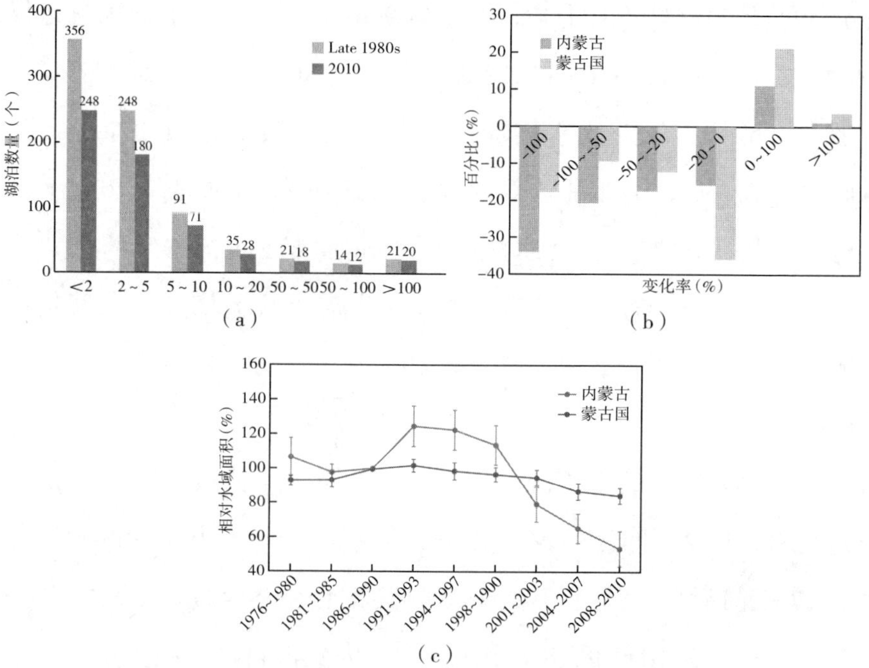

图2-4　蒙古高原湖泊数量及面积的变化特征

数据来源：Tao　et　al，2015年。

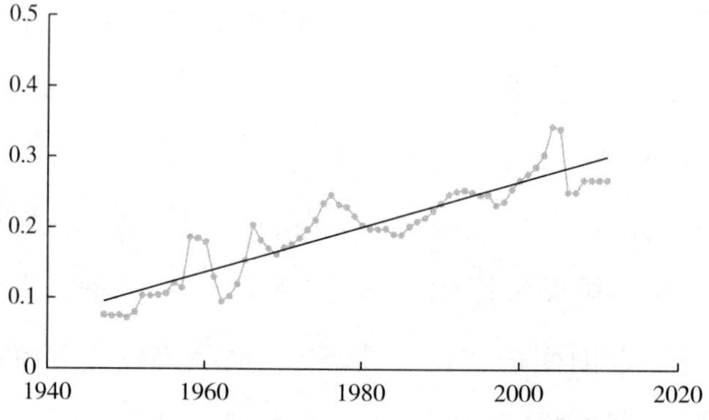

图2-5　内蒙古地区水浇地面积占全部耕地面积的比例

数据来源：内蒙古统计年鉴。

（7）矿产开发与内蒙古草原退化。在内蒙古地区，煤炭作为主要的能源，在国民经济建设中具有不可替代的作用，煤炭的开发在推动地区经济与社会发展的同时也带来了严重的生态环境问题。内蒙古草原区分布有黑岱沟露天煤矿、霍林河露天煤矿、伊敏露天煤矿、神府东胜及大唐露天煤矿等，矿产资源的开发对干旱、半干旱区的生态环境造成了威胁。内蒙古草原区大型露天煤矿的开发面积达到了甚至远远超过了一些中小型城镇的规模。而大型露天煤矿的开采通过大面积采挖和填土，导致地表植被消失，增加水土流失、滑坡、泥石流、河道阻塞、地表和地下水系紊乱、土地沙化、盐渍化等的发生率。并且，随着矿产的不断开发，矿区交通网络逐渐形成、人为活动越来越频繁，使矿区及周边景观结构组成与配置发生了极大的改变，导致生境斑块逐渐破碎化，面积不断减小，从而影响到生物个体、种群、群落、生态系统等各个组织水平的生态过程。

一是占用损毁草地。草原矿产资源开发利用必然占用和破坏草地，如地面塌陷、堆放废渣等都会占用破坏草地。截至 2017 年底，全区在期矿山采矿权面积 770489 公顷，全区矿山开采累计占用损毁土地面积 146537 公顷，其中采矿场、固体废弃物占用损毁土地面积 99597 公顷，占总面积的 67.97%；地面塌陷面积 13279 公顷，占总面积的 9.06%；其他类型占用损毁土地面积 33662 公顷，占总面积的 22.97%（见图 2-6）。草地在破坏的土地类型中所占比例最大，为 44%。可见，草原生态环境由于矿山企业的违法行为遭到了极大破坏。白音华四号露天矿，破坏占地天然草场面积超过 400 平方千米，对生态环境的影响不言而喻。

二是造成草原污染。在采矿和选矿过程中产生的“三废”会对矿山周围的环境造成严重污染。如由于企业对废水环保处理不符合标准而带来的水质污染；煤层的穿孔、爆破以及岩块和煤炭的破碎，都会产生大量的煤尘或其他粉尘；矿山固体废弃物的长期堆放也会对草原环境造成污染破坏。据《2016年度内蒙古自治区地质环境公报》，截至2016年底，全区矿山固体废弃物累计积存量134.21×10^8吨。其中废石（土）118.33×10^8吨，占总积存量的88.06%；煤矸石11.77×10^8吨，占总积存量的8.90%；尾矿4.11×10^8吨，占总积存量的3.04%（见图2-7）。

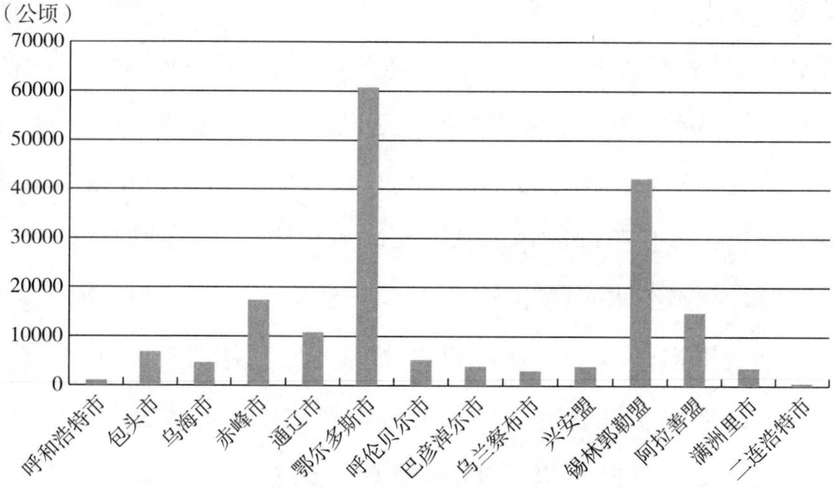

图2-6　内蒙古矿业活动累计占用损毁土地面积

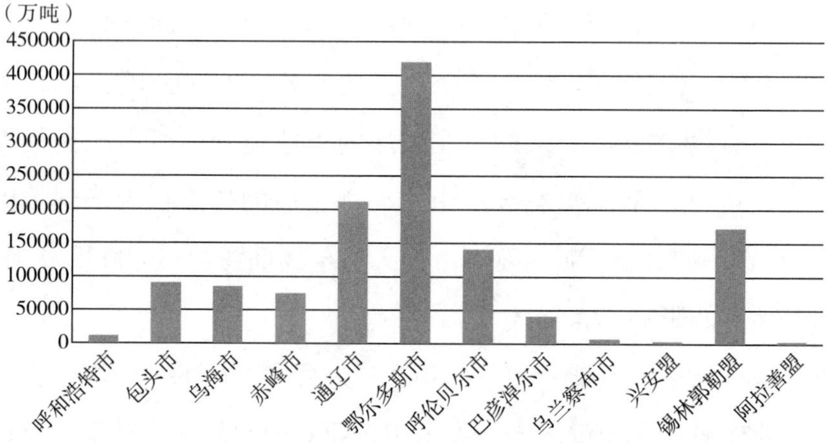

图2-7　内蒙古各盟市固体废弃物累计积存量

数据来源：内蒙古自治区地质环境公报，2016年。

三是加速草原干旱。矿山地下开采需要疏干排水，由此导致大面积疏干漏斗的出现且地下水位大幅下降。据《2016年度内蒙古自治区地质环境公报》，截至2016年底，全区累计矿坑排水量219.15×10^8吨，累计影响破坏地下水含水层面积约1.39×10^4公顷。地下水水位下降最为严重的矿区主要集中在呼伦贝尔市宝日希勒矿区、伊敏矿区以及赤峰市元宝山露天矿区等。可见，疏干排水加剧了草原干旱现状，使草原畜牧业的发展受到影响。

（二）森林生态系统

1. 森林生态系统分布格局

（1）森林资源概述。内蒙古自治区森林从东到西分布有大兴安岭原始林区和11片次生林区（大兴安岭南部山地、宝格达山、迪彦庙、罕山、克什克腾、茅荆坝、大青山、蛮汉山、乌拉山、贺兰山、额济纳次生林区），以及长期建设形成的人工林区。

全区第七次森林资源清查结果显示，内蒙古林地面积439889平方千米，其中森林面积248790平方千米，均居全国第1位；活立木总蓄积14.84亿立方米，其中森林蓄积13.45亿立方米，均居全国第5位；天然有林地面积140120平方千米，居全国第2位；人工有林地面积33165平方千米，居全国第8位，“三北”地区居首位；灌木林地面积79856平方千米，居全国第2位；森林覆盖率21.03%。

森林在全区各个盟市均有分布，其中以呼伦贝尔市的森林资源最为丰富，有林地和疏林地面积分别占全区有林地和疏林地总面积的82.07%和76.56%，位居全区第一，灌木林地面积位居全区第三，所占比例为14.56%；乌海市森林资源最为匮乏，有林地比例为全区的0.02%，疏林地和灌木林比例仅为0.01%（表2–8）。

表2-8　　内蒙古各盟市林地面积

盟市	有林地面积（km^2）	有林地比例（%）	疏林地面积（km^2）	疏林地比例（%）	灌木林地面积（km^2）	灌木林地比例（%）
呼伦贝尔市	142216	82.07	4335	76.56	11697	14.65
兴安盟	14433	8.33	297	5.24	14198	17.78
赤峰市	6938	4.00	465	8.21	21125	26.45
通辽市	3114	1.80	217	3.83	6364	7.97
乌兰察布市	1782	1.03	74	1.31	1744	2.18
鄂尔多斯市	1720	0.99	118	2.09	1903	2.38
呼和浩特市	1405	0.81	091	1.61	4604	5.77
巴彦淖尔市	632	0.36	9	0.16	1065	1.33
包头市	539	0.31	34	0.60	2759	3.46
锡林郭勒盟	271	0.16	14	0.25	10061	12.60
阿拉善盟	201	0.12	7	0.12	4330	5.42
乌海市	36	0.02	1	0.01	8	0.01

数据来源：全国第八次森林普查数据。

（2）林地种类构成。全区林地面积中，有林地面积占 38.71%，灌木林地面积占 15.99%，宜林地面积占 36.00%，其他地类的面积所占比重较小。见表 2–9。

表2-9　　内蒙古林地种类构成表

	合计	有林地	疏林地	灌木林地	未成林地	苗圃地	无立木林地	宜林地	林业辅助生产用地
面积（km^2）	439889	173285	5662	79856	11240	198	22290	137012	10082
面积比例（%）	100.00	38.71	1.54	15.99	3.87	0.05	3.78	36.00	0.06

数据来源：全国第八次森林普查数据

（3）林木蓄积量。乔木林蓄积是活立木总蓄积的最重要组成部分，占 86.51%。见表 2–10。

表2-10　　内蒙古林木蓄积构成表

林木蓄积类型	活立木总蓄积	蓄积乔木	林蓄积散	生木蓄积	四旁树蓄积
林木蓄积量（万m^3）	148415.92	134530.48	1007.27	12343.62	534.55
林木蓄积比例（%）	100.00	86.51	0.81	12.33	0.35

数据来源：全国第八次森林普查数据。

（4）林种分布。全区森林以防护林为主，面积占 70.23%，蓄积占 55.92%。见表 2–11。

表2-11　　内蒙古各林种面积蓄积统计表

项目	合计	防护林	特用林	用材林	经济林
面积（km^2）	248790	174721	27738	44351	1980
面积比例（%）	100	70.23	11.15	17.83	79.57
蓄积量（万m^3）	134530.48	72537.86	14285.24	35569.80	9798.18
蓄积比例（%）	100	55.92	10.42	26.43	7.23

数据来源：全国第八次森林普查数据。

2. 森林生态系统演变及质量评价

（1）森林面积持续增长，覆盖率稳步提高。根据全区历次森林资源连续清查结果，1980 年以来全区森林面积从 137401 平方千米增至 248790 平方千米，净增 111389 平方千米，增加了 81.07%（图 2–8）；森林覆盖率从 11.9% 增至 21.03%，提高 9.13 个百分点（图 2–9）。

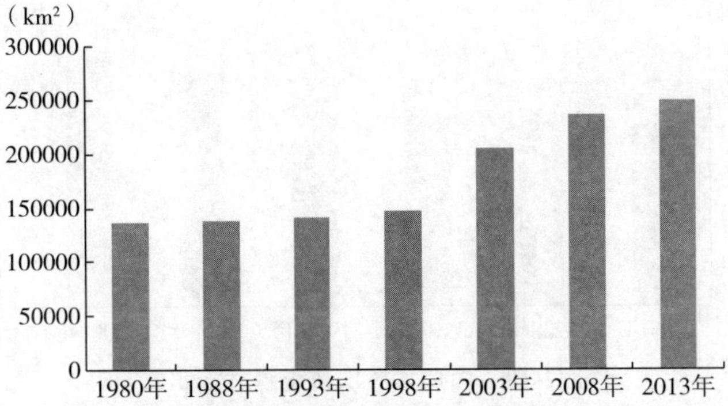

图2-8　内蒙古历次普查森林面积

数据来源：全国第八次森林普查数据。

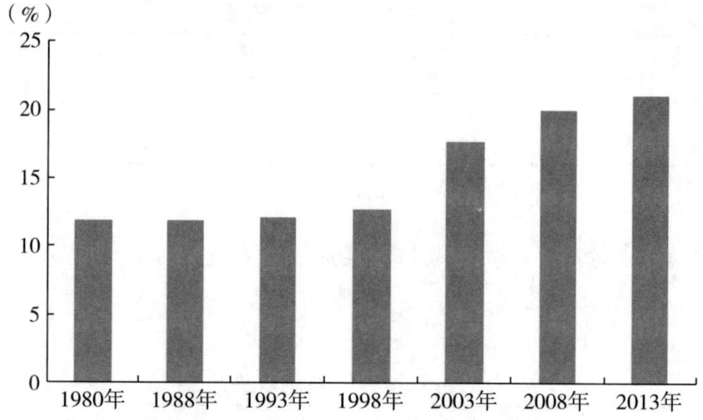

图2-9　内蒙古历次普查森林覆盖率

数据来源：全国第八次森林普查数据。

（2）蓄积逐年增加，木材消耗量明显下降。自 1980 年以来全区森林蓄积量从 84777.63 万立方米增加到 134530.5 万立方米，净增 49752.85 万立方米，增加了 58.69%（图 2–10）。与 2008 年相比，全区林木总生长量提高了 16.08%，总消耗量下降了 24.90%，总消耗率减少了 0.58 个百分点，采伐消耗量下降 41.92%，采伐消耗率减少了 0.4 个百分点（表 2–12）。

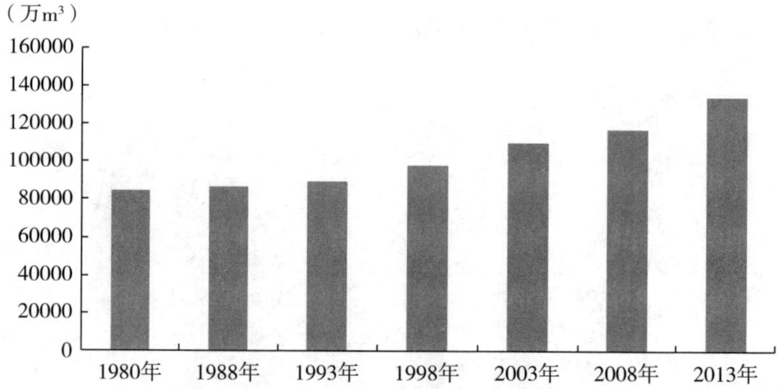

图2-10　内蒙古历次普查森林蓄积量

数据来源：全国第八次森林普查数据。

表2-12　　内蒙古2008～2013年林木生长与消耗情况

年份	总生长量（万m^3）	净生长量（万m^3）	生长率（%）	总消耗量（万m^3）	总消耗率（%）	采伐消耗量（万m^3）	采伐消耗率（%）
2013	4344.00	2938.40	2.96	2118.52	1.44	712.92	0.48
2008	3742.26	2148.74	2.68	2821.09	2.02	1227.57	0.88

数据来源：全国第八次森林普查数据。

（3）防护林面积逐年增多，生态防护功能明显增强。自 1980 年以来全区防护林面积从 2771 平方千米增加到 108646 平方千米，净增 105875 平方千米，增加了 38.2 倍（图 2-11）。各个林业重点工程的实施以来，防护林面积大幅度增加。工程区初步形成了乔灌草、点线面、带网片相结合的区域性防护体系，全区 7000 多万亩农田、1.5 亿多亩基本草牧场受到林网的保护，2.6 亿亩风沙危害面积和 1.7 亿亩水土流失面积得到初步治理（魏立峰）。

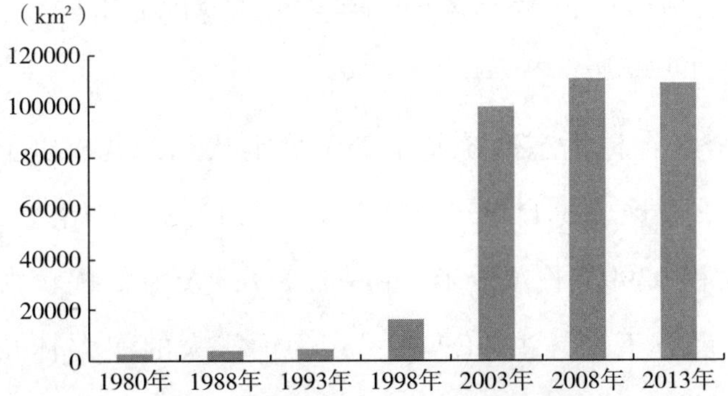

图2-11　内蒙古历次普查防护林面积

数据来源：全国第八次森林普查数据。

（4）全区各盟市积极推进森林保护和建设。自 1980 年代以来，全区各盟市的森林面积均呈逐渐增加趋势。鄂尔多斯市森林面积增幅最大，增加了 1.07 倍；森林面积增幅超过 50% 的盟市包括巴彦淖尔市（88%）、包头市（70%）、锡林郭勒盟（69%）、通辽市（58%），乌海市的增幅为 50%，增幅低于 50% 的盟市包括呼和浩特市（41%）、乌兰察布市（41%）、兴安盟（32%）、赤峰市（26%）、呼伦贝尔市（24%）、阿拉善盟（21%）（图 2–12）。

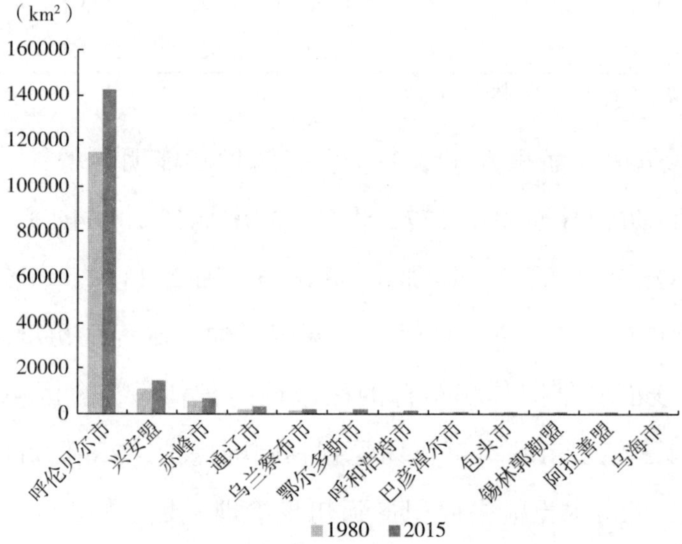

图2-12　内蒙古各盟市1980年与2015年森林面积比较

数据来源：中国科学院资源环境科学数据中心。

（5）全区森林生态系统基本处于稳定状态，九成以上森林处于较健康水平。全区森林自然度处于相对良好状态，原始或接近原始状态的森林面积 93993 平方千米，占 37.78%；人为干扰较大的次生林面积 29208 平方千米，占 11.74%；人为干扰大的次生林及人工林的面积 125589 平方千米，占 50.48%。森林生态功能处于中等水平，其中森林生态功能等级好、中、差的森林面积分别为 25964 平方千米、135131 平方千米、87695 平方千米。全区健康森林面积 154646 平方千米、中健康 18508 平方千米、亚健康 70674 平方千米、不健康 4962 平方千米，不健康仅占 2%（斯钦毕力格）。

（6）风沙源植树造林对库布齐沙漠地下水位下降有显著影响。20 世纪 90 年代的库布齐沙漠区，表层地下水位大多在 2~3 米之间，部分地段不到 1 米，造林初始时期，用机械随便挖坑即可见水，到 2015 年，这些造林区域的表层地下水位下降至 3~5 米之间，地下水位下降明显。近年来，由于在库布齐沙漠进行了大规模的造林治沙活动，使得树木大量消耗水分，非但不容易成活，还浪费了水资源。沙地干燥的环境无法满足森林所需的大量水分，树木在供水不足的情况下，只能深扎根，将地下水抽干，加剧土地沙漠化。

（三）荒漠生态系统

荒漠是干旱区大型地貌组合，有岩漠、砾漠、沙漠和泥漠。荒漠气候具有以下特点：终年少雨或无雨，年降水量一般少于 250 毫米，降水为阵性，愈向荒漠中心愈少；气温、地温的日较差和年较差大，多晴天，日照时间长；风沙活动频繁，地表干燥，裸露，沙砾易被吹扬，常形成沙暴，冬季更多。

1. 内蒙古荒漠分布格局与面积

本报告选取荒漠的主要代表类型，包括沙地、戈壁、盐碱地、裸土地以及裸岩石质地，通过 20 世纪 70 年代末、80 年代末、1995 年、2000 年、2005 年、2010 年、2015 年、2018 年的数据资料，荒漠生态系统总体上占全区面积的 27.05%，不同时期的分布格局见表 2-13。

表2-13 内蒙古不同荒漠类型面积及其在不同年份的分布（万km²）

项目	70年代末	80年代末	1995年	2000年	2005年	2010年	2015年	2018年
沙地	14.76	14.82	14.81	14.91	15.11	15.05	14.90	14.48
戈壁	7.15	7.15	7.28	7.28	7.28	7.28	7.29	8.57
盐碱地	2.44	2.48	2.44	2.53	2.55	2.52	2.44	2.17
沼泽地	2.39	2.34	2.31	2.18	2.19	2.19	2.15	4.99
裸土地	0.47	0.47	0.46	0.46	0.47	0.46	0.46	0.46
裸岩石质地	4.72	4.72	4.74	4.75	4.75	4.75	4.74	4.71
合计	31.93	31.99	32.04	32.11	32.35	32.25	31.98	35.38

数据来源：中国科学院资源环境科学数据中心。

内蒙古荒漠生态系统主要分布在全区沙地和荒漠集中的盟市。表2–14为内蒙古各盟市2015年荒漠生态系统的类型及其面积状况。阿拉善盟荒漠生态系统面积最大，占国土面积的79.61%，巴彦淖尔市占到30%，其次是鄂尔多斯市和乌海市，均超过1/4，呼伦贝尔市最少，仅占0.73%。在全区的荒漠中，沙地是最大的荒漠生态系统类型，占到荒漠生态系统总面积的近1/2，其次是戈壁和裸岩石质地，占到荒漠生态系统总面积的24.46%和15.88%，盐碱地占到8.18%。

表2-14　　内蒙古各盟市荒漠生态系统分布情况（km^2）

盟市	沙地	戈壁	盐碱地	沼泽地	裸土地	裸岩石质地
阿拉善盟	96900	78071	6572	354	4325	33543
巴彦淖尔市	5301	7600	688	486	87	9052
鄂尔多斯市	20785	18	1973	392	41	266
乌海市	26	1	4	8	33	349
通辽市	5118	0	2424	2309	11	0
锡林郭勒盟	8122	0	4999	5763	60	1598
赤峰市	5744	0	289	1647	24	23
包头市	110	0	443	224	26	1010
乌兰察布市	272	4	1074	334	25	1185
呼和浩特市	25	1	244	57	12	49
兴安盟	179	0	1002	3024	2	30
呼伦贝尔市	2180	0	1979	35325	0	6

数据来源：中国科学院资源环境科学数据中心。

2. 内蒙古及各盟市荒漠生态系统的演变

内蒙古全境荒漠面积处于相对稳定状态。20世纪70年代末内蒙古荒漠面积31.93万平方千米，80年代末达到31.99万平方千米，2005年达到32.35万平方千米，2018年有所减少，面积达到30万平方千米左右，与20世纪80年代基本持平。沙地面积在各个时期的比例最多，占46%左右，其次是戈壁，约占荒漠总面积的

22% ~ 23%，裸岩石质地面积约15%，盐碱地和裸土地分别占到8%左右，且不同时期各种类型的占比变化不大，基本处于相对稳定的状态（表2–15）。

表2-15 内蒙古各盟市不同时期荒漠生态系统面积及其变化（万km^2）

盟市	1970s	1980s	1995年	2000年	2005年	2010年	2015年	2018年
阿拉善盟	2148.1	2149.1	2161.3	2165.8	2165.5	2165.2	2158.7	2217.8
包头市	19.6	19.5	19.4	19.9	20.3	20.3	19.8	17.9
赤峰市	71.6	76.0	72.3	72.0	71.4	72.0	71.8	77.2
鄂尔多斯市	250.0	251.5	249.6	255.1	263.2	261.7	251.7	236.7
呼和浩特市	4.7	4.8	4.3	4.8	5.3	5.1	4.7	3.8
呼伦贝尔市	109.1	107.8	109.7	106.1	107.0	107.1	107.0	378.6
乌兰察布盟	33.1	33.2	33.0	33.8	31.7	31.3	30.4	28.4
巴彦淖尔盟	211.3	210.6	210.3	212.9	215.2	212.5	210.0	233.2
通辽市	89.5	89.8	88.4	88.1	87.5	88.3	87.8	97.5
乌海市	4.6	4.6	4.6	4.6	4.7	4.7	4.4	4.2
兴安盟	30.9	30.0	28.6	28.8	29.2	29.1	29.0	40.7
锡林郭勒盟	222.1	223.1	224.0	221.0	235.7	229.1	224.0	202.2

数据来源：中国科学院资源环境科学数据中心。

各盟市荒漠生态系统的变化剧烈程度不同。从20世纪70年代末到2018年荒漠生态系统增长比例前三位分别是呼伦贝尔、兴安盟和巴彦淖尔市，增加比例达到247%、32%和10%；同时，减少比例较大的三个地区分别是呼和浩特、乌兰察布市、锡林郭勒，减少比例为19.15%、14.20%和8.96%。从荒漠生态系统变化的绝对量来看，呼伦贝尔、阿拉善盟增加最多，达到26950平方千米和2190平方千米，减少最多的是锡林郭勒盟和鄂尔多斯市，分别为1990平方千米和1330平方千米。

草原生态系统是向荒漠生态系统面积转移最多。利用转移矩阵分析20世纪70年代末至2018年间荒漠的变化趋势（表2–16）。

表2-16 20世纪70年代至2018年内蒙古各类型土地利用面积转化（km^2）

项目	2018年							
	类型	沙地	戈壁	盐碱地	沼泽地	裸土地	裸岩石质地	合计
20世纪70年代末	水田	1.11	—	3.98	25.54	—	—	30.63
	旱地	579.03	28.44	744.00	2056.42	14.53	137.06	3559.48
	有林地	219.82	2.94	63.59	7472.38	0.99	28.33	7788.04
	灌木林	168.51	61.44	389.53	659.44	3.49	43.05	1325.46
	疏林地	49.74	—	13.79	2650.91	0.72	4.18	2719.35
	其他林地	0.33	—	3.48	292.82	—	0.94	297.57
	高覆盖度草地	3689.58	138.39	1778.56	17364.00	37.27	1240.34	24248.15
	中覆盖度草地	6742.22	286.96	2195.85	2581.41	43.24	1499.25	13348.93
	低覆盖度草地	10910.60	5711.89	1284.74	758.67	35.51	3379.98	22081.39
	河渠	58.62	2.77	20.91	183.00	0.01	1.05	266.37
	湖泊	246.38	16.77	719.45	358.36	0.72	6.10	1347.78
	水库坑塘	22.61	0.17	29.77	68.18	—	0.99	121.73
	滩地	181.47	69.78	159.26	303.11	3.74	220.95	938.30
	城镇用地	2.28	—	0.08	21.33	0.06	0.64	24.39
	农村居民点	98.77	4.52	113.46	206.22	2.07	29.30	454.33
	其他建设用地	2.76	4.57	15.58	7.51	1.97	3.09	35.49
	沙地	113789.00	5585.29	933.19	482.17	317.24	987.58	122094.47
	戈壁	853.03	64076.70	462.80	5.23	88.92	2028.69	67515.36
	盐碱地	1247.69	1756.67	9960.64	657.02	8.16	228.58	13858.76
	沼泽地	587.56	169.37	1048.01	9427.55	1.57	44.01	11278.07
	裸土地	112.05	94.77	8.14	2.97	3844.92	63.51	4126.36
	裸岩石质地	398.40	5008.54	88.65	24.81	55.63	35096.60	40672.64

数据来源：中国科学院资源环境科学数据中心。

草地向荒漠转变量最大，有 9210 平方千米面积的草地转化为不同的荒漠类型，另外湖泊和旱地、滩地也有一定数量面积发展成荒漠。但是，总体来看，其他生态系统向荒漠生态转变总量为 11038 平方千米，仅占到荒漠生态系统面积的 3.45%。

3. 荒漠生态系统治理主要成效

近 20 年荒漠生态系统的面积持续减少。2005 年全区荒漠生态系统的面积为 32.35 万平方千米，2018 年减少为 30 万平方千米，面积减少 7.3%。根据第五次荒漠化监测结果，内蒙古荒漠化土地和沙化土地面积自 2004 年开始减少以来，已经连续 10 年保持了“双减少”。

荒漠化和沙化程度继续减轻，沙化土地植被盖度大幅提高。内蒙古荒漠化和沙化程度呈现出由极重度向轻度逐程度级转变的良好趋势。ww 根据第五次荒漠化监测结果，沙化土地植被盖度大幅度提高，监测区低盖度级植被面积减少，高盖度级植被面积增加。

生态产业快速发展。积极构建林、沙、草、畜、农等生态产业基地，积极创新生态产业发展模式，积极培植生态产业龙头企业，有力带动了沙区产业结构调整，生态产业已成为地区经济发展和农牧民增收新的增长点。

区域风沙天气明显减少。东部沙区土壤风蚀状况呈减轻的趋势，土壤风蚀量下降了 33%，地表释尘量下降了约 37%，其中植被增加的贡献率为 20%。沙尘天气明显减少，5 年间平均每年出现沙尘天气 9.4 次，较上一个监测期减少了 20.3%，北京地区平均每年出现 2 次，较上一个监测期减少了 63.0%（内蒙古自治区林业厅）。

（四）水资源与湿地生态系统

根据世界气象组织和联合国教科文组织中的定义，水资源是指可利用或有可能被利用的水源，这个水源应具有足够的数量和合适的质量，并满足某一地方在一段时间内具体利用的需求。水资源作为基础性的自然资源和战略性的经济资源，对经济社会建设产生着根本性的影响。未来，“水”将成为最重要的全球性资源问题。水资源短缺、设施制约、需求强烈等已经成为限制地区发展的重要因素。本节的水资源重点分析了内蒙古各行政区的地表水和地下水资源量的变化情况。

湿地是地球上水陆相互作用形成的独特生态系统，是重要的生存环境和自然界最富生物多样性的景观之一，作为自然界富有生物多样性和较高生产力的生态系统，湿地有巨大的环境调节功能和生态效益，在涵养水源，抵御洪水、调节径流、补充地下水、改善气候、控制污染、维护区域生态平衡、保护生物多样性和为人类提供生产、生活资源方面等方面有着其他系统所不能替代的作用。本报告中的湿地主要是指地表过湿或经常积水，生长湿地生物的地区，本节重点分析了河流、湖泊的面积和水的质量。

1. 水资源系统

（1）水资源数量、分布及演变特征。首先，看一下水资源数量。内蒙古多年平均水资源总量 545.95 亿立方米，人均水资源占有量 1561 立方米。地表水资源量为 406.60 亿立方米，占水资源总量的 74.47%，地下水资源量 236.22 亿立方米，占 43.27%。其中，地下水与地表水重复量为 96.87 亿立方米（17.74%）。与地表水不重复的地下水总量为 139.35 亿立方米，可开采量为 115.07 亿立方米，占地下水量的 82.5%。全区水资源地区分布是东多西少，由东北向西南逐步减少。全区降雨量年内分布不均，多集中在夏、秋季 6 ~ 9 月，降水量占全年总量的 70% ~ 80%。各盟市水资源总量分布的情况见表 2–17，数据均来源于内蒙古水资源公报。

内蒙古多年平均水资源总量 545.95 亿立方米（$M \leq 2g/L$），其中呼伦贝尔市水资源在我区最为丰富，多年平均水资源量占水资源总量的 57.92%：乌海市水资源量最少，仅占水资源总量的 0.05%：其中东四盟（市）水资源总量合计 442.13 亿立方米，占总量的 80.98%，中西部地区合计 103.82 亿立方米，占总量的 19.02%。各盟市多年平均水资源总量占比分布如图 2–13 所示。

表2-17　　内蒙古各盟市多年平均水资源量（亿m^3）

盟市	水资源总量	地表水	地下水	重复量	地下水可开采量
呼和浩特市	11.88	4.79	9.73	2.64	5.45
包头市	7.26	2.13	6.13	1.00	5.11
乌海市	0.27	0.12	0.55	0.40	0.50
赤峰市	38.98	25.91	21.86	8.79	12.66
通辽市	37.47	7.99	35.31	5.83	25.03
呼伦贝尔市	316.19	298.19	75.36	57.36	12.36
兴安盟	49.50	39.67	15.92	6.09	10.00
锡林郭勒盟	31.77	7.39	28.76	4.38	15.71
乌兰察布市	12.90	6.94	8.19	2.23	5.91
鄂尔多斯市	29.23	11.20	20.55	2.52	12.22
巴彦淖尔市	7.18	1.89	9.15	3.86	7.19
阿拉善盟	3.33	0.37	4.71	1.75	2.92
合计	545.95	406.6	236.22	96.87	115.07

注：地下水可开采量为与地表水不重复的水量。

数据来源：内蒙古水资源公报。

全区地表水资源量为 406.60 亿立方米。呼伦贝尔市地表水资源量最多，乌海市最少。地表水资源量从多到少的盟市依次为：呼伦贝尔市（73.34%）> 兴安盟（9.76%）> 赤峰市（6.37%）> 鄂尔多斯市（2.76%）> 锡林郭勒盟（1.82%）> 通辽市（1.97%）> 乌兰察布市（1.71%）> 呼和浩特市（1.18%）> 包头市（0.52%）> 巴彦淖尔市（0.47%）> 阿拉善盟（0.09%）> 乌海市（0.03%）。其中，东 4 盟（市）地表水资源量合计 371.76 亿立方米，占总量的 91.43%，中西部 8 个盟市合计 34.84 亿立方米，占总量的 8.57%。

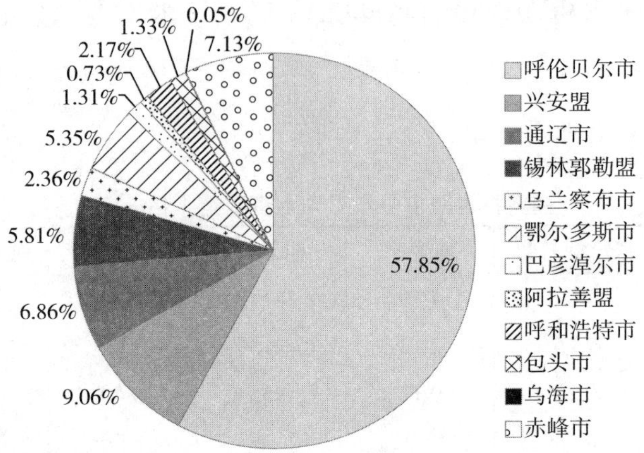

图2-13　内蒙古各盟市多年平均水资源量占比分布图

数据来源：内蒙古水资源公报。

内蒙古自治区浅层地下水矿化度 M ≤ 2g/L 资源量为 236.22 亿立方米，其中，山丘区 115.19 亿立方米（48.76%），平原区 145.31 亿立方米（61.51%），重复量为 24.28 亿立方米（10.27%），呼伦贝尔市地下水资源量最多，乌海市最少。地下水资源量由多到少依次为：呼伦贝尔市占总量的 31.9% > 通辽市（14.95%）> 锡林郭勒盟（12.18%）> 赤峰市（9.25%）> 鄂尔多斯市（8.70%）> 兴安盟（6.74%）> 呼和浩特市（4.12%）> 巴彦淖尔市（3.87%）> 乌兰察布市（3.47%）> 包头市（2.60%）> 阿拉善盟（1.99%）> 乌海市（0.23%）。全区与地表水不重复的地下水可开采量为 115.07 亿立方米。

其次，看一下水资源总量演变分析。内蒙古 2000 年平均降水量 215.8 毫米，比多年平均值减少 21.7%，属于偏枯水年份；2005 年，平均降水量 214.2 毫米，比多年平均减少 24.1%，属于偏枯水年份；2010 年平均降水量 260.6 毫米，折合降水总量 3014.3 亿立方米，属平水年份；2015 年平均降水量 271.9 毫米，比多年平均值减少 1.1%，属于平水年份；2018 年平均降水量 328.2 毫米，比多年平均值增加

19.3%，折合降水总量3796.43亿立方米。各盟市2000年、2005年、2010年、2015年、2018年水资源量见表2-18。

表2-18　　内蒙古各盟市多年平均及各代表年份水资源量

地区	水资源量（亿m^3）					
	多年平均量（亿m^3）	2000年（偏枯水年）	2005年（偏枯水年）	2010年（平水年）	2015年（平水年）	2018年（平水年）
呼和浩特市	11.88	10.56	10.29	11.52	8.58	12.4
包头市	7.26	6.56	6.46	8.98	5.62	7.64
乌海市	0.27	0.05	0.24	0.26	0.29	0.29
赤峰市	38.98	30.77	27.32	23.72	22.75	38.98
呼伦贝尔市	316.19	204.62	293.26	225.08	351.02	316.19
兴安盟	49.50	24.23	36.47	23.63	53.37	49.50
通辽市	37.47	26.87	35.91	35.72	33.72	37.47
锡林郭勒盟	31.77	24.29	20.77	23.08	27.87	33.24
乌兰察布市	12.90	5.36	7.84	8.52	7.49	12.91
鄂尔多斯市	29.23	18.85	11.60	20.78	18.14	30.42
巴彦淖尔市	7.18	4.47	3.25	4.15	4.58	8.38
阿拉善盟	3.33	11.16	2.77	3.08	3.53	4.37
内蒙古	545.96	367.79	456.18	388.54	536.97	551.79

数据来源：内蒙古水资源公报（1998~2018年）。

再次，看一下水源供水工程。内蒙古地区水源供水工程主要有以下几类：

一是地表水源工程：主要为蓄水工程、引水工程、提水工程。其中，蓄水工程包括水库和塘坝。截至2018年底，全区共有大型水库15座，主要集中在通辽市和赤峰市，总库容为66.04亿立方米；中型水库90座，总库容为32.65亿立方米；小型水库493座，总库容为10.22亿立方米：塘坝1305座，窖池为55059座。

二是地下水源工程：截至2018年底，全区共有规模以上与规模以下机电井 193.63 万眼，其中，规模以上机电井 36.34 万眼，规模以下机电井 157.29 万眼。

三是其他水源工程：主要以污水处理回用为主，还有少量的集雨及其他工程，污水处理工程集中在大中型城市。

最后，看一下水资源的健康状况评价。一是水资源总量呈减少趋势，年际波动大，加大了生态风险。1956~2000 年内蒙古多年平均水资源量为 545.95 亿立方米，但 2001~2018 年多年平均水资源量下降为 453.9 亿立方米，减少了约 17%。从多年平均水资源量的变化来看，水资源量有减少的趋势。除了阿拉善盟和包头市 2001~2018 年的平均水资源量比 1956~2000 年的略有增加外，其余 10 个盟市均有不同程度的减少。其中，乌兰察布市和巴彦淖尔市减少幅度最大，高达 60.34% 和 66.80%；鄂尔多斯和赤峰市次之，分别减少了 43.90% 和 42.91%；兴安盟、通辽市和锡林郭勒盟减少幅度约在 15%~25% 之间；呼伦贝尔、呼和浩特市和乌海市的减少幅度均在 10% 以内，分别减少了 1.58%、7.70% 和 9.46%。2000~2018 年全国、内蒙古自治区的水资源量变异系数 C_v 分别为 0.076、0.339，说明内蒙古近年来的水资源量时间分布不均衡，年际波动较大。

二是人均水资源量少、区域空间分布不均匀。内蒙古人均水资源占有量 1561 立方米，是全国人均水资源量的 71%，是世界人均水资源量的 21%。我区东部的黑龙江流域土地面积占全区的 27%，耕地面积占全区的 20%，人口占全区的 18%，而水资源总量占全区的 67%，人均占有水资源量为全区均值的 3.6 倍。中西部地区的西辽河、海滦河、黄河 3 个流域总面积占全区的 26%，耕地占全区的 30%，人口占全区的 66%，但水资源仅占全区 24%。

三是用水量持续增加，区域用水不均衡，部分地区水资源开发利用过度。内蒙古用水量近年来持续增加，到 2018 年底，总用水量达到 192 亿立方米，比 2000 年的 172.28 亿立方米增加了 11.45%。2018 年我区总用水量占全国的 3.2%，用水量占全区水资源总量的 35%，高于全国平均水平。全区水资源开发利用率为 34.8%，其中，松花江流域仅为 9%，而黄河和辽河流域达到了 76% 和 81%，远超过 40% 的国际警戒线。根据内蒙古 2018 年的最严格水资源管理制度要求，控制目标用水总量为 203.51 亿立方米，2018 年总用水量为 192.08 亿立方米，现状用水量占用水总量指标的 94.4%。

四是农业用水比重大，农田灌溉用水占比高，地下水灌溉用水剧增。农业用水比重大，从 20 世纪 80 年代开始，开始超过全区用水量的一半，从 2000 年开始，所占比重超过 75%，2000、2005、2010、2015、2018 年分别占到用水量的 89%、85%、77%、75%、72.9%，一直居高不下，在全国 7 个农业用水大省中排位靠前。2018 年农田灌溉用水 124 亿立方米，占农业用水量的 88.6%，占总用水量的 64.6%。其中，地下水灌溉面积由 1982 年的 881.71 万亩增加到 2018 年的 4000 多万亩，近 17 年间新增灌溉面积中 97% 为地下水灌溉。目前，地下水灌溉已占全区灌溉面积的 60%，地下水灌溉用水量由 1982 年的 16.00 亿立方米增加到 2018 年的 52 亿立方米。

五是地下水利用率偏高，局部地下水超采严重形成“大漏斗”。内蒙古多年平均地下水资源量为 236.22 亿立方米，地下水可开采量为 115.07 亿立方米。2018 年地下水总供水量为 85 亿立方米，占地下水资源量的 41.2%，远高出当年全国水平。地下水超采严重，据统计，全区 33 个超采区的超采量达 6 亿立方米以上，导致部分区域地下水位下降明显，如阴山北麓发展的喷灌圈，地下水位由开采之初的 40~50 米，下降到 100 多米，甚至局部区域水位达到 200 米；通辽市的科左中旗地下水位也由过去的 40~50 米，下降到 100 米以下，形成大范围“大漏斗”。

水质总体污染较严重，通过治理水质总体略有好转。内蒙古水资源的水环境总体污染仍较严重，入河排污口较多，西部区分布集中在呼包鄂经济圈内，东部区主要集中在赤峰、呼伦贝尔；近年来，由于灌区化肥农药施用量增加和畜牧发展，面源污染也呈现加剧趋势。通过治理，2018 年，全区水质优于Ⅲ类比例较高兴安盟、锡林郭勒盟、阿拉善盟、赤峰市的监测点占到参评水功能区的 71%、41%、33%、33%；Ⅳ类、劣Ⅴ类水比例较高的包头市、乌海市、乌兰察布市、巴彦淖尔市分别占到 100%、100%、94%、94%；2018 年全区地表水Ⅰ—Ⅲ类水质断面较 2017 年降低 3.4 个百分点，劣Ⅴ类水质断面下降 2.6 个百分点，水质总体呈好转态势。

2. 湿地生态系统

（1）湿地生态系统面积和分布格局。内蒙古自治区是我国湿地资源大省（区）之一，湿地类型多样，除没有近海及海岸类湿地外，几乎涵盖了其他所有湿地类型。

内蒙古湿地类型复杂多样。根据第二次湿地资源调查统计公布，全区湿地面积 60106 平方千米，占全区总面积的 5.08%。天然湿地 58788 平方千米，包括河流、湖泊、沼泽湿地，占湿地总面积 97.81%，其中，有大小河流 1000 余条，河流湿地 4637 平方千米，占全区湿地面积的 7.71%；大小湖泊 1000 余个，大多湖面较小、湖水较浅，淡水湖少、咸水湖多，面积 5662 平方千米，占全区湿地面积的 9.42%；草本沼泽、森林沼泽、灌丛沼泽、内陆盐沼和藓类沼泽面积 48489 平方千米，占全区湿地面积的 80.67%（图 2-14）。人工湿地主要为库塘湿地，主要包括红山水库、孟家段水库、莫力庙水库、察尔森水库、乌拉盖水库等34座，人工湿地1318平方千米，占湿地总面积2.19%（孟庆丰和宋英春）。

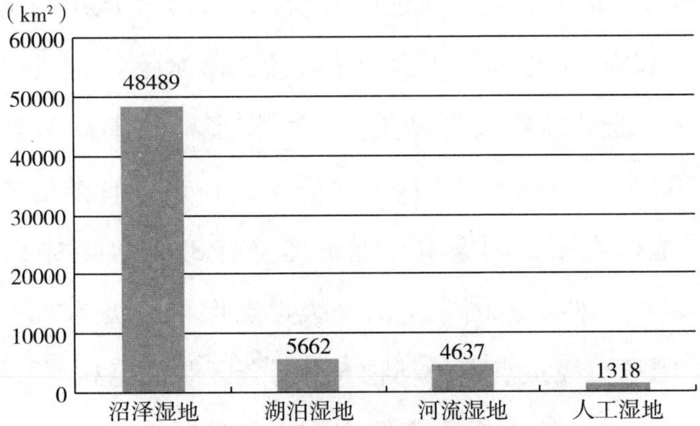

图2-14 内蒙古湿地构成

数据来源：第二次湿地资源调查。

“一湖两海”是当前我区在生态保护和建设中特别关注的湿地。“一湖两海”即呼伦湖、乌梁素海、岱海，是我区东、西、中部最大内陆湖，维系北方生态安全，阻挡荒漠，保护森林草原，维护生物多样性，有着不可替代的生态功能。呼伦湖，位于呼伦贝尔高原西部，我国第四大淡水湖、内蒙古第一大湖，总面积从20世纪60年代的2339平方千米减少到现在的2051平方千米，全流域大小河流共80条，河流总长度为2374.9千米，总流域面积（国内部分）37200平方千米，河流补给水源主要源于克鲁伦河、乌尔逊河、新开河及达兰鄂罗木河等。乌梁素海，位于巴彦淖尔乌拉特前旗境内，是我国第八大淡水湖、内蒙古自治区的第二大淡水湖、黄河流域最大的岸边湖泊，面积约293平方千米，湖面高程1018.5米，最大水深约4米，属黄河改道形成的河迹湖，是全球荒漠半荒漠地区极为少见的大型草原湖泊，主要靠乌加河和长济渠、民复渠等灌溉的尾水补给。岱海，位于乌兰察布市凉城县境内，是内蒙古自治区第三大淡水湖泊。岱海湖泊总面积约为 73 平方千米，平均水深 9 米左右，历史最大深度 18 米，属于天然补给湖泊，是典型的封闭性内陆湖，属于干旱区尾闾湖。水资源补给主要是流域内的地面径流、地下径流和降水量。

内蒙古湿地动植物资源种类多，生物多样性丰富。全区湿地有脊椎动物 288 种，隶属 6 纲 31 目 53 科，约占全区脊椎动物物种数的 47%。在湿地鸟类中，国家重点保护鸟类有 32 种，其中，国家一级重点保护鸟类 11 种，占国家全部一级重点保护鸟类的 26%。在哺乳类动物中，国家二级重点保护动物 5 种。全区湿地有高等植物 467 种，隶属 92 科 216 属，约占全区高等植物物种数的 20%。其中，苔藓类植物 82 种，蕨类植物 11 种，裸子植物 3 种，被子植物 371 种。在 467 种高等植物中，乔木、灌木有 44 种，主要集中在蔷薇科、杨柳科、桦木科。

（2）湿地生态系统演变及生态质量评价。

一是各盟市湿地生态系统规模不均衡。内蒙古 12 个盟市按照湿地面积排序分别为呼伦贝尔市、鄂尔多斯市、巴彦淖尔市、赤峰市、锡林郭勒盟、通辽市、乌兰察布市、阿拉善盟、包头市、兴安盟、呼和浩特市、乌海市（图 2–15）。呼伦贝尔市湿地面积排名第一，主要原因在于其所处地区降雨量丰沛，河流水系湖泊交错分布，湿地面积分布广泛。

二是内蒙古湿地规模衰减速度减缓。内蒙古湿地面积经历了由多变少再保持稳定的变化过程。我区湿地面积在 20 世纪 70 年代末的时候湿地面积最大，达到 39500 平方千米，随后湿地面积逐年下降。自 2010 年开始，湿地面积下降趋势得到控制，直到 2015 年，湿地面积一直保持在 36000 平方千米左右（图 2–16）。

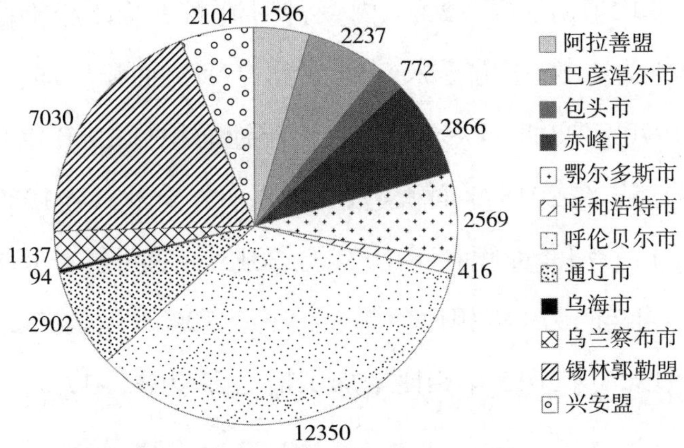

图2-15　2015年内蒙古各盟市湿地面积分布（km^2）

数据来源：中国科学院资源环境科学数据中心。

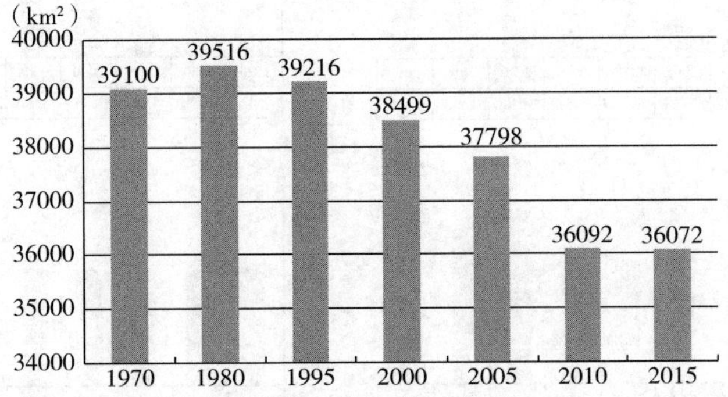

图2-16　内蒙古湿地面积变化情况

数据来源：中国科学院资源环境科学数据中心。

内蒙古湿地中沼泽湿地与湖泊湿地面积呈下降趋势，人工湿地逐年增加，河流湿地略有增加。沼泽湿地所占比重达到80.67%，其面积变化对湿地面积的影响最敏感。1970年时，我区沼泽面积为29700平方千米，随后开始逐渐下降，虽然在2010年面积有所回升，但是在2015年，沼泽面积处在了统计数据的历史最低值，仅为2.66万平方千米。1970~2018年湖泊面积整体呈下降趋势，但在2000年时面积出现最大值，随后面积又开始下降，2018年达到统计最低值5505平方千米，较近 50 年平均值减少了 12%。内蒙古河流面积总体趋于稳步增加状态， 1970 年为 2155 平方千米，到 2018 年河流面积增加至 3078 平方千米，较 1970 年增加 43%。我区人工湿地面积自 1980 年开始呈现逐年增加的趋势，在 2018 年面积达到 1168 平方千米，与 1980 年相比，增加了近 1 倍。沼泽面积在 1970 年至 2015 年期间基本呈缓慢下降的趋势，2015 年与 1970 年相比沼泽面积下降 10%，但是在 2018 年我区沼泽面积激增，与 2015 年相比增加 1 倍之多（图 2–17）。

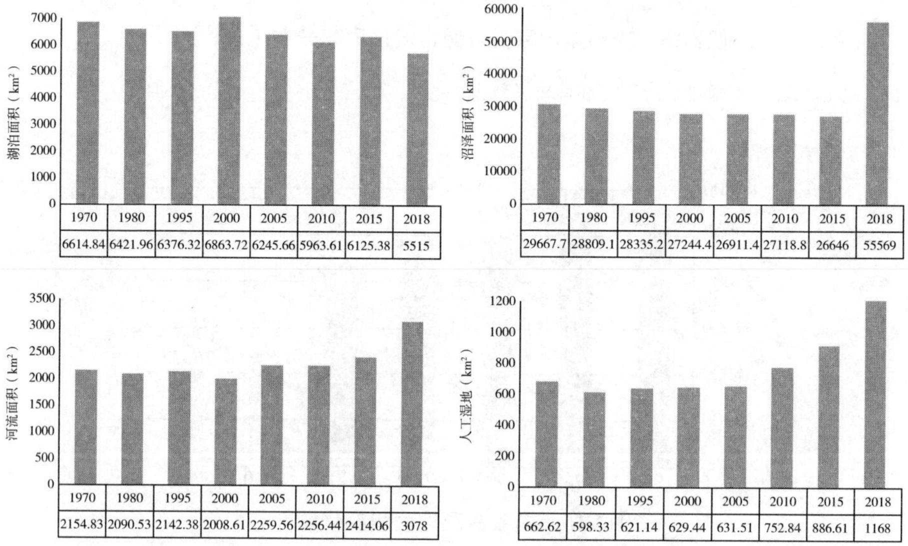

图2-17　20世纪70年代末~2018年间内蒙古不同湿地类型面积变化

数据来源：中国科学院资源环境科学数据中心。

三是内蒙古湖泊数量减少明显。内蒙古湖泊（面积大于 1 平方千米）数量由 1987 年前后的 427 个，锐减到 2010 年的 282 个（减少了 145个，占自治区湖泊总数量的34.0%）。同时，伴随着湖泊数量的减少，湖泊面积也显著减少，特别是内蒙古自治区，湖泊总面积由 1987 年前后的 4160 平方千米缩小到 2010 年的 2901 平方千米，面积缩小高达 30.3%（Tao et al.）。内蒙古地区高强度的人为干扰导致其湖泊面积快速萎缩，煤炭开采耗水解释了湖泊面积变化的 66.5%，而降雨变化仅解释 20%；农牧交错区，灌溉耗水是湖泊减少的主要因素，解释了近 8 成的面积变化。

四是水质整体偏差但局部好转。内蒙古河流断面水质整体达标率超过半数，污染水质比例变化呈先下降后略有反弹。根据内蒙古自治区环境状况公报（2000~2018 年）数据，2005 年水质状况是水质最差的年份，之后水质开始逐渐好转。2017 年内蒙古河流断面水质（I 类—III 类）达标率为 53.6%，比 2005 年增加 33.2 个百分点；轻中度污染（IV 类—V 类）水质 32%，较 2005 年减少 36.1 个百分点；重度污染（劣 V 类）水质为 14.4%，比 2005 年下降 13.4 个百分点。将 2005~2018 年各类水质取平均值，我区近 13 年水质达标率平均为 56%，轻中度污染水质为 28%，重度污染水质为 16%。2016 年与 2017 年的达标水质均高于平均值，轻中度污染水质低于平均值，说明我区河流水质在向好的方向发展，但 2018 年的中度污染水质超过了平均值，还需要兼顾局部地区中度污染水质的治理（图 2–18）。

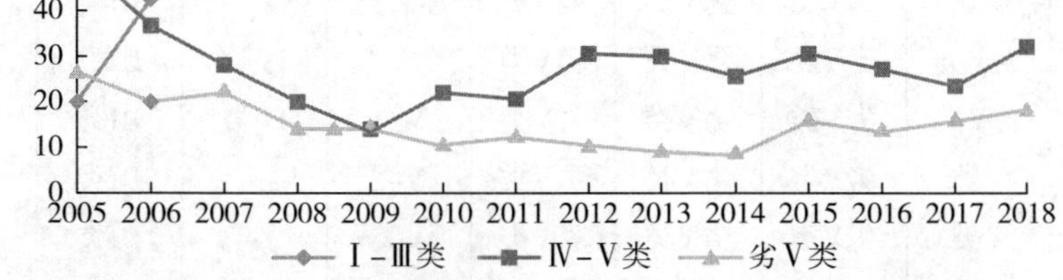

图2-18　2005 ~ 2018年内蒙古河流各类水质断面比例年际变化

数据来源：内蒙古环境状况公报（2000~2018年）。

我区水库的水质整体好于湖泊水质，但是水库的污染指数有下降的趋势，而大部分湖泊的污染指数变化趋势不明显，只有乌梁素海污染指数在 2015 ~ 2018 年间保持好转（表 2–19）。2000 年全区湖泊总体水质较差，水质类别级别为劣 V 类，主要超标的指标有 pH、化学耗氧量和高锰酸盐指数、总磷、总氮。水质最差的是达里诺尔湖，水质较好的是红山水库。2018 年，监测指标普遍都超标，水质呈现富营养化。与 2000 年相比较，乌梁素海、红山水库水质有好转，其他湖泊水质保持劣 V 类不变。

表2-19　　内蒙古主要湖泊水库污染指数变化

年份	乌梁素海	呼伦湖	达里诺尔湖	岱海	贝尔湖	莫力庙水库	察尔森水库	红山水库
2000	劣V类	劣V类	劣V类	劣V类	–	–	–	II类
2001	劣V类	劣V类	劣V类	劣V类	–	劣V类	V类	劣V类
2002	劣V类	劣V类	劣V类	劣V类	–	劣V类	劣V类	劣V类
2003	劣V类	劣V类	劣V类	劣V类	–	V类	V类	V类
2004	V类	V类	V类	IV类	–	V类	III类	III类
2005	IV类	IV类	IV类	V类	–	IV类	IV类	IV类
2006	V类	V类	V类	IV类	–	IV类	IV类	III类
2007	V类	V类	V类	IV类	–	IV类	III类	III类
2008	劣V类	劣V类	劣V类	V类	–	II类	II类	II类
2009	劣V类	劣V类	劣V类	V类	–	IV类	II类	III类
2010	劣V类	劣V类	劣V类	V类	–	无水	II类	IV类
2011	劣V类	劣V类	劣V类	劣V类	–	V类	III类	V类
2012	劣V类	劣V类	劣V类	劣V类	劣V类	IV类	III类	IV类
2013	劣V类	劣V类	劣V类	劣V类	劣V类	IV类	III类	V类
2014	劣V类	劣V类	劣V类	劣V类	V类	IV类	III类	V类
2015	V类	劣V类	劣V类	劣V类	V类	–	III类	V类
2016	V类	劣V类	劣V类	劣V类	V类	–	III类	V类
2017	V类	劣V类	劣V类	劣V类	劣V类	–	IV类	V类
2018	IV类	劣V类	劣V类	劣V类	劣V类	–	III类	V类

数据来源：内蒙古环境状况公报（2000~2018年）。

五是各盟市湿地生态系统水质评价。东北湿地区湿地水质趋于好转。其中，呼伦贝尔市监测的 6 条河流中 50% 的河流水质出现好转，10% 河流水质变差，40% 水质保持轻度污染不变，呼伦湖水质仍为重度污染；兴安盟监测的 4 条河流中，75% 的河流水质好转，达到优良水质，霍林河与察尔森水库水质类别无变化，仍保持为 III 类和Ⅳ类水质。

通辽市与赤峰市湿地水质恶化。可做对比分析的 4 条河流（霍林河、西辽河部分河段、阴河、英金河部分河段）水质均变差；达里湖与红山水库水质类别亦下降了一个等级。

沿黄 4 盟市（巴彦淖尔市、鄂尔多斯市、包头市和呼和浩特市）水质出现好转。黄河段水质转为优或良好；其他可对比的 7 条河流（四道沙河、昆都仑河、西河、东河、大黑河、小黑河和浑河）中，29% 的河流水质由重度污染转变为轻度或者优，71% 的河流仍保持原重度污染或者良好；湖泊中乌梁素海水质由劣Ⅴ类变为Ⅴ类。鄂尔多斯市境内乌兰木伦河水质属重度污染；包头市境内昆都仑水库水质为良好；呼和浩特市境内美岱沟水质为优，哈素海、红领巾水库为 IV 类水质。

锡林郭勒盟水质好转，锡林河水质由Ⅴ类中度污染转变为良好水质，滦河干流水质良好。阿拉善盟水质显著好转，额济纳河水质由劣Ⅴ类重度污染，转变为优质水质。乌兰察布市水质变差，岱海水质由Ⅴ类属中度污染变为劣Ⅴ类重度污染。

六是由于起调面积等因素变化动植物资源种类有所增加。全区第二次湿地资源调查结果显示（2014 年），全区湿地有脊椎动物 288 种，比 2000 年第一次湿地资源调查增加 98 种，增加了 52%。其中，鱼类增加 51%，两栖类增加 14%，爬行类减少 43%，鸟类增加 18%，兽类增加 4 倍。其中，国家一级重点保护鸟类增加 57% 种。湿地高等植物 467 种，比第一次湿地资源调查增加 246 种，增加 1.1 倍。其中，苔藓类植物增加 10 倍，蕨类植物增加 57%，裸子植物减少 33%，被子植物增加 83%。物种数增加的原因主要是：与 2000 年第一次调查相比，湿地资源起调面积降低，调查范围扩大以及调查方法和技术手段不同等。

（五）农业生态系统

1. 耕地面积和分布格局

内蒙古优质耕地主要分布在平原丘陵及河流两岸滩地上，从东到西分布比较多且集中的地区有：大兴安岭岭东岭南丘陵平原区、西辽河流域丘陵平原区、阴山丘陵区、土默川平原区、河套平原区及鄂尔多斯东部丘陵区；质量较低耕地集中分布在大兴安岭南段山地、老哈河—教来河中上游丘陵台地、阴山南北丘陵台地、准格尔—和林格尔黄土丘陵及鄂尔多斯高原区，主要为无灌溉条件的旱耕地及坡耕地；另外还存在部分地段的零星耕地。

（1）耕地面积增加趋势明显。将耕地分为水田和旱地两大类型。1980–2017 年，旱地占总耕地面积的 98.35% ~ 99.06%，总耕地面积增加了 4.02 万平方千米。其中，水田面积增加了 480.00%，旱地面积增加了 75.37%（表 2–20）。

表2-20　内蒙古耕地面积（km^2）

年份	水田	旱地	耕地总面积
1980	150	52370	52520
1990	760	48900	49660
1995	840	54070	54910
2000	1210	71960	73170
2005	930	72620	73550

续表

年份	水田	旱地	耕地总面积
2010	840	70650	71485
2015	866	90752	91620
2017	870	91840	92710
2018	860	90760	91620

数据来源：中国科学院资源环境科学数据中心。

（2）农业总产值和粮食产量实现“双增”。2018 年，内蒙古农业总产值年为 17538000 万元，约是 1980 年的 89 倍。2018 年粮食总产量 3553.3 万吨，占全国产量的 5.4%，为实现全国粮食产量 15 年连增做出了重要贡献（图 2–19）。内蒙古成为全国净调出粮食的六大省区之一，2018 年起，内蒙古粮食产量已经超过了湖北、四川，上升至全国第八位。

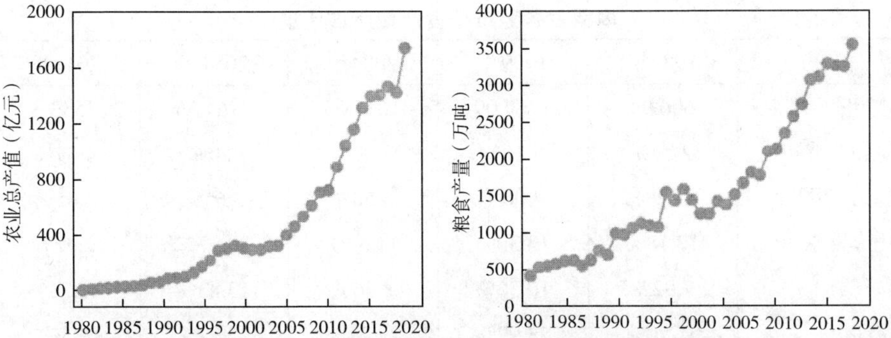

图2-19　内蒙古农业总产值和粮食产量情况

数据来源：内蒙古统计年鉴（1980~2018年）。

（3）耕地在各盟市均有分布，主要分布在东部地区。据统计，2018 年，耕地面积最大的盟市依次是呼伦贝尔市、赤峰市、通辽市、乌兰察布市和兴安盟，2018 年，这 5 个盟市的耕地总面积占内蒙古总耕地面积的 74.65%。与 1980 年相比，2018 年东部地区耕地面积基本呈现增加的趋势，而中西部盟市面积波动不大。2018 年内蒙古水田面积分仅占总耕地面积的 1.40%，在呼伦贝尔市、兴安盟、通辽市、赤峰市和锡林郭勒盟有零星分布，总面积约 1711 平方千米（表 2–21）。

表2-21　　内蒙古各盟市耕地面积（km^2）

	包头	阿拉善	赤峰	鄂尔多斯	呼和浩特	呼伦贝尔	乌兰察布	巴彦淖尔	通辽	乌海	兴安	锡林郭勒
1980	4798	292	17737	4690	6425	17249	15655	7019	15458	139	9610	5171
2018	3473	784	21862	4432	7525	22387	14840	9024	18741	83	13176	5577

数据来源：中国科学院资源环境科学数据中心。

（4）东部区粮食产量比重增大。位于东部生态功能区的呼伦贝尔市和兴安盟的粮食产量比重呈增加趋势，1987 ~ 2014 年，分别增加了 7.59% 和 14.7%。2018 年，赤峰市和兴安盟两个盟市的粮食生产比重高达 33%。河套灌区的巴彦淖尔、包头、呼和浩特等地的粮食产量比重不足 10%（表 2–22）。

表2-22　　内蒙古各盟市粮食产量所占比重

盟市	1987年	1999年	2004年	2014年	2018年
总产量（万吨）	606.99	1469.09	1633.03	2964.55	3553.3
呼和浩特市	2.29%	5.16%	7.07%	4.46%	4.37%
包头市	1.99%	4.06%	5.58%	3.65%	3.05%
呼伦贝尔市	13.18%	13.30%	11.67%	20.77%	1.97%
兴安盟	7.92%	10.36%	8.46%	13.83%	16.26%
通辽市	31.20%	23.99%	22.51%	22.37%	2.3%
赤峰市	21.02%	18.10%	17.43%	17.20%	16.74%
锡林郭勒盟	0.95%	1.62%	1.25%	1.20%	1.04%
乌兰察布市	6.88%	7.29%	8.69%	3.46%	3.16%
鄂尔多斯市	3.50%	4.69%	6.12%	5.04%	4.79%
巴彦淖尔市	10.78%	10.86%	10.52%	7.27%	0.74%
乌海市	0.06%	0.15%	0.17%	0.14%	0.1%
阿拉善盟	0.24%	0.41%	0.52%	0.61%	0.53%

数据来源：内蒙古统计年鉴（1987~2018年）。

2. 农业生态系统演变

（1）耕地面积的增加以开垦草地为主。1980~2000 年，主要是草地和林地转变为了旱地，分别占旱地转移面积的 76.82% 和 2.40%。2000~2018 年，主要是草地转变为了旱地，占旱地转移面积的 76.05%。

（2）农业生态系统灌溉面积逐年增加。2000 年，有效灌溉面积为 2.37 万平方千米，占耕地总面积的 32.42%，节水灌溉面积 0.76 万平方千米，占耕地总面积的 10.34%。2015 年，节水灌溉面积 2.47 万平方千米，占耕地总面积的比重为 27.01%。2000~2015 年有效灌溉面积和节水灌溉面积占耕地总面积的比重分别增加了 1.17% 和 16.67%，其中 2010 年有效灌溉面积和节水灌溉面积占耕地总面积的比重最大（表 2–23）。

表2-23　　2000年至2015年灌溉面积（km^2，%）

	2000年	2005年	2010年	2015年
有效灌溉面积	23720	27022	30275	30869
占耕地总面积的比重	32.42	36.74	42.35	33.69
节水灌溉面积	7570	14937	23286	24748
占耕地总面积的比重	10.34	20.31	32.57	27.01

数据来源：内蒙古统计年鉴（2000~2015年）。

（3）粮食作物播种比重略有下降，玉米种植仍占绝对主导地位。1980 年，作物总播种面积 4.80 万平方千米，其中粮食作物播种面积占 82.09%；2018 年，粮食播种面积比重为 76.95%，播种面积增加了 1.03 万平方千米，比重增长 0.1%（图 2–20）。内蒙古粮食生产以玉米种植面积增长最为突出，马铃薯、大豆紧随其后。玉米份额的上升幅度最大，从 1990 年的 23.50% 上升到 2018 年的 76%（表 2–24）。

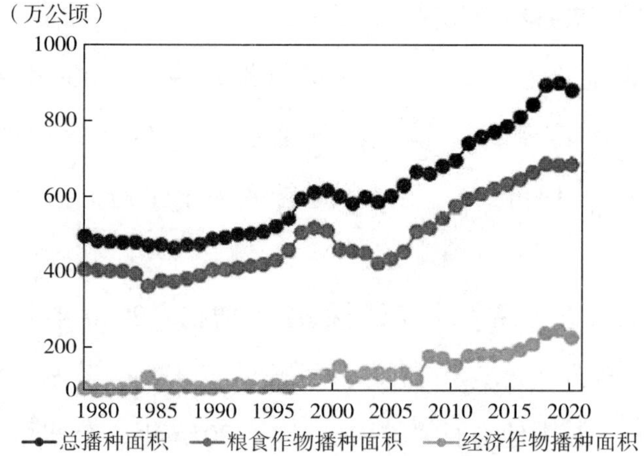

图2-20 内蒙古农作物种植面积

表2-24 内蒙古主要粮食作物播种面积结构变化（km²）

年份	小麦	玉米	谷子	莜麦	糜黍	薯类	大豆
1990	11540	7740	3570	2650	1170	2460	3010
1995	10170	9920	2370	1370	820	3550	5570
2000	6170	12980	1640	620	1280	6500	7940
2005	4610	18060	1250	390	610	5620	7970
2010	5660	24860	1740	420	430	6910	8120
2015	5641	34072	1976	491	319	5133	5300
2016	658.8	38433	2303	1699	125	4496	9234
2017	6739	37163	2344	1681	128	4322	9890
2018	5967	37421	1819	1486	–	35.6	10942

3. 农业生态系统质量评价

（1）耕地质量总体偏差。内蒙古属于全国耕地质量最差的省份，现有耕地平均利用等别为15等（1~4等、5~8等、9~12等、13~15等耕地分别划为优等地、高等地、中等地、低等地）。内蒙古农用地利用14等和15等的耕地比重达60%以上。0~15度坡耕地占99.3%，15~25度的坡耕地占0.7%（程锋等）。

（2）农业生态系统机械化程度有所提升。2000~2015年，内蒙古农业生态系统除小型拖拉机拥有量减少了12.35%外，其余农用机械均呈现逐年增加的趋势，机动割晒机拥有量翻了近95倍。与2015

年全国农业机械拥有量水平相比，内蒙古大中型农用拖拉机数量占全国的 11.92%，其余仅占全国水平的 1.06%~3.41%（表 2–25）。2018 年，内蒙古自治区农机总动力达到 3663.7 万千瓦。拖拉机拥有量达到 117.5 万台，其中 20 马力以上的拖拉机保有量达到 82.4 万台，较上年增长 3.4%；联合收获机械新增 3554 台，保有量达到 3.86 万台。全区农作物机耕、种、收综合机械化水平预计达到 84%，同比提高 0.5 个百分点。小麦、水稻耕种收综合机械化水平继续保持在 95% 以上，薄弱环节玉米、马铃薯机收水平分别达到 72.76% 和 77.9%。内蒙古综合机械化利率高于全国平均水平，并具有明显优势，农牧业机械化水平在不断的稳步提升。

表2-25　　　　内蒙古农业机械拥有量

项目	2000年	2005年	2010年	2015年	2018年
农牧业机械总动力（万千瓦）	1350	1922	3033.6	3805	3664
大中型农用拖拉机（台）	32900	73658	514100	723780	316776
小型拖拉机（台）	435933	544600	501300	382093	857441
联合收割机（台）	4238	4652	8000	30093	38607
排灌用柴油机（台）	123280	169313	200900	218014	—
机动脱粒机（台）	66176	76226	93100	113058	—
机动割晒机（台）	316	14634	35166	29879	—

数据来源：内蒙古统计年鉴（2000~2018年）。

（3）化肥和农药用量显著增加，土壤污染严重。各盟市农药和化肥用量均呈现逐年增加的趋势。1990 年，内蒙古农药使用总量为 5075 吨，2018 年增加到 29600 吨，增加了 483.25%；1990 年化肥施用量为 341097 吨，2015 年达到 2293483 吨，增幅达 572.38%，2018 年使用降低到 2226700 吨。2018 年，呼伦贝尔市的农药使用量最高，为 8305 吨；通辽市化肥施用量最高，为 622027 吨。2000~2015 年，若按农作物总播种面积计算，内蒙古地区化肥施用强度大约为 303.5，高于国际平均水平，导致土壤污染严重。

表2-26 内蒙古各盟市农药和化肥用量情况（t）

盟市	农药					化肥				
	1900年	2000年	2010年	2015年	2018年	1990年	2000年	2010年	2015年	2018年
呼和浩特市	179	560	291	397	442	16579	61935	106939	122702	129736
包头市	274	564	679	827	820	30945	46790	66165	77262	75700
呼伦贝尔市	1193	2780	7719	9514	8305	24480	79259	161965	272324	265333
兴安盟	296	761	2023	4746	6132	20466	62577	179531	298548	305508
通辽市	472	1439	5777	8581	6796	48369	105889	529843	659502	622027
赤峰市	1501	787	3577	4046	2512	46857	98864	260551	347877	303808
锡林郭勒盟	76	233	450	596	394	3463	10120	13064	17841	20019
乌兰察布市	458	542	735	858	785	25004	54419	90277	97472	90345
鄂尔多斯市	234	358	1456	1584	1461	30843	46855	98635	121077	125367
巴彦淖尔市	357	723	1221	1485	1521	90982	171050	246795	255997	270697
乌海市	16	77	77	29	26	807	5364	3987	3734	3032
阿拉善盟	19	81	297	298	391	2302	4374	15642	19147	15145
合计	5075	8905	24302	32961	29600	341097	747496	1773394	2293483	2226700

数据来源：内蒙古统计年鉴（2000~2018年）。

（4）主要粮食作物单产较低。耕地面积大，质量较差，中低产田占耕地总面积的70%以上。耕地利用方式粗放，利用率和产出率低，旱坡地亩产不足150千克，低的只有15千克。2018年，全区粮食单产5233千克/公顷，低于全国粮食单产6.9%。内蒙古玉米单产6606千克/公顷，高于全国单产水平12.10%，内蒙古的小麦、谷子、大豆、薯类单产水平均低于全国单产水平，其中，小麦和薯类单产2806千克/公顷、2863千克/公顷，分别低于全国单产水平的47.97%和23.92%（图2-21）。

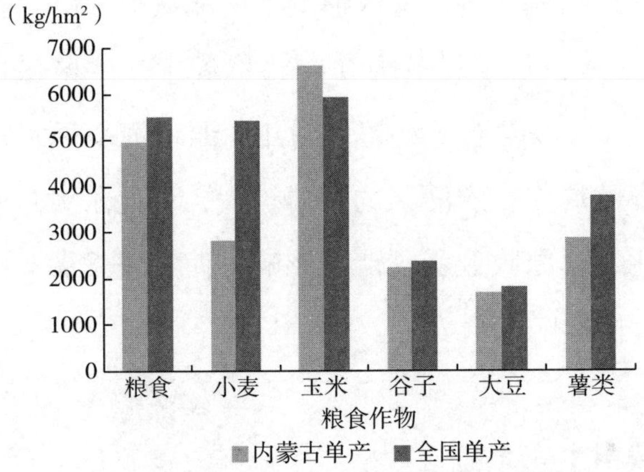

图2-21　内蒙古主要粮食作物单产情况

数据来源：内蒙古统计年鉴（2018年）。

（5）农业生态系统耗水量大，水资源短缺导致各生态系统生态风险增大。内蒙古旱田占耕地面积的99%，农业生产受水资源约束明显。从供水结构看，内蒙古地下水供给占水利工程供给量的比重较大。从用水结构看，内蒙古农业用水占总用水量的比重较大。2018年农业灌溉用水量124亿立方米，占全区总用水量的64.60%，农田灌溉水有效利用系数0.53。

（6）因大量开采地下水，部分区域形成“地下水漏斗”。农业大量耗水，尤其是地下水利用过度，全区形成了33个漏斗区，地下水位下降对河流、湖泊、森林、草地等生态系统带来不同程度的影响，同时也影响着人类生活。1995 ~ 2016 年间，西辽河平原生态系统的格局发生了逆转，草地、水域面积急剧减少，灌区面积急速扩大。根据《内蒙古水资源公报》及多年地下水观测资料显示，西辽河平原地下水埋深下降趋势明显，1980 年平均地下水位为 2.37 米，2014 年末地下水位下降到 6.21 米。2000 年后地下水位明显下降，平原区平均埋深下降 3 ~ 4 米。科尔沁区和开鲁县作为灌区分布最多的两个旗县，地下水位下降最明显。科尔沁区地下水埋深从 1980 年的 3.2 米下降至 2014 年的 9.02 米，年平均下降 0.17 米，其中一些区域地下水位甚至下降了 10.58 米，形成地下水超采漏斗。西辽河平原目前已经成为人工生态为主导的局面。农灌区的盲目扩大，消耗了大量水资源，同时导致生态退化，草原牧业受到严重影响，使牧民发展与生存条件受到影响，甚至可能影响社会安定。

（六）城市生态系统

城市生态系统是人类生态系统的主要组成部分之一，指的是城市空间范围内的居民和自然环境系统和人工建造的社会环境系统相互作用而形成的统一体，属人工生态系统。

1. 城市生态系统规模及演变

（1）全区和各盟市城镇用地面积逐年增长，空间分布格局发生明显变化。内蒙古全区和各盟市城镇用地面积呈增加趋势，从 1980 年到 2018 年，全区城镇用地面积由 902 平方千米增加到 4087 平方千米，增加了 4.5 倍；城市空间分布格局发生明显变化，东部地区（呼伦贝尔市、通辽市、兴安盟、赤峰市）城镇用地面积占全的比重下降，由 2000 年的 53.8% 降低到 2018 年的 42.1%；中部地区（呼和浩特市、包头市、鄂尔多斯市、乌兰察布市）占全区的比重上升，由 2000 年的 27.0% 增加到 2018 年的 39.8%（表 2–27）。

表2-27　　1980 ~ 2015年内蒙古各盟市城镇用地（km^2）

盟市	1980	1990	1995	2000	2005	2010	2015	2018
阿拉善盟	5.18	5.18	5.18	5.18	5.18	5.18	15.55	131.89
巴彦淖尔市	76.74	86.07	86.07	89.18	90.22	90.22	114.07	240.36
包头市	29.04	43.55	43.55	44.59	86.07	91.25	157.62	381.67
赤峰市	73.62	91.25	97.48	97.48	98.51	106.81	130.66	324.64
鄂尔多斯市	45.63	56.00	56.00	56.00	89.18	90.22	128.58	556.17
呼和浩特市	105.77	126.51	126.51	127.55	153.47	156.58	266.50	363.25
呼伦贝尔市	272.72	379.53	402.34	402.35	403.38	408.57	440.71	643.47
通辽市	89.18	102.66	108.88	108.88	109.92	116.14	151.40	417.69
乌海市	29.04	39.40	39.40	39.40	44.59	44.59	49.77	191.1
乌兰察布市	63.26	79.85	79.85	82.96	89.18	90.22	205.32	302.07
锡林郭勒盟	62.22	82.96	61.18	90.22	129.62	62.22	165.92	292.84
兴安盟	49.77	60.14	82.96	61.18	60.14	131.70	80.88	242.28
内蒙古全区	902.16	1153.11	1189.40	1204.96	1359.47	1393.69	1906.99	4087.48

数据来源：内蒙古统计年鉴。

（2）全区城市建成区面积逐年增大，呼和浩特和鄂尔多斯发展最快。内蒙古城市建成区面积从 2000 年 593 平方千米增加到 2018 年 2,243.10 平方千米，以 97.06 平方千米 / 年的速度增加。各城市建成区面积增加速度差异明显，其中呼和浩特市和鄂尔多斯市增长最快，乌海市、兴安盟发展最慢（图 2–22）。

（3）城镇人口逐年增加，城镇化水平不断提高。内蒙古城镇人口数量从 1949 年 75.5 万增加到 1980 年 433.1 万人，平均每年增加 11.5 万人。1980 年到 2018 年的 1589.1 万人，平均每年增加 30.4 万人。城镇化水平不断提高。2018 年，内蒙古城镇化率为 62.7%，比全国平均水平 59.58% 高出 3.12%。全区 2000~2018 年城镇化率提高了 20%（图 2–23）。

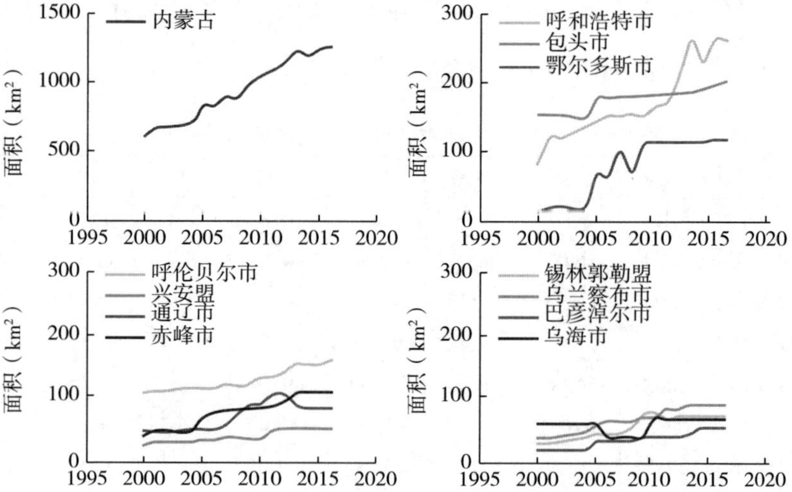

图2-22　内蒙古及各盟市城市建成区面积变化

数据来源：内蒙古统计年鉴（1980~2018年）。

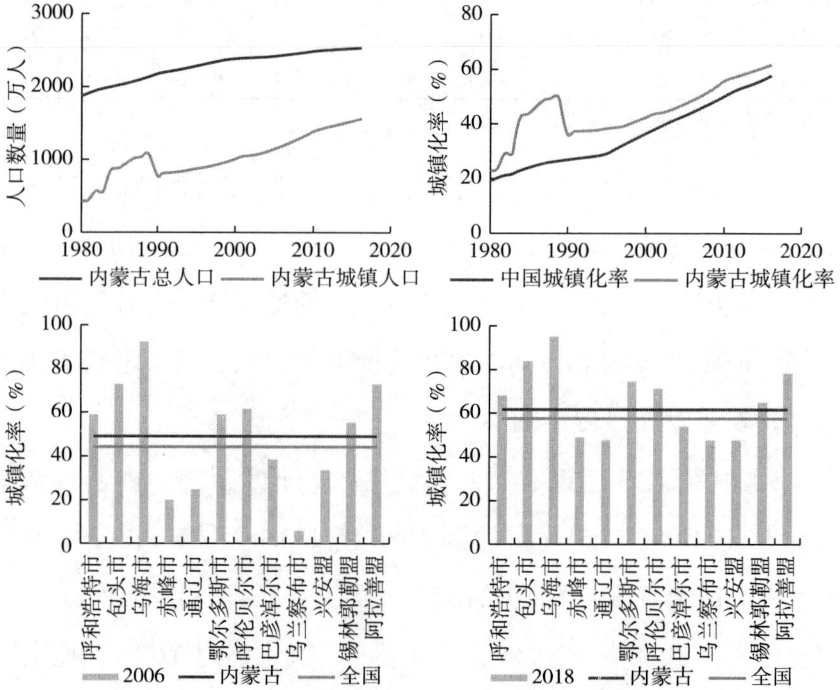

图2-23　内蒙古及各盟市人口及城镇化率变化

数据来源：内蒙古统计年鉴（1980~2018年）

2. 城镇发展水平与质量评价

（1）全区第三产业比值总体稳步提高，呼包鄂地区增速较快。内蒙古第三产业比值从 2000 年的 34.55% 增加到 2018 年的 50.5%，年均增加 0.02%，总体呈稳步提高的趋势。各盟市三产比值差异较大，呼包鄂地区增加明显，其中呼和浩特平均每年增加 1.6%（图 2–24）。

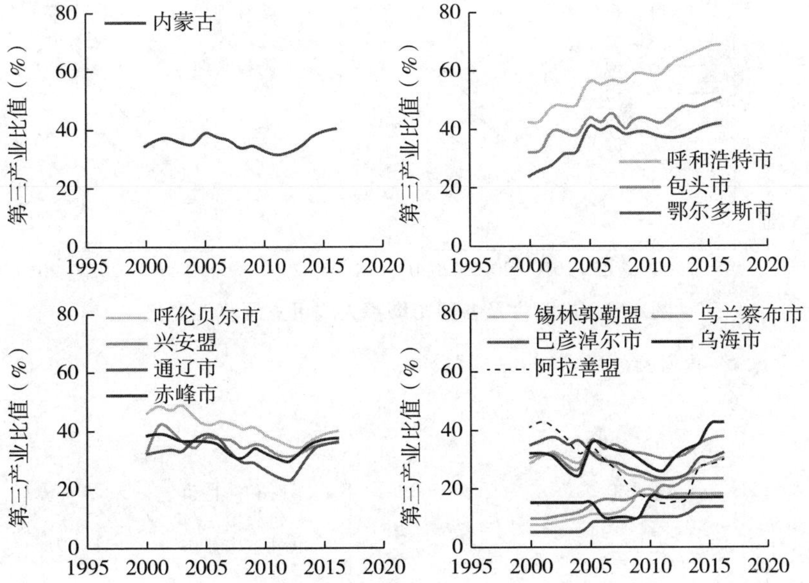

图2-24　内蒙古及各盟市第三产业比值变化

数据来源：内蒙古统计年鉴（1980~2018年）。

（2）全区城镇居民人均可支配收入大幅增加。人均可支配收入由 2000 年 4879 元 / 年增加到 2018 年 38305 元 / 年，增速为 1759.3 元 / 年，年均增长率 11.5%。各盟市人均可支配收入差异较大，呼包鄂地区增加最为明显，增幅为 2300~2400 元 / 年，年均增长率 13.14%~13.46%；东部盟市（呼伦贝尔市、兴安盟、通辽市、赤峰市）增长较低，增幅为 1225~1550 元 / 年，年均增长率 10.89%~12.05%（图 2–25）。

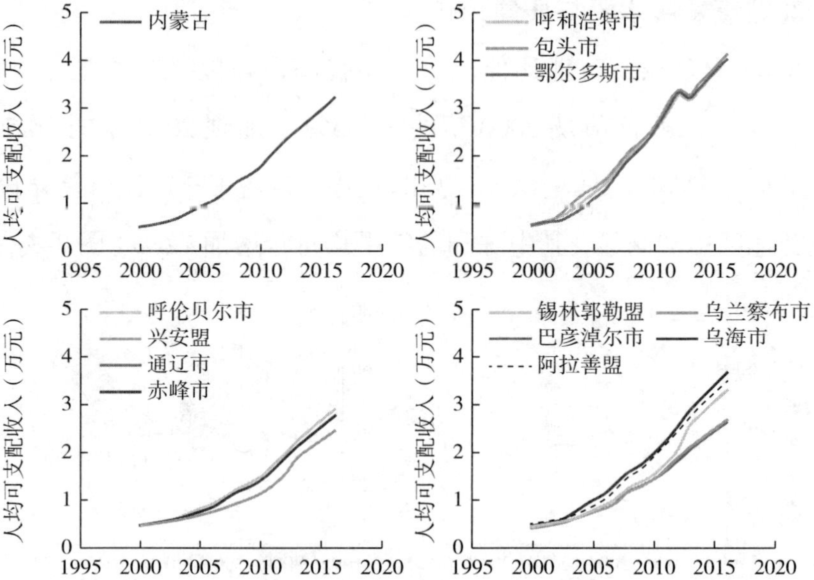

图2-25　内蒙古及各盟市城镇人均可支配收入变化

数据来源：内蒙古统计年鉴（1980~2018年）。

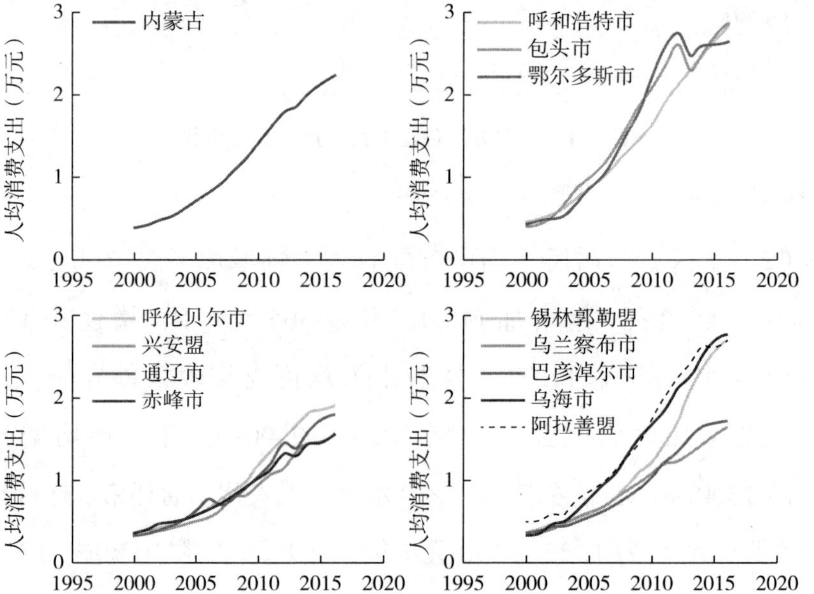

图2-26　内蒙古和各盟市人均消费支出变化

数据来源：内蒙古统计年鉴（1980~2018年）。

（3）全区城镇居民人均消费支出大幅增加。人均消费支出由2000年2482元/年增加到2018年24437元，增速为1155.5元/年，年均增长率12.8%。各盟市人均消费支出差异较大，呼包鄂地区增加最为明显，增幅为1550~1750元/年；东部盟市（呼伦贝尔、兴安盟、通辽市、赤峰市）较呼包鄂地区增加较低，增幅为800~1100元/年（图2–26）。

（4）内蒙古和各盟市城镇人均居住面积逐年增加。全区城镇人均居住面积从2000年的15.5平方米增加到2018年34.7平方米，以每年1.13平方米/人的速度增加（图2–27）。

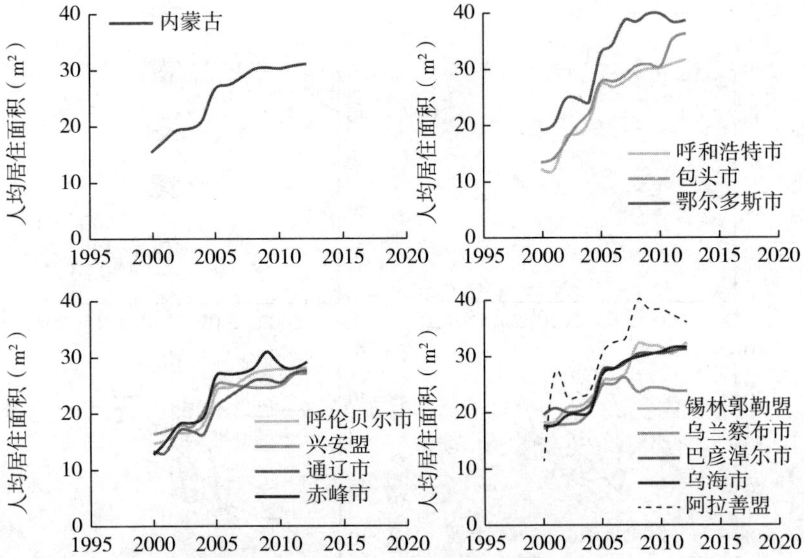

图2-27　内蒙古和各盟市城镇人均居住面积变化

数据来源：内蒙古统计年鉴（1980~2018年）。

（5）城市基础设施和公共设施逐步完善。城市建成区绿化覆盖率从2000年的21.40%增加到2018年的40.6%，以每年1.13%的速度增加（图2–28），其中，鄂尔多斯市和乌兰察布市增加最快。城市公园面积从2000年的20.58平方千米增加到247平方千米，以年均

13.32 平方千米的速度增加，其中，呼和浩特和乌兰察布市增加最快。城镇人均道路面积从 2000 年的 6.88 平方米增加到 2018 年的 25.15 平方米，以每年 1.07 平方米的速度增加，其中，鄂尔多斯市、满洲里市、二连浩特市增加最快。城市每万人拥有公交车数量从 2000 年的 3.92 台增加到 2018 年的 7.77 台，以每年 0.23 台的速度增加。城市每万人拥有公共厕所数量从 2000 年的 6.9 座减少到 2015 年的 4.7 座，以每年 0.17 座的速度减少。但是从 2017 年开始，内蒙古各城市着力改善公共厕所条件、增加厕所数量。以呼和浩特为例，近一年近 3087 座青城驿站和公共卫生间投入使用，由 2016 年 1.55 座 / 万人增加到 16.20 座 / 万人。

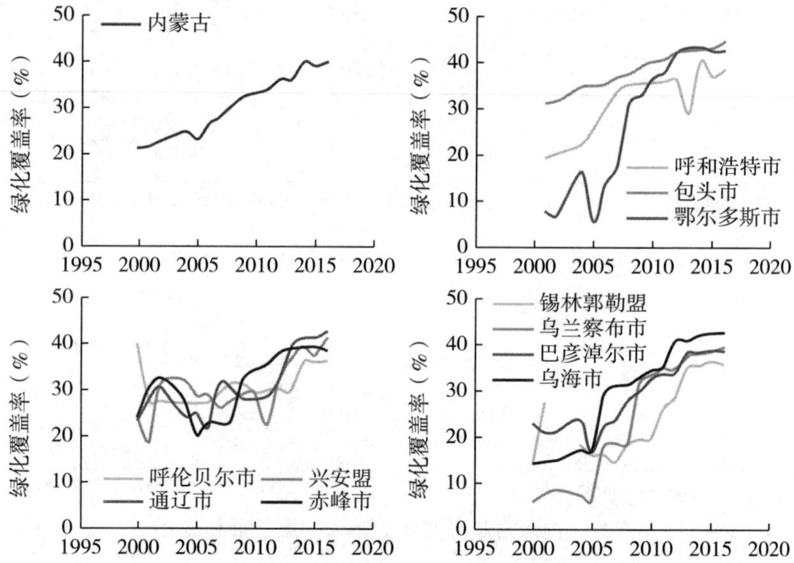

图2-28　内蒙古和各盟市城市建成区绿化覆盖率变化

数据来源：内蒙古统计年鉴（1980~2018年）。

（6）城市环境治理能力增强，生态环境持续良好。城市生活生产用水持续双减、污水处理能力增强。城市生产用水从 2000 年的 33433 万吨降低到 29731.27 万吨，以每年 217.75 万吨的速度降低。

城市污水排放量虽然有增加趋势，但污水处理能力不断增强，日处理能力高于目前排放量。城市污水排放量从 2000 年到 2018 年由 32568 万吨增加到 66703.39 万吨，以每年 2007.96 万吨的速度增加，增加 105%，城市污水年处理能力从 2000 年的 13870 万吨增加到 2018 年的 87819 万吨，处理能力增加 533.16%，处理能力由 2000 年的不足发展到能够全部处理，并且还有污水再增加的处理能力（图 2–29）。城市空气优良达标日数逐渐增多，污染物含量降低。从 2015 年到 2018 年，全区城市空气优良达标日数由 292 天增加到 305 天，以 4 天 / 年的速度增加；从 2005 年到 2018 年，城市空气污染物含量中，可吸入颗粒物、二氧化硫含量呈明显的降低趋势，呼和浩特市、巴彦浩特、鄂尔多斯市和巴彦淖尔市略有增加倾向，其他盟市均有降低，东部改善最为明显。

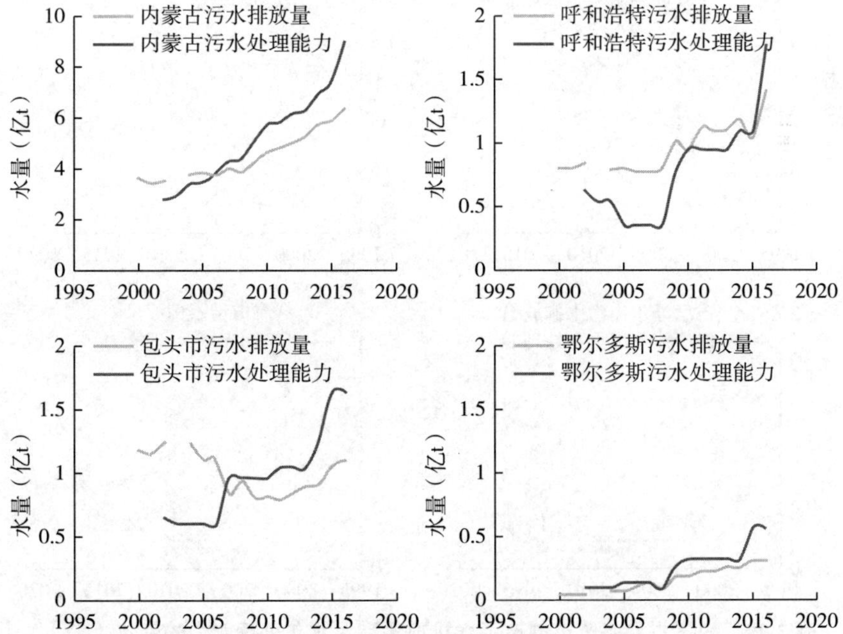

图2-29　内蒙古和各盟市城市污水排放量和污水年处理能力的变化（一）

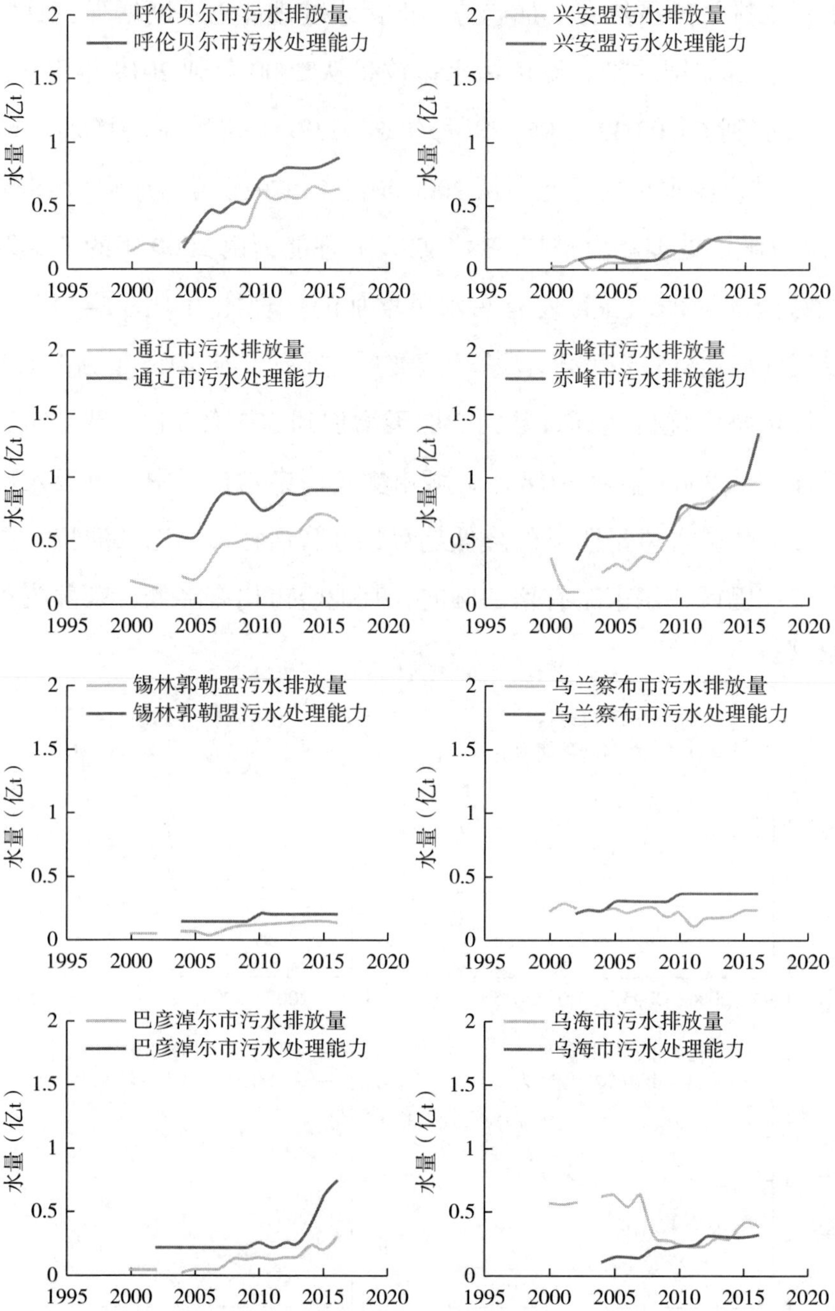

图2-29　内蒙古和各盟市城市污水排放量和污水年处理能力的变化（二）

数据来源：内蒙古统计年鉴（2000~2018年）。

三、内蒙古水资源系统、复合生态系统承载力分析

（一）水资源系统承载力分析

1. 人均水资源量和人均用水量

内蒙古是中国典型的北方干旱贫水地区。2018 年，全区水资源总量为 551.8 亿立方米，占全国水资源总量的 2%，在全国 31 个省区市中排名靠后。除了呼伦贝尔市、兴安盟、锡林郭勒盟以外，内蒙古其他 9 个盟市人均水资源均低于联合国公布的“人均 1700 立方米的水紧张警戒线”，特别是西部地区水资源更为贫乏，人均水资源只有 385 立方米，不到全国的 1/5。

内蒙古 2001 ~ 2018 年人均水资源量呈现波动式变化，人均水资源量在 1500 ~ 3800 立方米之间波动，但各盟市人均水资源量差异显著。除了呼伦贝尔、兴安、通辽、锡林郭勒、鄂尔多斯、阿拉善、赤峰市以外，呼和浩特、包头、乌海、乌兰察布、巴彦淖尔的人均水资源量均在 500 立方米以下，属严重缺水地区。

内蒙古 2000 ~ 2018 年人均水资源量，19 年间有 9 年的人均水资源量低于水紧张警戒线水平，有 14 年低于全国平均水平（表 2–28）。

表2-28　2000 ~ 2018年内蒙古人均水资源量与全国及世界水平比较

年份	人均水资源量（m^3）	占国际警戒线1700m^3比例（%）	占全国平均人均水资源量比例（%）
2000	1548	91.07	73.73
2001	1470	86.46	69.99
2002	1349	79.33	64.22
2003	2109	124.07	100.44
2004	1835	107.96	87.40
2005	1912	112.45	91.03

续表

年份	人均水资源量（m^3）	占国际警戒线1700m^3比例（%）	占全国平均人均水资源量比例（%）
2006	1719	101.13	81.87
2007	1230	72.36	58.58
2008	1707	100.42	81.29
2009	1561	91.84	74.35
2010	1572	92.45	74.84
2011	1688	99.31	80.40
2012	2049	120.55	97.59
2013	3843	226.05	183.00
2014	2147	126.30	102.24
2015	2138	125.79	101.83
2016	1692	99.53	72.06
2017	1202	70.71	58.10
2018	2178	128.12	110.67

数据来源：内蒙古水资源公报（2000~2018年）。

尽管内蒙古多年平均人均水资源量与全国水平相差不多，但水资源分配极为不均衡，各盟市人均水资源量相差较大，以内蒙古2000年（偏枯水年）和2018年（平水年）为参照，统计得出各盟市人均水资源量，并与全国平均人均水资源量对比，可以看出（见表2–29），无论在枯水年还是在平水年，呼伦贝尔、锡林郭勒盟的人均水量均高于全国水平，即使在枯水年，其人均水量也分别为全国平均水平的3.68、1.20倍；鄂尔多斯和兴安盟分别占全国水平的74.36%和1553.44%，全区人均水资源量低于500立方米的呼和浩特市、包头市，仅占全国人均水资源量的20.2%、13.43%，水资源量与社会发展极不协调，水资源量成为限制城市发展的重要因素之一；全区人均水资源量最少的城市为乌海，仅占全国水平的2.57%。

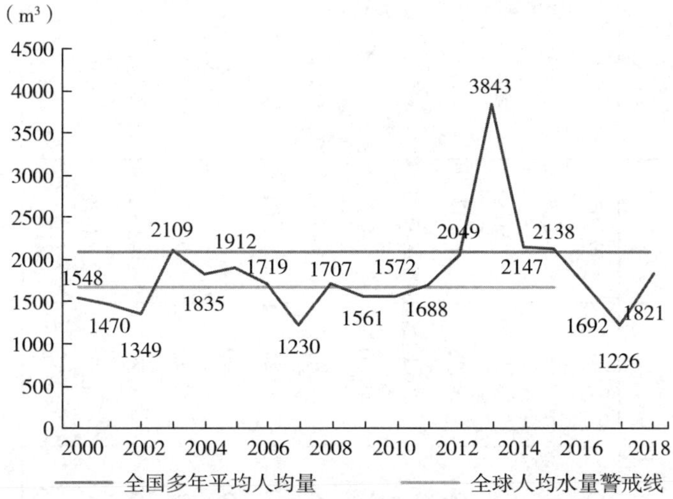

图2-30　2001～2018年内蒙古人均水资源量变化

数据来源：内蒙古水资源公报（2000~2018年）。

内蒙古多年人均综合用水量在660~820立方米/人之间波动。根据人均综合用水量的不同情景，分析内蒙古地区的水资源承载力。人均用水量是近年全国平均水平（低水平），450立方米/人；用水量为中等水平的700立方米/人；高水平的900立方米/人，水资源量选取平水年的2018年。根据计算结果分析得出：呼伦贝尔市的水资源量对全区水资源承载力有着重要影响。平水年呼伦贝尔市水资源量为316.19亿立方米，占全区水资源总量的57.3%，呼伦贝尔市的水资源量对全区水资源承载力预测有较大影响。

内蒙古水资源承载力有限，人均综合用水量为700立方米水平下，不计呼伦贝尔市水量，平水年内蒙古自治区水资源可承载人口2656万人，水资源供需接近平衡。随着人均综合用水量的升高，平水年全区承载力接近超载临界值；偏枯水年，人均综合用水量达到900立方米时，全区水资源仅能承载2066万人，超载较严重。

表2-29　　2000和2018年各盟市人均水资源量

盟市	2000年（偏枯水年）			2015年（平水年）			2018年（平水年）		
	水资源量（亿m^3）	人均水资源量（m^3）	占全国人均水量比例（%）	水资源量（亿m^3）	人均水资源量（m^3）	占全国人均水量比例（%）	水资源量（亿m^3）	人均水资源量（m^3）	占全国人均水量比例（%）
呼和浩特市	10.56	433.16	21.35	8.58	280.43	13.83	12.43	397.62	20.2
包头市	6.56	285.54	14.08	5.62	198.64	9.79	7.64	264.45	13.43
乌海市	0.05	11.5	0.57	0.29	52.18	2.57	0.29	50.65	2.57
赤峰市	30.77	681.05	33.58	22.75	529.13	26.09	38.98	901.87	45.83
呼伦贝尔市	204.62	7477.43	368.71	351.02	13893.53	685.09	316.19	12497.11	635.02
兴安盟	24.23	1496.7	73.80	53.37	3337.5	164.57	49.50	3019.71	153.44
通辽市	26.87	871.41	42.97	33.72	1080.49	53.28	37.47	1183.89	60.16
锡林郭勒盟	24.29	2445.14	120.57	27.87	2673.12	131.81	33.24	3151.01	160.11
乌兰察布市	5.36	230.41	11.36	7.49	354.76	17.49	12.90	615.72	31.29
鄂尔多斯市	18.85	1350.87	66.61	18.14	887	43.74	30.42	1463.43	74.36
巴彦淖尔市	4.47	260.82	12.86	4.58	273.06	13.46	8.38	495.86	25.2
阿拉善盟	11.16	5596.79	275.98	3.53	1449.69	71.48	4.37	1750.72	88.96
内蒙古全区	367.79	1548.24	76.34	536.97	2138.44	105.45	551.79	2178	110.67

数据来源：内蒙古水资源公报（2000~2018年）。

内蒙古水资源承载力地区不均衡。蒙东地区水资源量相对丰富，水资源承载力压力较小。呼伦贝尔市、兴安盟和通辽市在人均综合用水量高于目前水平近 30% 的高水平（900 立方米 / 人）下也不会出现超载，但同处该地区的赤峰市，人口 432.2 万人，居全区之首，700 立方米 / 人水平下平水年已发生超载，超载 107.2 万人，发展态势不容乐观。蒙中、蒙西地处内蒙古高原内陆区和黄河流域，大部分地区为半干旱或干旱地区。呼和浩特市和包头市为内蒙古两个人口超过 280 万的大城市，受到人口集聚和经济发展的影响，平水年均已发生超载，450 立方米 / 人水平下超载人口分别为 121.93 万和 164.01 万人，水资源已成为区域人口、社会、经济发展的首要限制因子。乌海市为内蒙古重要的资源型城市，水资源承载压力极大，450 立方米 / 人水平下超载人口 49.89 万人，是现状人口的近 1 倍，乌海全市无地表水资源，长此发展势必对地下水造成超采，前景堪忧。黄河引水对沿黄盟市影响较大。以巴彦淖尔市为例，枯水年份不计黄河过境水量，在人均用水 700 立方米的水平下，巴彦淖尔市水资源承载能力为 65.43 万人，与实际人口 169.0 万人相比超载 103.57 万人，按黄委会分配水量 40 亿立方米计，全区可承载人口 636.8 万人。从这个角度分析，黄河水是巴彦淖尔市社会经济发展的依赖性资源，黄河过境水配额的高低对其社会经济发展影响巨大（表 2–30）。

表2-30　平水年内蒙古水资源承载能力

盟市	水资源量（亿m^3）	现状年人口（万人）	450m^3/人		700m^3/人		900m^3/人	
			承载力（万人）	超载（万人）	承载力（万人）	超载（万人）	承载力（万人）	超载（万人）
呼和浩特市	12.43	312.6	190.67	121.93	122.57	190.03	95.33	217.27
包头市	7.64	288.9	124.89	164.01	80.29	208.61	62.44	226.46
乌海市	0.29	56.33	6.44	49.89	4.14	52.19	3.22	53.11
赤峰市	38.98	432.2	505.56	不超	325	107.2	252.78	179.42

续表

盟市	水资源量（亿m^3）	现状年人口（万人）	450m^3/人		700m^3/人		900m^3/人	
			承载力（万人）	超载（万人）	承载力（万人）	超载（万人）	承载力（万人）	超载（万人）
呼伦贝尔市	316.2	253.01	7800.44	不超	5014.57	不超	3900.22	不超
兴安盟	49.5	163.91	1186.00	不超	762.43	不超	593	不超
通辽市	37.47	316.49	749.33	不超	481.71	不超	374.67	不超
锡林郭勒盟	33.24	150.48	619.33	不超	398.14	不超	309.67	不超
乌兰察布市	12.91	271.1	166.44	104.66	107	164.1	83.22	187.88
鄂尔多斯市	30.42	207.84	403.11	不超	259.14	不超	201.56	6.28
巴彦淖尔市	8.38	169	101.78	67.22	65.43	103.57	50.89	118.11
阿拉善盟	4.37	24.94	78.44	不超	50.43	不超	39.22	不超

数据来源：内蒙古水资源公报（1998~2018年）。

水是无可替代的基础自然资源，更是经济资源，是生态环境发展的控制要素。据统计资料显示，近50年来全球的用水量增加了3倍，在未来，我国将会有更多城市面临水资源严重短缺的境况。作为社会经济发展中心的城市缺水问题已经得到了普遍重视。随着经济社会的迅速发展，内蒙古主要城市的人口数量仍在逐年递增。根据统计模型对内蒙古主要城市的人口进行预测（表2–31），呼和浩特市、包头市在2022年的人口数量将达到334万和325万，即使在900立方米/人的用水量标准下，超载人口将达到238万和262万，人均水资源拥有量仅分别为256立方米和172立方米，无论按照联合国公布的“1700立方米警戒线”还是按照“严重缺水的500立方米”标准，呼包的资源型缺水毋庸置疑。在人口积聚并持续增长的鄂尔多斯市，到2022年基本可以满足人类生存的起码要求，但在之后的15年后同样面临人口超载的情况；即使在水资源承载压力较小的阿拉善盟，在接近21世纪中叶的阶段，水资源量也将无法满足人类的生活和生存需求。若再不进行合理的水资源可持续规划，内蒙古城市的发展、人民群众的生活将受到缺水的威胁。

表2-31　　2022年、2035年、2050年内蒙古水资源承载力能力分析

盟市	平水年水资源总量（亿m^3）	900m^3/人	2022		2035		2050	
			预测（万人）	超载（万人）	预测（万人）	超载（万人）	预测（万人）	超载（万人）
呼和浩特市	8.58	112.00	334.18	238.85	434.41	339.08	526.32	430.99
包头市	5.62	126.89	324.99	262.55	385.16	322.71	459.66	397.22
鄂尔多斯市	18	277.78	248.04	不超载	320.90	120.90	404.39	204.39
乌海市	0.29	10.33	64.78	61.56	78.91	75.69	95.10	91.88
阿拉善盟	3.53	39.22	27.99	不超载	33.62	不超载	40.06	0.84

2. 水资源开发利用率

根据我国31个省市（不包括香港、澳门和台湾）2005 ~ 2018年间的数据分析得出我国水资源利用量、水资源总量和水资源开发利用率，虽然我国各省份经济发展水平差距较大，但是水资源情况差别更大。经统计，我国各省份水资源开发利用率的均值为81%，中位数为31%，接近国际规定的开发利用率40%的红线（表2–32）。其最大值为918%，即区域水资源利用量为区域水资源总量的9.18倍，该省份为宁夏（王喜峰，2018）。宁夏每年水资源总量在9亿立方米左右，但是其水资源利用量达70亿立方米，严重超过区域水资源承载能力，其超出的水量来源于黄河干流。

表2-32　　水资源量数据的描述性统计

	最小值	中位数	均值	最大值
水资源利用量（亿m^3）	22.33	180.69	191.06	590.10
水资源总量（亿m^3）	8.40	559.10	862.60	4593.00
水资源开发利用率（%）	0.7	31	81	918

数据来源：王喜峰，2018年。

内蒙古自治区2000 ~ 2018年水资源开发利用率在30% ~ 51%之间，在接近国际规定的开发利用率40%附近波动。其中，呼和浩

特市、包头市、鄂尔多斯市在2000年以来，水资源开发利用率均超过70%，包头在2018年的开发利用率为140%（超出水量来源于黄河），严重超出地区水资源承载能力，虽有黄河取水配额，但城市水资源可持续利用面临较大挑战。巴彦淖尔市2018年水资源利用量为水资源总量的6.09倍，严重超出本地区承载能力，其水量来源于黄河干流。同样，水资源利用量超出地区承载能力的盟市还有乌海市和阿拉善盟，乌海市、阿拉善盟超出的水量来源于黄河及黑河。赤峰市的水资源开发利用率自2000年逐步提升，由2000年的58%，增加到2015年的83.25%，又逐步降到58%，与全国水资源开发利用率的均值接近。呼伦贝尔市、兴安盟、锡林郭勒盟2018年的水资源开发利用率均在30%以下，还有一定的水资源开发潜力（表2–33）。

3. 三产用水量及用水结构

发达国家的用水变化历程表明，用水量的增长具有一定的阶段性，且与社会经济发展水平、产业结构、科学技术水平密切相关。其用水变化的总体规律为生活用水随着生活水平的提高持续增长。工业用水在工业化的早期及中期迅速增加，在国民经济总用水中的比重也持续上升，当进入工业化后期，加工型工业、高技术高附加值工业成为工业发展的主导产业，这些行业对水的消耗将大幅度降低。此时经济规模虽不断扩大，但工业需水量将进入稳定增长期，甚至略有下降。农业用水量因各种节水技术的应用而比较稳定。在完成工业化任务进入到后工业化阶段，产业结构已进行了重大调整，驱动经济发展的主导行业向第三产业转移。以美国为例，其1950年农业用水占总水量的48.5%，之后直到1980年，用水量随着美国经济的发展持续增长，农业用水占比下降到33.7%，此时，工业用水成为第一用水大户（57.3%）；1980年后，工业、农业用水量不断下降，总用水量进入稳定并略有下降的时期。

表2-33　2000、2005年、2010年、2015年、2018年内蒙古各盟市水资源开发利用率

盟市	2000年		2005年		2010年		2015年		2018年	
	用水量（亿m^3）	水资源开发利用率（%）	用水量（亿m^3）	水资源开发利用率（%）	用水量（亿m^3）	水资源开发利用率（%）	用水量（亿m^3）	水资源利用率（%）	用水量（亿m^3）	水资源利用率（%）
呼和浩特市	8.36	79.17	11.06	107.48	9.46	82.12	10.33	120.40	10.22	82.22
包头市	9.88	150.61	10.29	159.29	10.56	117.59	10.62	188.97	10.70	140.05
乌海市	1.94	3880.00	2.58	1075.00	2.74	1053.85	2.64	910.34	2.57	886.21
赤峰市	17.9	58.17	18.29	66.95	19.84	83.64	18.94	83.25	22.61	58
呼伦贝尔市	7.34	3.59	7.39	2.52	13.54	6.02	16.19	4.61	15.81	5
兴安盟	15.42	63.64	10.53	28.87	12.47	52.77	12.95	24.26	12.70	25.66
通辽市	30.2	112.39	29.9	83.26	30.84	86.34	27.37	81.17	28.51	76.09
锡林郭勒盟	3.35	13.79	3.82	18.39	3.75	16.25	4.61	16.54	4.18	12.58
乌兰察布市	5.45	101.68	5.6	71.43	5.76	67.61	5.63	75.17	4.96	38.42
鄂尔多斯市	14.65	77.72	17.25	148.71	16.31	78.49	15.68	86.44	15.61	51.31
巴彦淖尔市	52.98	1185.23	50.08	1540.92	48.6	1171.08	50.65	1105.90	51.06	609.31
阿拉善盟	4.8	43.01	7.97	287.73	8.02	260.39	10.14	287.25	13.14	300.69
内蒙古全区	172.27	46.84	174.76	38.31	181.89	46.82	185.75	34.59	192.09	34.81

数据来源：内蒙古水资源公报（2000~2018年）。

我国1980年的农业用水比例约为84%，到了2000年，农业用水比例下降到68.8%，2018年全国农业用水仅占总用水量的61.4%，工业和生活用水的比例分别占21%和14.3%，我国农业用水占总用水量的比例呈明显下降趋势。这一趋势也代表了内蒙古地区农业用水量变化的整体趋势：内蒙古地区农业用水占总用水量比例由2000年的89.8%下降到2018年的72.9%，并在2010年后稳定在75%左右（表2-34）。

表2-34 2000、2005、2010、2015、2018年各盟市农业用水及工业用水所占比例

盟市	农业用水占比（%）					工业用水占比（%）				
	2000年	2005年	2010年	2015年	2018年	2000年	2005年	2010年	2015年	2018年
呼和浩特市	79.19	79.02	69.66	67.86	63.13	9.33	11.30	18.39	13.46	12.45
包头市	73.28	68.90	66.29	63.84	59.82	17.31	20.12	24.81	23.92	26.73
乌海市	63.40	52.71	39.05	29.92	28.21	24.74	35.27	45.62	32.20	32.13
赤峰市	87.60	87.53	80.04	75.40	79.73	4.69	6.67	11.69	10.67	7.29
呼伦贝尔市	69.75	68.20	39.96	41.75	37.2	18.80	21.92	28.95	18.16	10.71
兴安盟	92.87	84.62	87.17	85.25	88.97	2.59	7.31	8.18	6.80	2.49
通辽市	94.07	91.94	85.38	84.65	85.87	2.09	5.08	9.21	9.06	7.04
锡林郭勒盟	66.57	80.37	49.07	60.30	59.1	11.64	12.04	34.13	17.14	17.33
乌兰察布市	84.77	84.46	78.99	77.09	74.24	5.69	5.00	9.72	9.06	7.08
鄂尔多斯市	89.28	83.54	75.60	75.38	67.99	8.05	12.99	16.92	15.82	18.32
巴彦淖尔市	97.40	97.90	95.31	96.45	93.96	1.08	1.10	2.47	1.93	1.78
阿拉善盟	95.00	38.52	22.94	24.95	17.72	3.13	3.39	13.34	8.78	3.44
内蒙古全区	89.81	85.23	76.99	75.45	73.06	5.12	7.53	12.41	10.09	8.29

数据来源：内蒙古水资源公报（2000~2018年）。

内蒙古地区工业用水占用水总量的比例从2000年的5.12%，上升到2010年的12.41%，又在2015年降到10.09%，2018年降到8.29%，与我国工业用水量在35%以上的发达省市地区（上海、江苏、重庆和福建）还有较大差距。生活用水占用水总量的比重自2000年以来，保持在 6% 到 9% 左右；生态用水自 2005 年（有统计数据）开始逐渐增高，由 2005 年的 5.56% 升至 2015 年的 16.43%，总体上升了 10.78%。除了乌海市、阿拉善盟的农业用水占比在 2000 ~ 2018 年间有大幅度减少外，其他各盟市的农业用水比例均有不同程度较缓的减少，其中巴彦淖尔市的农业用水比例几乎没有变化，始终占总用水量的 95% 左右。包头市、乌海市、鄂尔多斯市等城市由于工业规模扩张发展导致工业用水比例在 2000 ~ 2010 年间有显著增长，其中，2010 年乌海市的工业用水比例占总量的 45.62%；呼伦贝尔、锡林郭勒、阿拉善盟由于退耕还林还草等措施导致农业用水比例在 2000 ~ 2018 年间显著下降，同时工业用水比例在 2010 年前增长显著，并在 2010 ~ 2018 年间缓慢下降。从全区各盟市来看，由于国家供给侧结构性改革的政策，工业用水比重在 2010 ~ 2018 年间均有不同程度的下降并进入良性循环的阶段，而生活用水和生态用水比重均呈现出上升趋势。呼伦贝尔市、乌海市和阿拉善盟的用水结构在 2000 ~ 2018 年间发生了较明显的变化，由农业用水主导型变为工业、生活生态用水联合主导型，呼伦贝尔市的农业、工业、生活、生态用水比例从 2005 年的 68 ∶ 22 ∶ 9.5 ∶ 0.5 变为 2018 年的 37 ∶ 11 ∶ 8 ∶ 44，农业用水比例降至 50% 以下，生态用水比例大幅度提升。其他城市，农业用水一直保持在 60% 以上（表 2–34、表 2–35）。

表2-35　2005年、2010年、2015年、2018年内蒙古各盟市生活及生态用水所占比例

盟市	生活用水占比（%）				生态用水占比（%）			
	2005年	2010年	2015年	2018年	2005年	2010年	2015年	2018年
呼和浩特市	8.95	11.63	13.75	15.37	0.72	0.32	4.94	9.05
包头市	9.91	7.67	9.42	10.36	1.07	1.23	2.82	3.1
乌海市	9.69	15.33	14.77	13.97	2.33	0.00	23.11	25.69
赤峰市	5.41	7.86	9.61	7.99	0.38	0.40	4.33	4.99

续表

盟市	生活用水占比（%）				生态用水占比（%）			
	2005年	2010年	2015年	2018年	2005年	2010年	2015年	2018年
呼伦贝尔市	9.47	7.31	7.54	7.60	0.41	23.78	32.55	44.49
兴安盟	4.37	3.93	3.63	4.2	3.70	0.72	4.32	4.34
通辽市	2.81	4.73	5.19	5.6	0.17	0.68	1.10	1.49
锡林郭勒盟	6.81	14.40	9.76	11.94	0.79	2.40	12.80	11.63
乌兰察布市	10.00	11.11	12.61	15.65	0.54	0.17	1.24	3.04
鄂尔多斯市	2.84	4.17	4.78	5.5	0.64	3.31	4.02	8.19
巴彦淖尔市	0.88	1.15	1.20	1.41	0.12	1.07	0.41	2.86
阿拉善盟	1.13	3.12	1.58	1.49	56.96	60.60	64.69	77.35
内蒙古全区	4.06	5.22	5.61	5.84	3.18	5.38	8.85	12.8

数据来源：内蒙古水资源公报（2000~2018年）。

（二）复合生态系统的承载力

1. 内蒙古复合生态系统生态足迹和生态承载力

生态足迹是一种定量测量人类对自然利用程度的方法。通过跟踪区域的能源和资源消费，将它们转化为提供这种物质流所必需的各种生物生产土地类型的面积，并同区域能提供的生物生产土地面积进行比较，定量判断一个区域的发展是否处于生态承载力的范围内（徐中民等，2006）。利用生态足迹理论和计算方法分析了内蒙古自治区和各盟市 1980~2015 年的内蒙古自治区和各盟市区域生态足迹和生态承载力的变化过程。当生态足迹超过区域所能提供的生态承载力，就会出现生态赤字，说明人口对自然的利用超过了自然的承载能力，反之为生态盈余，即当前的自然资源可以承载更多的人口。

1980~2015 年内蒙古生态足迹增加 9.4 倍，生态承载力增加 2.1 倍。内蒙古 1980 年人均生态足迹为 95 平方千米 / 人，2015 年增加到 721 平方千米 / 人。内蒙古 1980 年人均生态承载力为 265 平方千米 / 人，增加到2015年增加到451平方千米/人。内蒙古要维持1980年的消费水平，需要19.25万平方千米的生物生产土地面积（表2–36），而1980年全区生态承载力供给为53.41万平方千米（表2–37），区域生态盈余为34.16万平方千米；而要维持2015年的消费水平，则需要180.95万平方千米的生物生产土地面积，2015年全区生态承载力供给则为113.13万平方千米，区域生态赤字为67.82万平方千米。各盟市情况见图2–31、表2–36和表2–37。

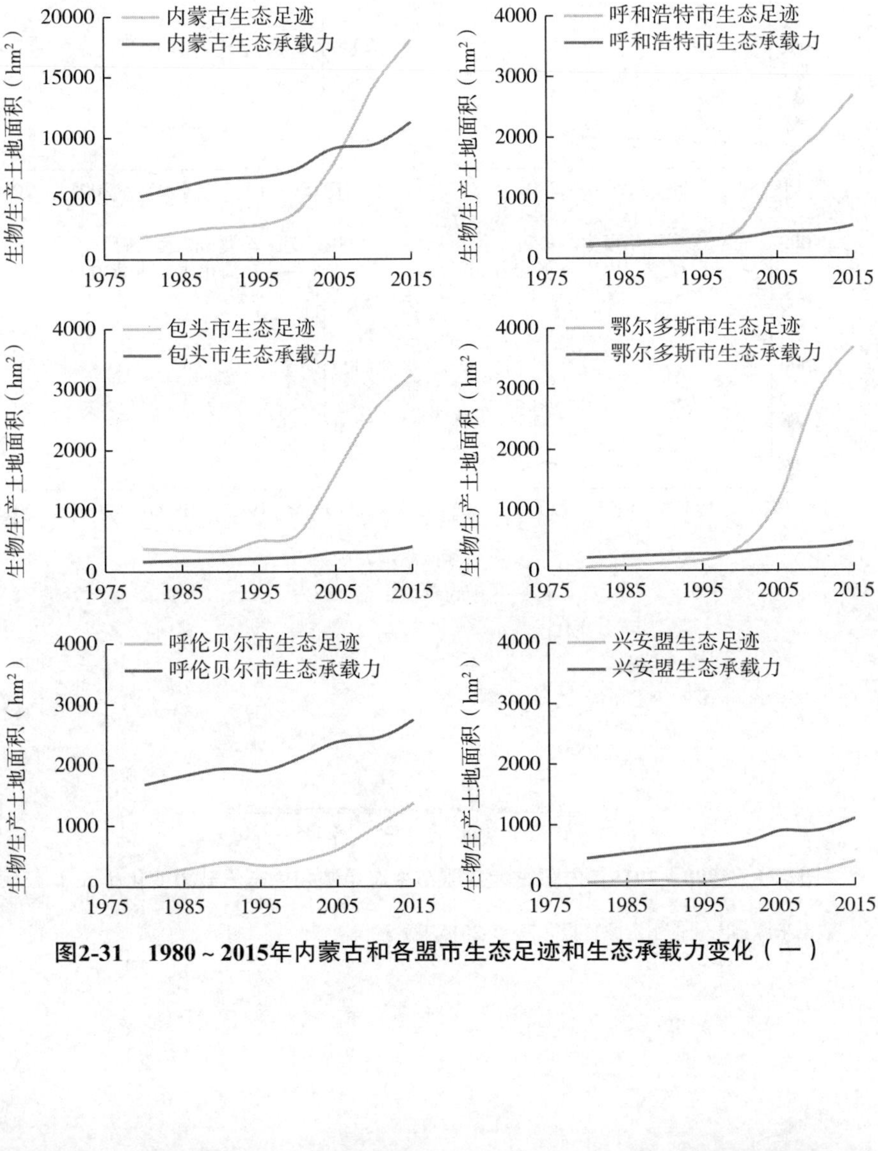

图2-31　1980～2015年内蒙古和各盟市生态足迹和生态承载力变化（一）

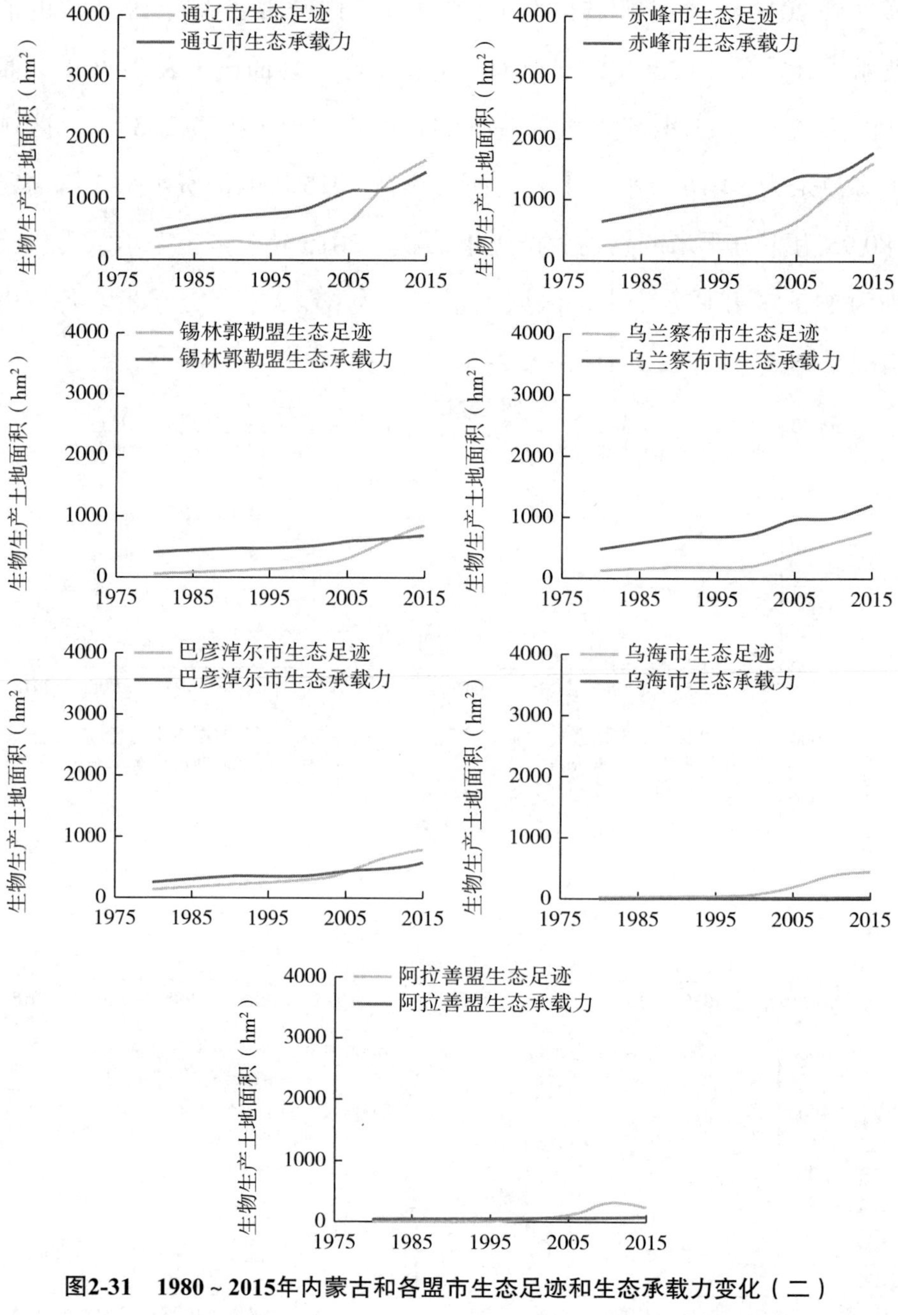

图2-31　1980～2015年内蒙古和各盟市生态足迹和生态承载力变化（二）

数据来源：内蒙古水资源公报（2000~2015年）。

表2-36　内蒙古和各盟市复合生态系统的生态足迹分析（km^2）

盟市	1980	1990	1995	2000	2005	2010	2015
呼和浩特市	21416	26188	33226	50029	144556	203773	272007
包头市	41576	38228	53902	63777	164974	268769	327580
呼伦贝尔市	19507	42183	37377	43846	62997	101794	140470
兴安盟	9220	12715	10706	17150	23408	28550	44210
通辽市	22484	31773	28049	41553	64014	128511	165240
赤峰市	27722	38041	37917	44910	67561	118638	163817
锡林郭勒盟	6255	10974	14520	19328	32894	64664	88022
乌兰察布市	15977	21960	21510	25606	44749	61993	80424
鄂尔多斯市	7423	13449	18846	41916	115624	288694	371956
巴彦淖尔市	14169	22540	24085	31019	42187	65896	78106
乌海市	4572	6100	6817	10713	24386	42744	49273
阿拉善盟	2135	3599	3260	6080	12563	33409	28391
内蒙古	192456	267750	290216	395926	799912	1407437	1809496

数据来源：内蒙古统计年鉴。

表2-37　内蒙古和各盟市复合生态系统的生态承载力分析（km^2）

盟市	1980	1990	1995	2000	2005	2010	2015
呼和浩特市	22470	30403	32524	34739	44383	45580	55420
包头市	18405	24375	26658	27842	35049	35988	43706
呼伦贝尔市	172510	196548	193521	212170	242250	245702	276662
兴安盟	46545	62673	66591	71909	90249	91589	111670
通辽市	51762	72803	78327	88232	116677	120303	148728
赤峰市	69251	92119	99521	108763	139588	144103	178021
锡林郭勒盟	43095	50111	49968	53440	61911	64448	72059
乌兰察布市	50008	69164	68784	76058	97488	100225	122986
鄂尔多斯市	22670	28675	28613	30043	37377	38221	47246
巴彦淖尔市	27790	37280	37345	38591	48897	50225	60592
乌海市	1070	1458	1464	1521	1873	1897	2385
阿拉善盟	8169	8609	8496	8585	9068	9035	10907
内蒙古	534094	674720	692310	752458	925506	947980	1131302

数据来源：内蒙古统计年鉴。

2. 内蒙古复合生态系统生态超载与生态盈余分析与预测

目前内蒙古总体处于生态环境超载状态，各盟市的生态环境承载盈亏差异较大。基于生态足迹分析，从内蒙古整体上来看，1980年到2005年自然资源承载力处于生态盈余，盈余率从1980年的178%下降到2005的15.7%；2010年则生态超载33%，2015年总体超载37%。从盟市层面上看：从1980年到2015年，包头市和乌海市处于持续生态超载，2015年超载率达到95.16%和86.66%；呼和浩特市、鄂尔多斯市、阿拉善盟、巴彦淖尔市、通辽市、锡林郭勒盟在1995年后陆续出现生态超载，2015年超载率分别达到79.63%、87.30%、61.58%、22.42%、9.99%和8.14%；呼伦贝尔市、兴安盟、乌兰察布市和赤峰市处于持续的生态盈余（表2–37）。

表2-37　内蒙古和各盟市复合生态系统的生态超载和生态盈余分析（%）

地区 \ 超载率/盈余率 \ 年份	1980	1990	1995	2000	2005	2010	2015
呼和浩特市	4.92	16.09	–2.11	–30.56	–69.30	–77.63	–79.63
包头市	–55.73	–36.24	–50.54	–56.34	–78.75	–86.61	–86.66
鄂尔多斯市	205.38	113.21	51.82	–28.32	–67.67	–86.76	–87.30
乌海市	–76.60	–76.10	–78.52	–85.80	–92.32	–95.56	–95.16
呼伦贝尔市	784.35	365.94	417.75	383.90	284.54	141.37	96.95
兴安盟	404.84	392.92	521.97	319.29	285.55	220.80	152.59
通辽市	130.22	129.13	179.25	112.34	82.27	–6.39	–9.99
赤峰市	149.81	142.16	162.47	142.18	106.61	21.46	8.67
锡林郭勒盟	588.94	356.64	244.14	176.49	88.22	–0.33	–18.14
乌兰察布市	212.99	214.95	219.79	197.03	117.86	61.67	52.92
巴彦淖尔市	96.14	65.40	55.05	24.41	15.90	–23.78	–22.42
阿拉善盟	282.54	139.17	160.64	41.21	–27.82	–72.96	–61.58
内蒙古全区	177.51	152.00	138.55	90.05	15.70	–32.64	–37.48

注：“–”为生态超载，“+”为生态盈余。

数据来源：内蒙古统计年鉴。

如果今后内蒙古没有采取生态系统保护、恢复和治理的具体措施，按照1980~2015年生态系统超载的变化速度，2022年、2035年和 2050 年内蒙古生态超载率将分别达到 90%、183%、290%。基于马尔科夫和回归分析预测，从内蒙古整体上来看，2022 年内蒙古自治区生态超载将达到 90%，2050 年生态需求将是生态承载能力的 3 倍。从盟市层面上看：2022 年，锡林郭勒盟和鄂尔多斯市生态超载最为严重，超载率分别为 196% 和 193%，其他生态超载超过 100% 的盟市有呼和浩特市、乌海市和阿拉善盟，2022 年超载率分别达到 105%、101%、176%（表 2–38）。

表2-38　　内蒙古及各盟市生态超载和生态盈余预测分析（%）

超载率/盈余率	2015	2019	2022	2035	2050	R2
呼和浩特市	–80	–96	–105	–146	–193	0.84
包头市	–87	–90	–94	–112	–131	0.66
呼伦贝尔市	97	7	–46	–276	–540	0.89
兴安盟	153	168	144	38	–84	0.62
通辽市	–10	–6	–20	–82	–154	0.64
赤峰市	9	18	5	–52	–118	0.69
锡林郭勒盟	–18	–143	–196	–426	–690	0.97
乌兰察布市	53	47	31	–40	–122	0.77
鄂尔多斯市	–87	–165	–193	–311	–448	0.94
巴彦淖尔市	–22	–42	–53	–101	–156	0.97
乌海市	–95	–99	–101	–110	–120	0.87
阿拉善盟	–62	–144	–176	–315	–475	0.94
内蒙古全区	–37	–69	–90	–183	–290	0.92

数据来源：内蒙古统计年鉴。

3. 内蒙古人口与资源消耗的关系及预测

随着人口增加，资源和能源消耗也增加，耕地资源除外。内蒙古自治区人口数量从 1980 年的 2015.5 万人增加到 2015 年的 2511.1 万人，平均每年增加 14 万人。内蒙古区域生态足迹随人口数量的变化以 2000 年为拐点分为两个阶段。一是 1980~2000 年随着人口数量的变化，区域生态足迹呈缓慢增加趋势，以 5.172 公顷 / 万人的速度增加。二是 2000~2015 年随着人口数量的增加，以 98.991 公顷 / 万人的速度增加。不同土地类型的生物生产性土地面积也发生明显变化（图2–32），其中，耕地随人口增加需求在降低，耕地需求面积降低0.313公顷/万人；林地和水域等资源用地需求在增加，分别增加0.484公顷/万人和0.001公顷/万人；草地、建筑用地和能源需求用地变化与区域整体变化规律一致，增速先慢后快，其中能源需求用地是区域生态足迹变化的主要决定因素，同样是随人口数量增加增速最快的土地类型。

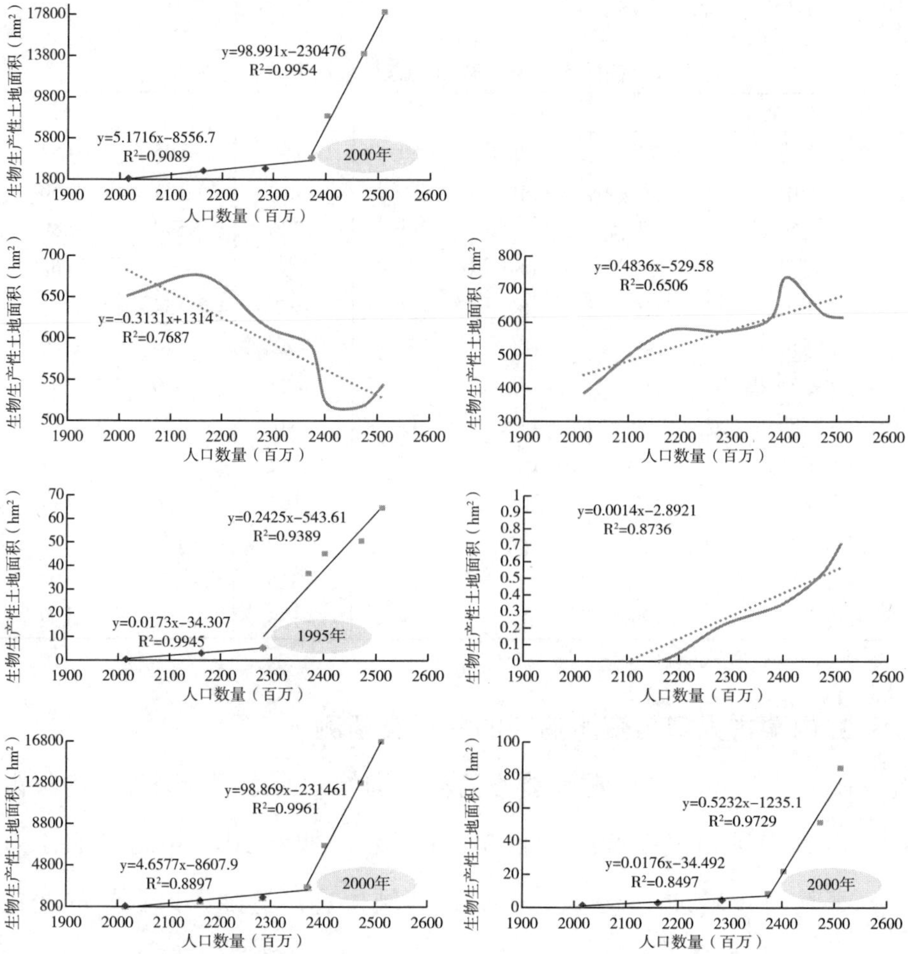

图2-32　内蒙古不同类型生物生产性土地面积随全区人口数量的变化

数据来源：内蒙古统计年鉴。

未来内蒙古自治区人口数量变化相对稳定，对资源和能源消的需求主要通过人均生态足迹的大幅增加而增长。人均生态足迹（能源和资源消耗的需求）呈增加趋势。人均生态足迹从1980年的0.95公顷/人增加到2000年的1.67公顷/人，为缓慢增长期，从2000年到2015年为快速增长期，从1.67公顷/人增加到7.21公顷/人，年增速由1980~2000年的3.24%增加到2000~2015年的37.96%（图2–33），其中，生态足迹中资源消耗（耕地、林地、草地、水域、建筑用地）基本保持不变，而能源消耗是人均生态足迹变化的主要决定因素（图2–34）。按照2000~2015年内蒙古人均生态足迹的变化速度，2022年和2035年将达到9.98公顷/人和14.41公顷/人的生物生产性土地面积。而内蒙古自治区人口数量基本保持稳定，1980~2015年通过对1950~2015年人口变化预测得到内蒙古自治区2022年、2035年人口分别为2521万和2454万。因此，2022年和2035年内蒙古资源和能源需求总土地分别为25160万公顷和35362万公顷。

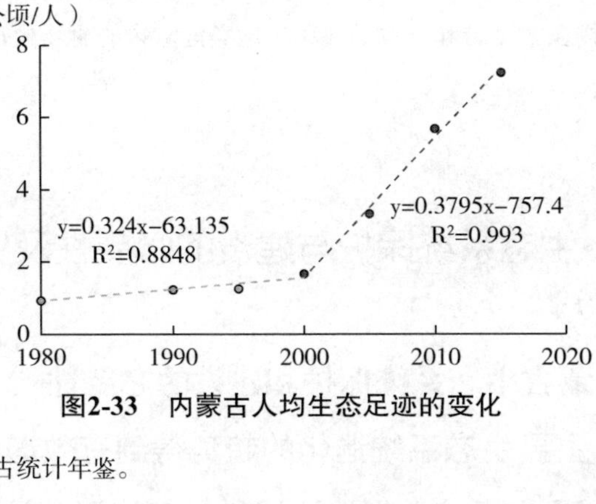

图2-33 内蒙古人均生态足迹的变化

数据来源：内蒙古统计年鉴。

产业结构调整、绿色发展和就业增加是减少能源需求压力的主要解决途径。能源作为不可再生资源，其需求用地是决定区域生态足迹变化的主要贡献者。为了解决当前生态超载严重的问题，必须减少矿产等不可再生能源的开采。通过调整产业结构，包括发展现代农业、发展草食畜牧业等，培育发展绿色产业，增加就业等方式，满足当前人均生态足迹的水平。

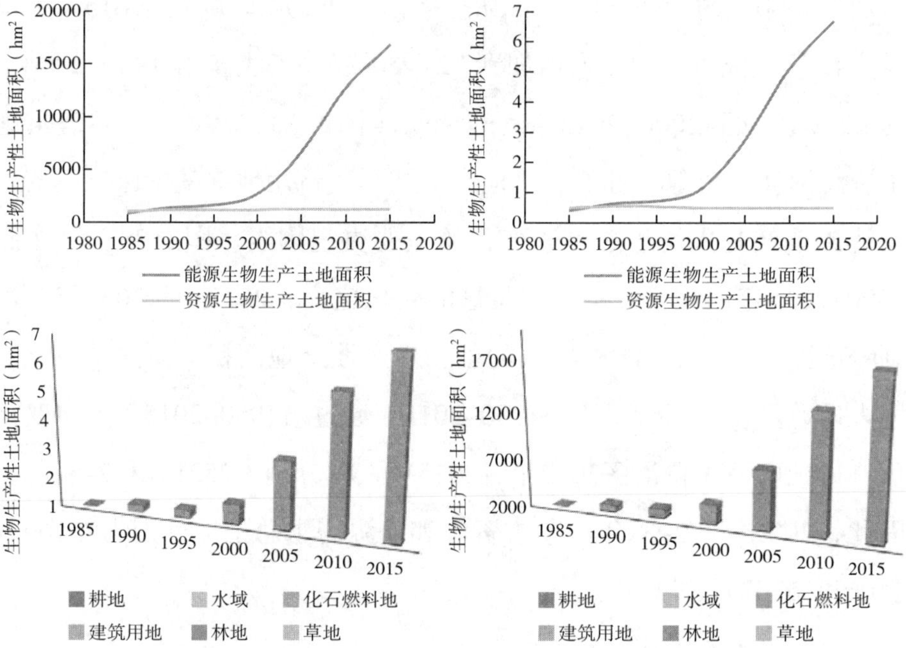

图2-34　内蒙古区域和人均的各种土地类型需求的生物生产性土地面积

数据来源：内蒙古统计年鉴。

四、生态系统保护与建设的必要性及紧迫性

（一）内蒙古生态系统保护和建设的必要性

1. 内蒙古主要生态系统退化的趋势得到有效遏制

（1）草原生态系统。根据中国科学院资源环境科学数据中心的土地利用遥感监测数据，内蒙古草原草地面积从 20 世纪 70 年代末到 2005 年持续减少，2005 年之后处在较为平稳的状态（图 2–35）；其中，

生态质量较好的高盖度草原从20世纪70年代末持续快速减少，2000年之后，仍处于减少趋势，但是速度较上一阶段有所减缓（图2-36）。

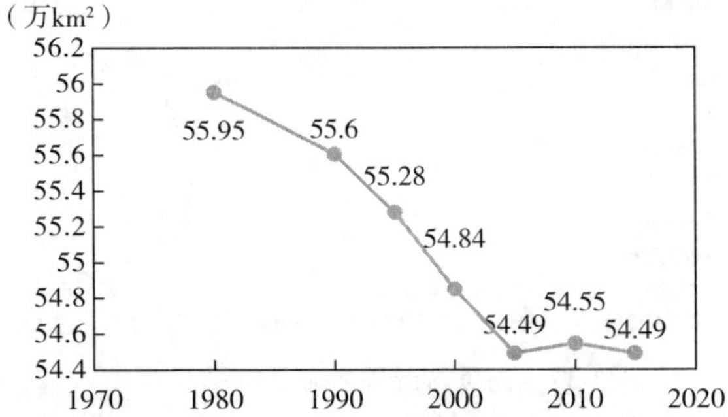

图2-35　内蒙古草原面积变化

数据来源：中国科学院资源环境科学数据中心。

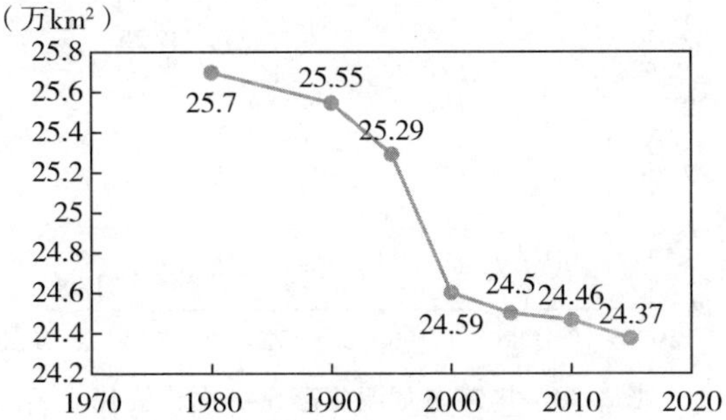

图2-36　内蒙古高覆盖度草原面积的变化

数据来源：中国科学院资源环境科学数据中心。

（2）湿地生态系统。内蒙古湿地面积的变化，结果显示，20世纪70年代末至2010年湿地面积快速减少，2010年之后，湿地的面积仍在减少，但减少的速度明显降低（图2-37）。

2. 部分生态系统局部好转

（1）荒漠生态系统的面积恢复到20世纪90年代水平。内蒙古荒漠生态系统从20世纪70年代末至2005年持续快速增长，2005年之后，荒漠生态系统在面积上不断减少，2015年基本达到1990年时的荒漠面积（图 2–38）。

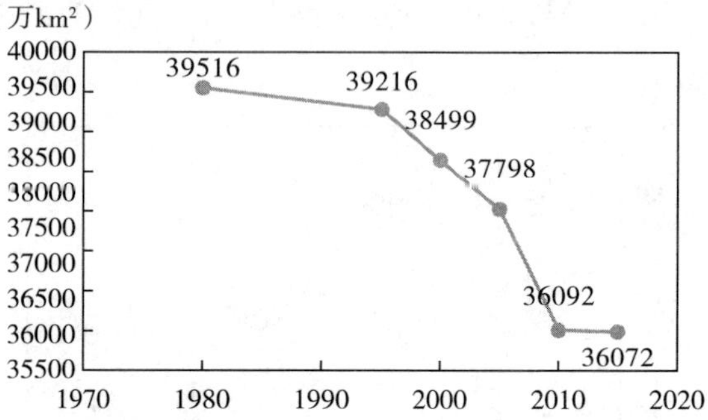

图2-37　内蒙古湿地生态系统面积变化

数据来源：中国科学院资源环境科学数据中心。

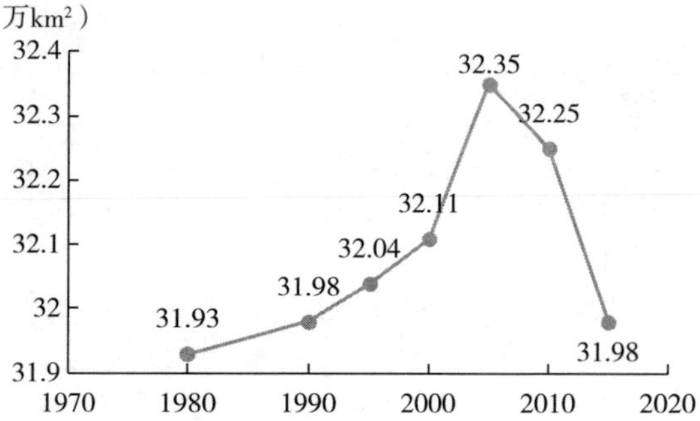

图2-38　内蒙古荒漠生态系统面积变化

数据来源：中国科学院资源环境科学数据中心。

（2）草原植被盖度局部区域有所提高，但是牧草质量仍然没有达到恢复目标。内蒙古师范大学关于近 30 年乌珠穆沁草原的生态质量分析表明，20 世纪 80 年代乌珠穆沁草原已经出现不同程度退化，到 90 年代持续退化，直到 2008 年以后植被盖度才有所好转；但是至今草地植被监测结果表明牧草还未达到优质平衡状态，不能说草原已经恢复。

（3）局部地区草地生产力水平有所提高，但仍较 20 世纪 80 年代大幅偏低。据中国科学院植物研究所的研究表明鄂尔多斯草原自

2000 年到 2010 年牧草产量平均为 50.4 克 / 平方米，2011 年以后平均牧草产量为 62.0 克 / 平方米，但是比 20 世纪 80 年代平均牧草产量（81.0 克 / 平方米）低 23.5%；另据中国科学院内蒙古草原站监测资料，围封羊草样地地上生物量平均为 188 克 / 平方米，而围栏外的自由放牧草地（在测定年份用移动围栏围封）仅为 121 克 / 平方米，仍偏低 35.64%。

（4）沙化治理取得一定成效，但是成本代价很高。根据内蒙古自治区生态保护建设成效新闻发布会信息，内蒙古五年累计投入 830 亿元，科尔沁沙地、毛乌素沙地、浑善达克沙地、呼伦贝尔沙地、阴山北麓风蚀沙化区等区域生态环境得到明显改善。2008~2012 年，全区每年平均沙尘暴日数为 1.6 天，2013~2018 年下降到每年 0.5 天，荒漠化土地减少 625 万亩，沙化土地减少 515 万亩，累计仅占到内蒙古草原和荒漠面积之和的 0.88%。

3. 农田生态系统面积不断扩大，耕地质量偏低，大量消耗地下水

耕地总面积呈增加趋势，农药化肥污染严重。从 20 世纪 70 年代以来，耕地总面积增加了 1.34 万平方千米，1990 年化肥施用总量 34.11 万吨，2015 年化肥施用总量达到 229.35 万吨。农药用量由 1990 年的 0.51 万吨增加到 2015 年的 3.30 万吨。2018 年农业灌溉用水量 124.15 亿立方米，占全区总用水量 65% 左右，农田灌溉水有效利用系数 0.543。农业大量耗水，尤其是地下水利用过度，导致全区形成了 33 个漏斗区，地下水位下降对河流、湖泊、森林、草地等生态系统带来不同程度的影响。

（二）内蒙古生态系统保护和建设的紧迫性

按照 1980~2015 年生态系统面积变化的速度，2022 年、2035 年和 2050 年内蒙古草地、林地和水生态系统面积将持续下降，而耕地、居民地生态系统呈持续上升趋势。基于马尔科夫和回归分析预测，从 2015 年到 2022 年和 2050 年，内蒙古草地面积将减少 2786 平方千米和 14313 平方千米，林地面积将减少 675 平方千米和 1626 平方千米，水域面积将减少 305 平方千米和 524 平方千米，荒漠面积将增加 1278 平方千米和 680 平方千米，农田面积将增加 3474 平方千米和 11604 平方千米，居民地面积将增加 23 平方千米和 4179 平方千米（表 2–39）。这些生态系统不仅在面积上发生变化，朝着沙漠化和荒漠化发展，而且质量可能会发生大幅下降，所发挥的生态系统功能大幅减少、价值严重受损。

表2-39　　内蒙古主要生态系统面积变化预测（km^2）

	耕地	林地	草地	水域	居民地	荒漠
1980年	104376.93	173869.03	559469.59	15288.14	10712.36	319283.95
1990年	108373.74	172919.28	555957.49	14612.85	11285.11	319851.52
1995年	112228.66	171762.39	552844.14	14427.46	11354.50	320384.92
2000年	117504.57	169362.65	548419.58	15015.74	11566.83	321128.56
2005年	117528.39	170961.79	544886.77	14160.25	11946.93	323517.94
2010年	117903.32	170826.11	545459.52	14264.85	12057.75	322490.52
2015年	117729.53	171030.44	544858.72	14675.02	14926.70	319779.58
2022年	121203.16	170355.18	542072.78	14369.96	14950.22	321057.57
2035年	125633.30	169632.020	536720.81	14208.62	16601.35	321212.73
2050年	129333.57	169404.22	530545.46	14151.18	19105.89	320459.68
2015～2022年变化率（%）	2.95	–0.39	–0.51	–2.08	0.16	0.40
2015～2050年变化率（%）	9.86	–0.95	–2.63	–3.57	28.00	0.21

数据来源：中国科学院资源环境科学数据中心。

当前内蒙古主要生态系统面临着退化和生态功能降低的严重威胁，不同生态系统存在着保护建设的一系列重要难题，亟须通过北方生态安全屏障建设的重大工程，历经长期的努力来解决。

（1）草原生态系统植被快速退化的趋势基本得到遏制，但质量较差的基本面仍未彻底改变。据上述研究，草原面积从20世纪70年代末到2015年每5年减少2599平方千米，中高覆盖度草地面积累计减少15700平方千米，草产量从20世纪50年代、70年代末的127千克/亩和71千克/亩下降到2015年的61千克/亩。另据预测，若不加强生态保护建设，草原2020年仅剩36.6%的未退化草地，而2030年将不足30%。同时内蒙古草原生态系统存在以下一系列问题：如牧区草地承载力过度，人口、生态环境、资源和社会经济发展之间的矛盾日趋加剧；我国草原科技投入低、科技支撑能力薄弱；草原生态补奖政策投入机制是以间接投入为主，缺乏市场化的运行机制，以致草地生态恢复效率比较低下；草原区开矿成为破坏草原的重要因素，开矿消耗大量地下水，造成环境污染，破坏了生态平衡。草原生态系统是内蒙古面积最大、最重要的生态系统，遏制草原继续退化，不断提升草地生态系统功能，是北方生态屏障建设的核心内容和第一要务。

（2）森林生态系统面积持续增长，覆盖率稳步提高，处于总体较为健康的状况。从上述研究来看，1980年全区森林面积13.37万平方千米，2018年森林资源清查，森林面积3.92亿亩，均居全国第一位。森林覆盖率22.1%，其中，健康林地占98%。但是森林生态系统生态生产功能维持及提升仍存在以下问题：①部分地区人工造林因没有与区域气候和土壤条件以及水资源现状相结合，而导致“年年造林不见林”的现象时有发生。②人工造林普遍存在种植树种单一，以及重视种植乔木、忽视种植灌木和草本植物的现象。③森林龄组结构不合理，幼、中龄林比重较大（占56.16%），可采伐资源较少。④从目前森林建设和管理来看，普遍存在重造林、轻管理现象，导致造成很多地区的建设事倍功半。因此，继续维持和稳步提升森林生态系统生态服务功能和生态价值，对协调和巩固北方生态安全屏障功能万分必要，形势紧迫。

（3）荒漠生态系统是生态系统中最为难以治理并达到预期成效的脆弱系统。目前，我国荒漠化和沙化土地的生态环境危害依然很大。内蒙古境内沙地、沙漠及戈壁、裸地等累计近30万平方千米，占国土面积的27.03%，是我国荒漠化和沙化土地最为集中、危害最为严重的地区。据统计，春季发生于内蒙古的半径在60千米以上范围的沙尘暴，有45.2%影响到京津冀地区，半径在100千米以上范围的沙尘暴则有71.6%影响到京津冀地区，潜在威胁依然不可忽视。另外，荒漠生态系统的治理还面临着诸多治理难题，如内蒙古作为我国荒漠化发生的极敏感区，生态环境依然十分脆弱，退化治理难度大，治理成果的维护成本高且生态系统自我调节能力较弱，生态系统不稳定，退化经常出现反复性；国家和区域的资金投入明显不足，治理成本不断提高，严重制约了防治速度、质量和成效；生态产业滞后，带动地区经济和农牧民增收能力有限。重视和继续加强荒漠生态系统的综合治理成为北方生态屏障建设的重要任务之一，亟待破解。

（4）水生态系统面临水资源短缺、分布时空差异明显、地下水超采严重等严峻形势。从上述研究来看，内蒙古人均水资源量1561立方米，是全国的71%，是世界人均水量的21%。地域上东部地区水资源相对较为丰富，中西部地区水资源匮乏。地下水利用量已经占可开采量的3/4，总体超采量达6亿立方米以上。另据预测，呼和浩特市、包头市在2022年以900立方米/人的用水量标准，超载人口将达到238万和262万，人均水资源拥有量仅分别为256立方米和172立方米，严重低于联合国公布的“1700立方米警戒线”和“严重缺水的500立方米”标准。内蒙古西部的鄂尔多斯市在2035年也将面临人口超载的情况；阿拉善盟在本世纪中叶的阶段，水资源量也将无法满足需求。除此之外，水生态系统的治理还存在着一些亟待解决的难题：①农业用水开采过度，由此导致了地下水水位持续下降和地下水水生态环境持续恶化等严重后果。②城镇绿化和城镇周边工、农业生产与居民生活争水问题日趋严重，部分地下水水源地存在水质超标问题。③企业、城市建设及绿化造林违规使用地下水问题突出。④资源性缺水与工程性缺水并重，且非常规水源开发利用力度不足。呼包鄂等中西部地区水资源开发利用程度高，大部分地区已接近极限，城市供水的持续保障面临困难。东部的松花江流域缺乏骨干性控制工程，防洪能力、水资源持续保障不足。⑤水环境总体污染严重，内蒙古西部区入河排污口集中在呼包鄂经济圈内，东部区主要集中在赤峰、呼伦贝尔，污水排放与水功能区纳污能力在空间上不平衡。⑥地下水节约保护形势非常严峻，地下水利用量已经占地下水可开采量的3/4，且实际情况要较此严重得多。⑦用水效率不高，用水结构不合理，水资源浪费现象普遍存在。水资源的合理利用与水生态系统的健康对其他生态系统生态服务功能的维持和提升有十分密切的联系，干旱半干旱区生态屏障的建设和巩固必须重视和加强水生态系统的保护。

（5）湿地生态系统面积衰减减缓，湖泊数量减少，水质整体偏差。据上述研究，20世纪70年代末，水域面积为15288平方千米，2015年减少为14675平方千米，其中，湖泊面积由6619平方千米减少到 6129 平方千米，湖泊数量近 30 年由 427 减少到 282 个，“一湖两海”水质均处于 V 类或劣 V 类。近年来，内蒙古湿地得到一定保护和恢复，但其生态问题依然严峻：①气候变化对湿地系统的影响显著，特别是干旱的气候条件导致了湿地面积的缩减。②工农业污染导致湿地水质变差，加剧了湿地生态功能退化。以乌梁素海为例，由于湖周边大量未经处理的工业废水和生活污水直接排入湖中，导致水质恶化加剧，使湿地水生生物、水鸟种类和数量减少，生物多样性遭到破坏。③不合理的开发利用破坏了湿地天然的保护条件，导致了湿地资源衰减和环境恶化 . ④保护管理体制不完善，湿地保护经费投入不足制约着湿地保护管理工作的有效开展。湿地是地球之肺，与其他生态系统连接紧密，湿地生态系统的保护对北方生态屏障建设具有重要作用。

（6）农田生态系统面临着耕地总面积增加，农药化肥污染严重的严峻形势。据上述研究，从 20 世纪 70 年代末至 2018 年，耕地总面积增加了 1.64 万平方千米，1990 年化肥施用总量 34.11 万吨，2018 年化肥施用总量达到 222.67 万吨。农药用量由 1990 年的 0.51 万吨增加到 2018 年的 2.96 万吨。内蒙古耕地面临着耕地质量差、利用效率低、旱灾频发的考验，极易造成严重损失。除此之外，还面临着科技力量投入不足、农业与生态的发展速度慢、水资源紧缺、农业用水量增加以及利用效率低、农药和化肥过度施用、土壤质量下降、污染严重、管理粗放、耕作方式落后、规模化和机械化水平低等众多亟待解决的难题。合理控制农田生态系统规模，提高生产效率，减少垦草垦荒，逐步退耕还草，是维持生态系统稳定、减少水资源过度开采利用的一项重要措施，必须引起重视。

（7）城市生态系统规模逐年扩大，城市功能逐步完善。但是在城市发展过程中存在的以下问题。如城镇化发展水平在各盟市不均衡，常住人口城镇化率和户籍人口城镇化率差异较大，出现城镇化“虚高”的现象；产业化和城镇化发展水平不同步，资源型城市的转型升级及可持续发展问题仍处在探索的初级阶段，没有找到有效途径；城乡居民生活水平差异较大，两极分化日趋严重；城市化过程中出现水资源短缺，水资源配置不合理；基础设施建设的规划和管理水平偏低，部分城市的“城市病”现象严重。城市的发展关乎着一个地区的经济发展与人与自然的和谐，优化城市生态系统功能对保护“山水林田湖草沙”具有重要的支撑作用。

总体上，目前内蒙古生态环境处于超载状态。根据生态足迹分析结果，20 世纪 80 年代初到 2005 年全区承载力处于生态盈余，盈余率从 1980 年 178% 下降到 2005 的 15.7%；2010 年则生态超载 33%，2015 年总体超载 37%。按照 1980 ~ 2015 年生态系统超载的变化速度，预测结果显示，2022 年、2035 年和 2050 年内蒙古生态超载率将分别达到 90%、183% 和 290%。另外，如果考虑人口数量变化和人均需求的增加，内蒙古区域生物生产性土地面积从 2015 年的近 180 万平方千米增加到 2022 年和 2035 年的 251.60 万平方千米和 353.62 万平方千米。

习近平总书记指出，内蒙古生态状况如何，不仅关系全区各族群众生存和发展而且关系华北、东北和西北乃至全国生态安全。把内蒙古建成我国北方重要生态安全屏障，是立足全国发展大局确立的战略定位，也是内蒙古必须自觉担负起的重大责任。基于生态系统变化的预测和生态系统保护和建设存在的问题，“山水林田湖草沙”系统综合治理已迫在眉睫，针对不同生态系统特征合理布局、科学施策成为北方生态安全屏障试验区建设的重要内容。

五、生态安全建设的国际经验

发达国家在保障生态安全方面有许多成功的经验。美国就是典型的代表，其在生态保护建设方面有许多做法可供我们参考、借鉴。

（一）完善的自然生态保护区系统

美国有世界上最大的自然保护区系统，也是最成功的自然保护区系统之一。目前，美国有陆地自然保护区 25800 个，总面积达 129.4 万平方千米，占美国国土面积的 14%，占世界自然保护区面积 10%。另有海洋自然保护区 784 个，面积 127.1 万平方千米（UNEP，2019）。自然保护区涵盖联邦、州、地方政府和个人等各个层次的土地，大部分重要的生态功能区都已被纳入自然保护区系统。联邦层面的保护区由国家公园系统（National Park System），国家森林系统（包括国家草地）（National Forest System），国家景观保护系统（National Landscape Conservation System），野生动物栖息地保护地系统（National Wildlife Refuge System）等多个子系统组成（表 2-40）。

表2-40　美国联邦层面的自然保护系统的主要子系统及管理部门

子系统	数量	主要管理部门
国家公园系统（National Park System）	61	国家公园局
国家森林系统（National Forest System）	175	国家森林局
国家景观保护系统（National Landscape Conservation System）	867	国家土地管理局
野生动物栖息地保护地系统（National Wildlife Refuge System）	562	国家鱼类和野生动植物管理局
国家游憩地（National Recreation Areas）	18	国家公园局
国家海洋保护区（National Marine Sanctuary）	14	国家海洋大气局
国家河口保护区（National Estuarine Research Reserve）	29	国家海洋大气局

续表

子系统	数量	主要管理部门
国家步道系统（National Trails System）	18	国家公园局/土地管理局
国家原野和景观河流系统（National Wild and Scenic Rivers System）	209	国家森林局

数据来源：UNEP，2019年。

国家公园是自然保护区系统的核心，黄石国家公园是美国的第一个国家公园，也是世界第一个国家公园，创立于 1872 年。目前国家公园的总面积为 33.8 万平方千米，由内务部国家公园局管理，完全禁止商业开发，只能用于科学研究和有限度的休闲旅游。国家森林系统由森林局管理，国家景观保护系统由土地局管理，野生动物栖息地保护地系统由渔业和野生动物管理局管理。自然保护区中面积最大的是草地，占保护区面积 45%（USDA，2012）。

这些自然保护区虽然由不同的部门管理，有一些完全不能从事商业开发（如国家公园），有一些可以从事有限的商业利用。美国政府制定了详细的法律来规范各部门对各类型自然保护区的管理。各管理部门以维持生态系统完整性为出发点。如土地管理局的目标是维持公共土地的健康、多样化和生产能力，以为当代和子孙后代提供土地的使用和服务功能；森林管理局管理宗旨主要是为了生态环境恢复，水资源保护和提供多样化的户外休闲娱乐方式。这样各部门可以统筹管理各种资源，避免顾此失彼或厚此薄彼，保证了生态环境得到有效保护。

（二）完备的生态保护法律体系

为了有效保护生态环境，美国制定了详细和完备的法律体系。美国的生态环境保护历程就是生态保护法制的建设过程。以草地为例，早在 1820 年，美国《土地法》首次对美国土地（主要是中西部草地）的使用做出了规定。1862 年的《家园法》，赋予个人土地权，避免草地被肆意占用的现象。为了解决土地利用方式不当所导致的黑风暴等严重的生态环境问题，20 世纪 30 年代开始，美国实施了大规模的“土地利用计划”（Land Utilization Program），实行退耕还草，并在 1937 年通过《班克 – 琼斯农场佃户法》，确立了该计划的法律地位。为了促进合理放牧，1934 年制定了著名的《泰勒放牧法》，建立了放牧许可证制度，形成规范的放牧调控系统。为了进一步评价土地利用对生态环境的影响，1970 年美国制定了《国家环境政策法》，要求有关部门定期上报公共土地使用（包括国有草地）对生态环境影响的评估报告。1978 年颁布的《公共草地改良法》进一步确立了草地调查和评价的基本制度。1994 年颁布的《94 草地革新法》则是对《泰勒放牧法》的修订和改进。目前，美国直接和草地相关的法律达 25 部。与之相较我国草地法律法规的制定起步要晚得多，法律体系也不完善。直到 1985 年才制定了第一部《草原法》。到目前为止，我国仅有《草原法》和《国务院关于加强草原保护与建设的若干意见》等 4 部国家级草原管理相关的法律、法规（表 2–41）。

表2-41　　中美草地相关法律法规比较

	中国	美国
专业法律数量	4	27
首次立法时间	1985年	1820年
首部法律名称	《中华人民共和国草原法》	《土地法》
其他重要法律法规	《草原防火条例》（1993，2008），《国务院关于加强草原保护与建设的若干意见》（2002），《最高人民法院关于审理破坏草原资源刑事案件应用法律若干问题的解释》（2012）	《班克—琼斯农场佃户法》（1934），《泰勒放牧法》（1934），《公共草地改良法》（1978），《草地革新法》（1994）

除了直接针对草地的专业法律，美国还有许多涉及草地管理和利用的法律。如1964年颁布的《自然保护地法》（Wildness Act），《国家野生动植物栖息地管理法案》（National Wild Life Refuge Administration Act），《国家公园采矿法》（Mining in Parks Act），《国家森林管理法》（National Forest Management Act），《森林和草地可再生资源规划法》（Forest and Rangeland Renewable Resources Planning Act）等上百种法律，涵盖几乎所有草地管理和利用中的具体问题，保证了不同部门的草地管理都有法可依。土地管理局通过其执法和安全办公室开展执法活动。该办公室是联邦法律执法机构，通过联邦法律执法培训中心培训后上岗执勤，具有完全执法权，配备了武器和其他先进的执法装备，可以对违法活动人员实施搜查或逮捕，有力保障了法律的实施。

（三）明确分工的监管体系

以草地监管体系为例。美国的政府部门无权直接干涉私人草地的使用，但联邦内务部自然资源保护局（Natural Resources Conservation Service）通过提供指导和技术资金服务，规范其使用以维持良好的健康状态。联邦政府所有的草地中0.66亿公顷由内政部土地管理局（Bureau of Land Management）管理，这部分草地也被称为公共草地（Public Grasslands）。土地管理局的管理包括保护和利用两方面，利用主要指放牧，采矿，休闲娱乐等；保护主要指建立国家保护地（National Conservation Areas），野外研究地（Wilderness Study Areas）等（BLM，2019）。公共草地可供单位或个人租用放牧，但需由土地管理局批准并颁发放牧许可证，合同期一般为10年，到期后满足条件者可续约，放牧费用每年调整，依据规定的放牧率按每月每动物单位收费，2018 年费用为 1.41 美元（BLM，2018）。联邦政府所有的草地中 0.38 亿公顷由农业部森林局（Forest Service）管理，属于国家森林体系（National Forest System），称为国家草地（National Grasslands）。森林局对这部分草地的管理主要包括保护和修复、放牧许可证发放和管理等。放牧许可证费用的标准与土地管理局一致。环境保护局则进行生态环境监测，尤其是处于自然保护区范围内的草地，如果因利用不当出现退化，利用者将受到惩罚。

（四）充分保护土地所有者利益，形成可持续的运行机制

美国的生态安全建设中充分考虑和保护了土地所有者（农牧民）的利益诉求，农牧民不会因政府实施的生态建设而承受重大损失，参与生态建设的积极性高，形成了良性的、可持续的运行机制。20 世纪 30 年代开始，为了治理黑风暴，美国开始实施了名为“土地利用计划”的生态保护工程，在自愿的基础上，将农民手中不适合耕作的土地和退化比较严重的耕地以市场价格收购归国有，实施退耕还草和自然恢复等方式进行修复。1934 年，联邦政府就投入 2500 万美元，购买了 870 万公顷退化严重的耕地实施生态修复。这种以自愿参与为基础，充分考虑农民利益，全额补偿农民损失的生态建设方式取得巨大成功，在当时经济大萧条的背景下产生了多重效果。一是生态环境改善明显；二是政府购买的都是不适宜耕作或退化严重的土地，依靠这部分土地的农民收入低，而实施“土地利用计划”后，政府以市场价格购买农民土地，农民利益并未受损，这部分农民利用出售土地的资本租用更适宜的土地，有利于收入提高；三是国有土地改良和管理创造了超过 50000 个工作机会，促进了部分失地农民的生计改变。1946 年，政府通过“土地利用计划”投入 4750 万美元收购 1130 万公顷土地进行退耕还草，随后又花费了 1.02 亿美元对这部分草地进行改良（Olson，1997）。《2002 年农业法》则明确规定，实施土地休耕、草地保护、水土保持和野生动植物栖息地保护等生态建设计划时，农业部通过现金和技术援助的方式补偿农牧民，使其受益。在 2018 年，美国涉农总预算为 1370 亿美元，其中休耕项目预算就高达 21 亿美元，比我国退耕还林还草投资高出 1/4。美国环境质量激励项目对草地保护的补贴达到 183 元 / 亩，远高于我国草原生态奖补的标准（Stubbs，2010）。在巨大的投入下，农牧民参与草地保护和建设的积极性很高，效果非常明显。

（五）生态保护兼顾经济发展的需要

虽然经济发展在一定程度上可能会影响生态环境，但要实现生态保护的可持续，经济发展的需要必须被考虑，其中重要的措施就是转变资源利用方式。这也是兼顾生态保护和经济发展的重要手段。以美国国家公园为例，虽然被严格控制开发，但由于其优美的自然环境，每年吸引近 3 亿游客前往参观，创造的就业岗位超过 20 万个，创造的旅游收入超过 143 亿美元。这既促进了当地经济发展的需求，也更有利于国家公园的保护和建设（赖启福等，2009）。美国也非常注重自然资源保护和利用并重。以草地为例。美国的草地分别由联邦政府（43%）、地方政府（5%）和私人（52%）所有（Mitchell，2000）。由于个人草地和共有（联邦和地方政府）草地属性的不同，其管理侧重点也不同。而个人草地侧重于生产利用，强调经济产出。公有草地多为生态功能区，注重生态系统服务的提供。但这并不意味着两者的割裂。如果一些重要的生态功能区内的个人草地出现严重退化，政府除了依据法律规定不当行为进行惩罚以外，还可以通过经济补偿的方式激励其保护草地，或者通过“土地利用计划”协商收购等方式使其国有化，并进行恢复治理。在退化草地的治理过程中，除了考虑生态系统健康外，还会充分考虑草地恢复后的利用问题。恢复后的草地也并非不再使用。实际上，植被恢复后的国有草地经过评估后，仍然可以租赁给个人进行放牧，但需要缴纳放牧费用，并严格遵循放牧制度。实际上，美国国有草地目前有近一半租赁给私人用于放牧（任榆田，2013）。实际上，1997 年发布的《美国国家草地管理白皮书》（National Grassland Management：A Primer）就明确指出：放牧现在是、未来将继续是国有草地的重要利用方式（Olson，1997）。这也是美国维持生态健康的同时实现良好经济发展的重要原因。

第三章

国家北方生态安全屏障综合试验区建设思路与情景分析

本章在第一、二章国家北方生态安全屏障重要性、必要性和紧迫性分析的基础上，首先明确了内蒙古国家北方生态安全屏障综合试验区建设的战略定位，提出了综合试验区建设的指导思想、总体思路、基本原则与发展目标；以此目标凝练了内蒙古生态系统保护的规划要点，系统梳理了内蒙古整体生态系统的历史演变规律、驱动因子与驱动机制，定量分析了内蒙古社会经济系统发展的动力、能源与资源利用与发展战略、生态保育工程、社会经济发展的区际联系，同时，研究以土地利用均衡分析模型为基础预测未来社会经济发展情景下的生态系统状态。研究设置了内蒙古生态系统未来综合情景方案，并进行了空间显性的北方生态系统情景模拟。情景模拟分析了基准情景、生态优先情景和生态—经济协同发展情景下近期（2022年）、远期（2035年）内蒙古生态系统的结构与格局。模拟发现，基准情景下六类生态系统规划目标无法实现；生态优先情景下六大生态系统规划目标较好实现，但是需要付出较大的经济发展代价；而生态—经济协同发展情景下六类生态系统治理目标基本实现，需要经济转型升级与快速城镇化来实现经济发展方式的转变。未来情景预测模拟结果是北方生态安全屏障综合试验区规划建设与重大工程布局提供科学决策依据。最后，本章构建了综合对试验区六大生态系统和综合生态功能考核指标体系，以期为生态系统的健康与功能提升提供定量化的评估依据。

一、总体思路、基本原则和发展目标

（一）战略定位

内蒙古自治区是全国自然生态类型最为复杂、脆弱和多样的地区之一，生态系统的整体性、协同性、关联性与战略性在全国均属典型。在内蒙古构建国家北方生态安全屏障综合试验区，旨在维持区域生态系统良性循环和自我调节的同时，通过物质与能量的交换对“三北”地区乃至全国的生态环境起到供给、调节与支持作用，是维持北方乃至全国生态安全与社会经济可持续发展的重要载体。

国家北方重要生态安全屏障综合试验区，是生态系统保护修复的综合试验区，是生态服务和产品供给的保障区，亦是产业升级绿色与发展的创新区，是“绿水青山就是金山银山”的理论践行区。旨在取得一批可复制、可推广的经验与做法，为北方乃至全国提供与借鉴与经验。

（1）生态系统保护与修复综合试验区。构建国家自然保护地体系，落实国土空间优化与用途管制，统筹“山水林田湖草”系统治理试点区，围绕沙漠、矿山、林草、农田、湿地、湖泊等生态要素开展系统治理，实施分区管理与分类治理，加强退化草地、萎缩湿地、水土流失、沙化土地与采矿拓垦等生境破坏区的生态修复与环境综合整治。

（2）生态服务和产品供给保障区。提高和改善生态服务功能，科学核算生态系统功能价值，健全无公害农产品、绿色食品、生态有机产品认证制度和地理标志保护制度，建立健全获得相关认证产品的绿色通道制度，建成全国生态服务与产品供给的重要保障区。

（3）产业升级与绿色发展创新区。推进资源与能源的高效循环利用，改造传统农业，发展绿色高值高效现代农业，培育发展绿色能源产业和壮大战略性新兴产业，发展现代服务业和生态文化旅游业，使生态环境保护和经济发展有机统一、相辅相成。

（4）“绿水青山就是金山银山”理论践行区。探索兼顾经济发展与生态环境保育的有效路径，全面开展自然资源资产负债表编制，推进领导干部自然资源资产离任审计试点，加快构建充分反映资源消耗、环境损害和生态效益的生态文明绩效评价考核体系，建立健全生态补偿机制、绿色金融体系、绿色交易平台和绿色利益分享机制。

（二）总体思路与基本原则

研究依据内蒙古自治区陆地宏观生态系统现状分析和生态服务功能的重要性评价，充分认识建设国家北方生态安全屏障综合试验区的重要性，按照“状态检测—功能贡献—系统模拟—情景分析—措施策略—政策建议”的技术路线开展研究。试验区建设首先以国家生态文明建设思想为指导；其次结合内蒙古自治区的区域特点，参考过去内蒙古自治区的发展基础，提出未来生态安全屏障建设兼顾地区经济可持续发展的总体指导思路；最后基于对内蒙古社会经济与生态系统的认识，正确识别建设国家北方生态安全屏障综合试验区的战略定位，全面落实主体功能定位，以国土空间规划为依据，把城镇、农业、生态空间和生态保护红线、永久基本农田保护红线、城镇开发边界作为调整经济结构、规划产业发展、推进城镇化不可逾越的红线，立足本地资源禀赋特点、体现本地优势和特色，坚持分区域综合治理，推动生态建设由分散治理向集中治理、单一措施向综合措施转变，实现人与自然的和谐，保障自治区生态文明建设战略落实，努力打造国家北方生态安全屏障。

1. 指导思想

以习近平新时代中国特色社会主义思想为指导，深入贯彻党的十九大精神，全面落实习近平总书记考察内蒙古和参加十三届全国人大一、二次会议内蒙古代表团审议时的重要讲话精神，紧密围绕统筹推进“五位一体”总体布局和协调推进“四个全面”战略布局，坚持创新、协调、绿色、开放、共享发展理念，保持加强生态文明建设的战略定力，实现生态环境保护和经济发展的有机统一与相辅相成，把好由高速增长阶段转向高质量发展阶段过程中污染防治和环境治理的重要关口；探索以生态优先、绿色发展为导向的高质量发展新路子，贯彻新发展理念，统筹好经济发展和生态环境保护建设的关系，努力探索出一条符合战略定位、体现内蒙古特色，以生态优先、绿色发展为导向的高质量发展新路子；加大生态系统保护力度，内蒙古有森林、草原、湿地、河流、湖泊、沙漠等多种自然形态，是一个长期形成的综合性生态系统，生态保护和修复必须进行综合治理；打好污染防治攻坚战，解决好人民群众反映强烈的突出环境问题，既是改善环境民生的迫切需要，也是加强生态文明建设的当务之急。要守护好祖国北疆这道亮丽风景线。

2. 总体思路

以提升国家北方生态敏感脆弱区的生态系统服务功能、保障综合试验区生态与经济社会协同，持续发展和华北、东北、西北乃至全国生态安全为战略目标，以生态优先与绿色发展为建设理念，构筑“一带三屏三区”（“一带”指农牧交错带，“三屏”指大兴安岭山脉、阴山山脉和贺兰山绵延数千公里的生态屏障，“三区”指沙地防治区、天然林保护区与天然草原区）的国家北方重要生态安全屏障格局，通过实施自然保护地生态休养生息、退化生态修复治理、退耕还草工程、生态扶贫搬迁与绿色产业升级等重点工程，加以生态补偿、绿色金融、科技支撑等政策保障措施，促使综合试验区生态系统趋于稳定与良性的循环状态，贯穿分区管理、分类施策、试点先行、逐步推广的建设思路，助推并引领试验区内外乃至全国的生态安全与社会经济可持续发展，提高试验区的生态文明建设水平。

3. 基本原则

坚持人与自然和谐共生原则。牢固树立和践行绿水青山就是金山银山的理念，统筹山水林田湖草沙系统治理，严守生态保护红线，以绿色发展引领国家北方生态安全屏障综合试验区建设。

坚持生态环境保护优先原则。复垦废旧矿山、治理退化草地与沙地、防治城市污染、保护湿地和水源地，以增绿、增质、增效为主攻方向。

坚持产业绿色发展原则。推动新型工业化、信息化、城镇化、农业农村现代化同步发展，加快区域经济结构和农村转型速度，在二、三产业创造更多的就业机会，显著减缓区域退化生态系统承载压力。

坚持以人为本永续发展原则。以人为本，分区施策，均衡发展，环境优美，生活富足，城乡居民收入持续增长。

坚持体制机制创新原则。完善法律法规体系，增强生态执法能力，构建体制机制、政策支持和科技创新体系，激活国家北方生态安全屏障建设的内在动力和活力。

4. 发展目标

（1）近期目标：到 2022 年，六大生态系统的综合试验区试点建设工作初见成效，森林覆盖率达 24%，湿地保有量达 9500 万亩，草原植被覆盖度达到 45%，新增沙化土地治理面积 4.2 万平方千米，新增水土流失治理面积 3.2 万平方千米；生态系统服务功能得到初步改善，内蒙古国家北方生态安全屏障综合实验区的制度框架、生态补偿机制和政策支持体系基本形成；各生态系统的综合试验区的经济结构得到初步优化，生态、高值、多功能、可持续的农业得到初步发展，二、三产业稳步发展，生态环境承载压力明显改善，城乡居民增收高于全国平均增长速度。

（2）远景谋划：到 2035 年，全面提升试验区生态服务功能和生态承载力，实现美丽内蒙古与靓丽边疆，筑牢国家北方生态安全屏障，夯实绿色本底，有力支撑国土生态安全骨架和国家生态安全屏障体系建设；基本形成了以绿色产业为主导的现代产业体系，实现生态—经济协同永续发展目标。

二、至 2035 年北方（内蒙古）整体生态系统情景分析

内蒙古能源与矿产资源丰富，资源消耗带动了区域经济的快速发展，农牧业和重工业快速发展给生态环境造成了较大的压力，且人类活动大部分聚集干旱与半干旱区的农牧交错带，生态环境脆弱，是全球气候变化最为敏感的区域之一。基于“内蒙古生态安全屏障的重要性分析”项目，本部分旨在全面摸清自治区生态环境本底状况，系统掌握自治区生态环境变化特点及趋势，解析社会经济活动对生态系统的扰动强度与未来遇事，预测未来不同生态—经济发展情景下陆地宏

观生态系统的演变态势，对比分析规划目标的社会经济代价与发展路径，总结生态修复与环境保护工作的成效和经验，提炼新时期科学、合理的生态安全屏障建设的政策建议，推动全区生态文明建设，促进内蒙古经济社会与生态协调发展。

（一）北方（内蒙古）整体生态系统历史演变规律分析

内蒙古生态系统演变规律分析采用的数据主要包括四大类，即空间基础地理信息数据（如道路、河流等）、基于遥感解译的土地利用数据、社会经济统计数据及入户调查数据（表 3–1）。

表3-1　内蒙古宏观生态系统分析数据一览表[①]

数据类型	数据项	时间	空间分辨率	数据来源
空间基础地理信息数据	道路、河流、降水、气温、自然保护区边界	2010年	矢量数据 站点数据	中国科学院环境科学数据中心
宏观生态系统结构数据	土地利用数据	1990年、2000年、2010年、2015年	100米栅格	中国科学院环境科学数据中心
社会经济数据	人口、GDP、粮食产量、畜牧业生产总值等	1990年、2000年、2017年	县、市级统计单元	内蒙古统计年鉴、中国农业年鉴、中国牧业年鉴
入户调查数据	成本收入基本状况	2012年8~10月	点数据	入户调查
政策、规划	退耕还林还草政策、污染治理政策、发展规划等	2000年以来	文档	政府文档

1. 内蒙古自治区宏观生态系统概述

蒙古高原是一个处于干旱、半干旱地区的内陆高原，荒漠化是近十年其生态系统演化重要的特征。蒙古高原的气候变化与变化对植被覆盖变化的影响对于整个东北亚地区的环境有着重要影响，尤其是近年来在大致趋同的气候背景条件下，蒙古国与内蒙古在各自政府决策

① 注：如无特殊说明，本章所列图、表数据来源均为中国科学院资源环境科学数据中心。

及经济发展影响下，人类对地表扰动加剧，土地利用变化强度加大。构建国家北方生态安全屏障，需要分析整个蒙古高原生态系统的变化特征。蒙古高原主要以台地为主，分布有戈壁及丘陵。蒙古高原平均海拔高度为1580米，从西向东地势缓慢变低。蒙古高原属于典型的温带大陆性气候，冬季漫长，是亚洲大陆的主要冷源之一；夏季干旱酷热。蒙古高原从东北至西南根据降水量变化等指标依次分为从半湿润地带至极干旱地带的气候带。由东至西依次由高覆盖度森林向低覆盖度草地及戈壁转变，南部农牧交错带分布大量农田，这一分布控制了蒙古高原区域植被覆盖的空间分异情况。

研究采用GIS软件，将蒙古高原分成森林区、草原区及荒漠区，通过归一化植被指数，得出逐年分布的蒙古高原植被覆盖指数变化趋势图。蒙古高原森林、草原与荒漠的植被覆盖度指数NDVI分析来看，内蒙古和蒙古国之间森林的差距变小，内蒙古优于蒙古国；草原生态系统的差距在变大，同样内蒙古优于蒙古国；荒漠生态系统的差距变大，但是内蒙古小于蒙古国（图3-1）。

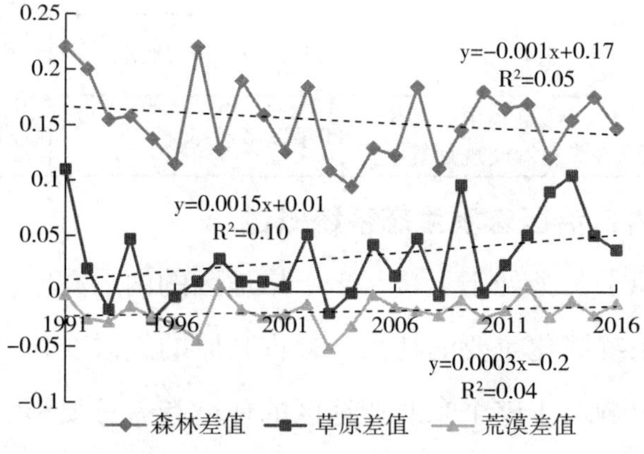

图3-1　蒙古高原植被NDVI内蒙古和蒙古国差值变化趋势

内蒙古自治区生态系统复杂多样，包含有农田、森林、草地、湿地、城市、荒漠等六类生态系统类型。草地、森林、农田、荒漠是自治区的主要生态系统类型，特别是草地生态系统，是影响区域生态安全的关键。内蒙古自治区东部、中部和西部区域的自然条件差异使得各类生态系统在空间上分布异质性显著，且在时间上也呈现不同程度的变化。总体来说，东部地势比较平坦，水分充足，以农田、森林生态系统为主；中部水资源稀缺，主要以草地生态系统为主；西部区处于干旱、半干旱区，地势较高，降雨少，以荒漠生态系统为主。

从内蒙古生态系统转移矩阵可以看出（表3–2），内蒙古自治区生态系统动态变化最大的是草地与农田生态系统之间的转变（草地转换成农田居首位，农田转换成草地次之），再次是草地生态系统转换成森林生态系统。总体规律上，呈现出以草地生态系统面积的缩减为代价，支撑其他各类陆地生态系统面积的扩张；同时，森林生态系统面积有所减少；湿地生态系统有所增加，其增加主要由草地和荒漠转换而来。在该时期，农田和荒漠生态系统面积增加，主要是由于人口的持续增加，牛羊头只数持续增加，人类活动强度增大对草地生态系统造成了较大的压力。经济的快速发展，使得草地的开垦和过度放牧现象严重。与其他陆地生态系统相比，内蒙古1990~2000年间城镇扩张面积规模较小。这期间生态系统变化的主要驱动力来自于自然因素（气候的暖干化）和人类活动（人口的持续增长、牛羊数量的增加、经济快速发展）。

表3-2　　内蒙古1990 ~ 2000年生态系统类型转移矩阵（km^2）

生态系统	农田	森林	草地	湿地	城市	荒漠
农田	78592.28	3127.83	16605.61	826.01	2354.71	1718.82
森林	5298.9	143826.61	16858.23	225.05	184.96	1072.51
草地	24096.11	15059.12	478129.17	1759.78	1737.01	17003
湿地	938.95	257.88	1638.37	10327.28	93.35	1003.34
城市	2370.77	205.64	1489.31	116.13	6511.89	291.16
荒漠	2259.04	1144.06	15134.36	1365.16	288.11	288782.99

2000~2015 年内蒙古草地生态系统被侵占的现象更为明显，面积缩减最多，是动态变化最为强烈的陆地生态系统类型，草地转换成森林、农田和荒漠的比例较高（表 3–3）。城市生态系统迅速扩张是内蒙古生态环境在这一时期变化的另一个显著特征，主要是侵占草地和农田。除此之外，森林生态系统面积有小幅度增加，荒漠生态系统转化为草地生态系统面积占比较高，湿地生态系统面积呈基本稳定的态势。这与国家及地方政府实施的一系列生态工程与生态退耕政策有关，同时，“京津风沙源综合治理工程”“天然林资源保护工程”“三北防护林”“水土保持”“生态重点县”“天然草原保护工程”等多个不同时段、不同方式的生态恢复与重建工程，也对内蒙古生态系统质量提升产生着积极影响。2000 年国家退耕还林还草政策出台的同时，经济补偿因素的驱动使农田生态系统向森林和草地生态系统转变。

表3-3　内蒙古2000 ~ 2015年生态系统类型转移矩阵（km^2）

生态系统	农田	森林	草地	湿地	城市	荒漠
农田	83380.11	6034.96	16464.33	1158.41	3177.06	3374.3
森林	6082.05	133890.74	12976.83	447.36	416.14	9868.78
草地	23636.62	32989.99	413372.81	2187.01	4175.01	53609.88
湿地	1140.01	316.5	1477.1	8787.82	145.07	2782.47
城市	2520.15	290.33	1347.52	137.53	6513.89	360.99
荒漠	3950.4	2009.89	22538.41	1513.99	1099.78	278887.26

草地是内蒙古国土面积占比最大的生态系统，也是北方分布最广泛的自然生态系统。从草地生态系统的质量上看，2015 年遥感数据结果表明，中覆盖度草地面积最大，占整个草地生态系统面积的 43.77%，且分布较为广泛；高覆盖度草地占比 36.46%，主要分布在呼伦贝尔西南部和锡林郭勒盟的东南部与中部。虽然禁牧轮牧政策使草地覆盖度近年来有所增加，但局部地区草地向城市和农田生态系统

的转移面积仍然存在使其呈减少态势，并且过度放牧、破坏草地的矿业开采活动、虫鼠害和气候变化等原因也导致了部分区域草地质量下降明显。2015 年相比于生态环境最差的 2000 年，草地植被覆盖度、牧草产量、生物多样性分别增加了 7.3 个百分点、12.1 千克 / 亩、1~3 种 / 平方米，退化草原比重减少了 4.1 个百分点。总体而言，内蒙古草地生态环境依然脆弱，局部地区生态环境好转。

内蒙古的 12 个盟市中，阿拉善盟草原面积最大，占比为 27%。锡林郭勒盟的草原面积位居内蒙古第二，呼伦贝尔市草原面积占全区草原面积比例为 11%。内蒙古优质草原主要集中在呼伦贝尔市、锡林郭勒盟，草原畜牧业生产条件最为恶劣的地区主要集中在阿拉善盟，草原面积占比接近全区草原面积的 30%（图 3–2）。

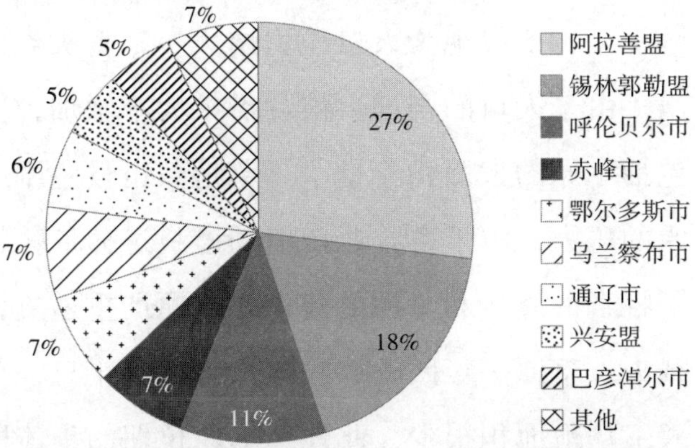

图3-2　内蒙古各盟市草原面积占全区草原面积比例图

内蒙古草地在人为因素和自然因素的综合作用下面临严重退化。据报道，内蒙古现退化草地面积约 2500 万公顷，约占可利用草地总面积的 39.2%，且退化面积正以每年 8.3 万公顷的速度增加。在退化地区，多年生牧草和豆科牧草的比例急剧下降，而毒草、害草的比例上升（表 3–4）。

表3-4　　内蒙古不同退化程度草甸草原植物群落特征比较

群落特征	未退化	轻度退化	中度退化	重度退化
多年生牧草株树（株·m^{-2}）	19	15	16	8
一年生牧草株树（株·m^{-2}）	1	4	5	7
植被覆盖率（%）	35	30	26	12
群落平均株高（cm）	18	13	11	5
牧草产量（kg·$hm^{-2}a^{-1}$）	901	627	430	88

内蒙古草原是我国的重要畜牧业基地之一，为内蒙古经济的重要组成部分。畜牧业是内蒙古自治区的优势产业和支柱产业。由于近年来畜牧业生产对草地的超高强度利用，使草地生态系统内的矿物质和营养元素大规模向系统外流失，造成土壤基质严重贫瘠。近几十年来草地的大面积退化，加剧了草原生态系统内部矛盾和外部的社会经济矛盾，导致长期以来过牧的草原畜牧业生产方式在经济上的不可持续性。主要表现为人口压力增大、牲畜头数增加、人地草畜矛盾突出。由于人口的剧增，粮食需求大幅增加，使耕地面积急剧上升（包括草原的大面积开垦）。草地载畜量急剧下降，极大地增加了草原的压力；由于畜牧业产值的增长过分依赖牲畜数量的增长而忽视了牲畜的质量和草地的建设，草原严重透支，大大超过了草原的承载力；草原一年四季放牧，没有休养生息，草原季节性逐渐消失，人工草地面积很少。此外，草原长期的集体所有制和不完善的投资及管理机制，造成以不断扩大牲畜数量来提高收入，过分利用草原而缺乏投入，重数量而不重质量，以损耗和破坏土地生产和环境为代价来取得经济增长，必然是不可持续的；同时，草原畜牧业的产业化程度极低，缺乏企业带动和产品增值，长期维持低水平、高消耗和低效率的资源利用模式。

草地畜牧业仍以传统的天然草地畜牧业为主，是粗放的、生产力低下的、生态欠友好的生产方式，亟需革命性的结构调整，以优质高产的人工草地和草地农业为基础，实现向现代化畜牧业生产方式的转型。种草养畜是农业现代化的主要方向之一，建设高产优质的人工草地代替天然草地，应当是我国经济发展与农业结构大调整的一项重要任务。新西兰、英国和加拿大的人工草地面积分别占到其草地总面积的 75%、59% 和 27%，美国的人工草地面积也占其草地总面积的 10% 以上，但我国人工半人工草地面积仅占草地总面积的 3%左右，内蒙古人工草地只有天然草地的 5.5%。集约管理的人工草地生产力可达到天然草地的 10 ~ 20 倍。用天然草地的小部分发展优质高产的人工草地，结合草地农业的实施和农副产品的饲料化开发，使内蒙古现代化草地畜牧业发展拥有坚实的第一性生产力基础。由于近年来畜牧业生产对草地的超高强度利用，使草地生态系统内的矿物质和营养元素大规模向系统外流失，造成土壤基质严重贫瘠。总体上全区草产业仍处于由传统的游牧业和半游牧经济向现代商品经济过渡阶段，牧区畜牧业发展缓慢、投入不足；草原退化严重、畜草矛盾尖锐。草畜平衡是保障草地健康和实现畜牧业可持续发展的关键。传统的牲畜养殖以放牧为主，以往的研究表明放牧对天然草地破坏严重。培育抗性好、产量高、营养丰富的优质牧草，并建立牧草生产基地，提高牧草生产、加工和贮藏技术，是缓解这一矛盾的有效途径。

2. 生态系统变化驱动因子分析

随着生态环境问题的日益突出，气候变化与人类活动的生态环境效应认识极为迫切。随着陆地宏观生态系统研究的持续深入，人们对自然环境演变、陆地生态系统格局、过程与功能变化、社会经济活动与宏观生态系统动态变化之间的密切联系有了更充分的理解与认识，也进一步要求对陆地生态系统变化的驱动因子与机理加以深入解析。陆地宏观生态系统变化及其效应反作用于人类社会经济系统，影响着人与自然耦合系统的可持续发展。相反，陆地宏观生态系统的变化同样会受到来自自然环境与人为因素的双重作用。自然环境在一定程度上决定了陆地宏观生态系统演变的趋势。土壤类型、地貌、坡度、海拔高度等地理禀赋因子对陆地宏观生态系统变化方向有着较强的控制作用，不同属性的地块只能适应于特定的利用方式。此外，陆地宏观生态系统变化还受社会经济因子的驱动作用，包括政策变动、经济发展、技术进步与人口增长等外来变量的影响。这些因子驱动着各种利益相关者（stake-holders）从各自利益角度出发考虑对生态系统的利用方式进行选择。因此，加强对生态系统变化驱动因子与驱动机制的分析，对于理解陆地宏观生态系统动态变化的影响因子及其相互联系以及模拟陆地宏观生态系统变化都有着极其重要的意义。

陆地生态系统变化驱动因子的甄别与遴选需要从研究目标、研究方法、数据可获得性以及作用尺度等方面进行综合考虑。其中驱动因子的作用尺度效应可以分为时间尺度与空间尺度。例如，气候因子在全球、国家、区域尺度对陆地生态系统变化产生影响，且时间尺度越大，其生态效应与社会经济效应越明显；而有些政策只在部分地区实施，具有不同的作用范围。以下将分为五个方面阐释驱动因子。

（1）人口增长。人口的快速增长需要从自然环境攫取各种资源满足生存、生产与生活需求，进而对生态系统造成影响。生态系统通过服务功能联系自然环境与人类社会经济活动。人口的增长对生态系统功能需求日益增加，同时自然环境变化的不确定性也扰动了生态系统服务功能供给能力，陆地生态系统服务功能转化为社会经济系统的价值要素强度和人类劳动投入、技术程度与利用效率密切相关。截至2018年，内蒙古自治区常住人口约为2534万人。人口数量相比全国来说较为稀少，人口密度低。人口的空间分布不均衡，东部地区人口相对较多。人口最多的地级行政区主要集中在赤峰市、通辽市和呼和浩特市。从人口与生态系统分布的关系来看，人口稠密区主要位于城市和农田生态系统集中的农牧交错带。区域人口增长的时间尺度上来看，1949~1978年是内蒙古人口快速增长阶段约增长1000余万，主要原因是此时国家对于边疆地区的人口政策，人口的快速增长也使得草地生态系统面积快速减少转化为农田生态系统；1978~2000年相比于前一阶段增长率下降，该阶段人口增长600余万；2000年以后区域人口增长处于缓慢阶段。2015年区域户籍人口城镇化率为41.3%，常住人口的城镇化率为60.3%。2018年常住人口的城镇化率为62.7%。

人类消费模式转变也会改变对陆地生态系统服务功能需求变化，进而导致不同生态系统需求的演变。同20世纪50 ~ 60年代相比，现今我国人民的食物消费结构已经发生重大变化，口粮在整个食物消费结构中比例已大幅度下降，而蔬菜、水果、肉类、植物油、奶制品等的消费量大幅度增加，不同食品之间的相互替代性增强。从2001年到2018年，我国人均年粮食占有量由350.8千克提高到470.0千克，增加了34.0%，其中口粮占有量由211.6千克提高到254.6千克，增长了20.3%；肉类占有量由49.1千克提高到65.8千克，增长了34.0%；蔬菜占有量由377.3千克提高到587.4千克，增长了55.7%；水果占有量由51.7千克提高到131.0千克，增长了138.9%；食糖和植物油占有量分别由7.7千克和10.7千克，增加到13.4千克和25.5千克，分别增长了74.0%和138.3%。内蒙古与全国的食物消费结构类似，并且粮食、蔬菜、水果、奶制品等的消费量均大幅度增加。内蒙古人均占有食物量大部分都高于全国平均水平，水果、禽蛋等占有量相对于全国平均水平偏低。从2001年到2018年，内蒙古人均年粮食占有量由521.2千克提高到1217.40千克，增加了133.6%；肉类占有量由62.9千克提高到107.22千克，增长了70.5%；蔬菜占有量由323.3千克提高到644.6千克，增长了99.4%；水果占有量由8.2千克提高到29.6千克，增长了261.0%（表3–5）。

表3-5　全国及内蒙古主要食物人均占有量变化（kg/人·年）

	2001年		2010年		2018年	
区域	全国	内蒙古	全国	内蒙古	全国	内蒙古
肉类	49.1	62.91	57.9	96.64	65.8	107.22
猪肉	32.8	33.22	37.9	28.33	43.2	31.14
牛肉	4.3	9.76	4.9	19.59	5.5	23.17
羊肉	2.3	13.7	3	36.43	3.4	39.66
禽肉	9.7	6.23	12.1	12.29	13.7	13.24
禽蛋	17.5	11.1	20.4	20.21	21.13	21.37
牛奶	8.4	44.69	29.1	372.87	34.7	314.6
粮食	350.8	521.18	411.1	818.17	470.0	1217.40
小麦	73.7	53.46	86.8	70.68	96.0	59.46
稻谷	137.9	23.84	145.8	26.75	153.9	19.67
玉米	84.7	318.38	133.3	553.78	165.1	941.11
国产大豆	12.1	35.1	11.2	47.23	8.4	29.59
蔬菜	377.3	323.31	478.9	570	587.4	644.6
水果	51.7	8.19	95.5	12.18	131.0	29.60
水产品	34.6	3.2	40.4	4.38	48.8	6.23
食糖	7.7		10.3		13.4	
植物油	10.7	33.91	19.7	49.38	25.5	71.98

（2）气候变化。气候变化严重威胁自然生态系统和社会经济系统，引起了土地退化、土地荒漠化、生态系统退化、植被带迁移等，并且导致环境、资源承载力发生改变。气候变化对陆地宏观生态系统变化

的影响并不像人文因素产生直接的影响，而是在中长期尺度上影响气候带的推移，同时对人类的决策行为产生影响，随之产生的政策因子，也不会立即对宏观生态系统变化产生较大影响。草原生态系统是最重要的陆地生态系统之一，天然草原在吸收和固定大气过程中发挥着重要作用，但同时也受到气候和环境变化的影响。气温、降水格局及节律的变化必将对生态系统的结构和功能产生影响，进而对生物群落的生产力、动植物物候期以及气象水文现象产生显著影响。

内蒙古气候变化的显著特征是气候变暖，表现为四季气温均在升高，并以冬季升温幅度最大。20 世纪 60 年代以前属于下降阶段；70~80 年代中期变化较平缓，略有升高；80 年代以后，增暖趋势明显增强；到 90 年代，气温呈现加速上升趋势，空间变化特征为内蒙古中部增温最多，城市及经济较发达地区增温速度较快。20 世纪 60~90 年代间，全区降水总量的变化趋势不明显，最大变化幅度为 10.7 毫米，21 世纪初内蒙古地区降水明显偏少。季节上，冬季降水略有增加，秋季有所减少。从空间分布格局上，内蒙古气温变化具有明显的沿纬度分布的特征，而降水变化基本上体现了一种沿经度分布的特征。需要特别注意的是，近年来内蒙古降水空间分布极不均匀，出现西多东少的趋势；同时降水时间分布也不均匀。就荒漠草原区而言，秋季降水增加，降水日数减少，一次性降水量增大，降水节律变化显著。

温度升高对内蒙古草原生长将产生不利影响，但是在不同草原区影响有所不同。研究表明，已有的气候变化使内蒙古的草地生产力普遍下降。在年均温增加 2℃、年均降水量增加 20% 情景下，如不计草地类型空间迁移的影响，各类型草原减产幅度差别显著，其中荒漠草原的减产最大，达 17.1%，若计入各类型空间分布的变化，各类草地生产力减少约 30%（尹燕亭等，2011）。

（3）地形区位因子。各种陆地宏观生态系统利用方式的改变需要满足一定的地形区位与气候条件，才能更好地发挥某种生态系统利用方式的效益。理论上，城市生态系统应当建立于地势平坦区域，并且靠近水源地便于获取水资源，其交通条件相对发达；而农田生态系统、草地生态系统应越接近水源地，生长条件越为适宜，距离道路越远，受人类活动干扰的概率越小，越能充分发挥其生态系统功能。常用的地形区位因子包括坡度、平原所占面积比例、水源的距离、到道路的距离。内蒙古以“三横九纵十二出口”公路主骨架构成的交通网络框架已基本形成。到 2018 年末，全区公路总里程突破 20 万公里，其中高速公路 6630 公里、一级公路 7790 公里，101 个旗县通一级及以上公路。内蒙古地区道路密度在空间上呈现出 3 个明显的连片区，即呼包鄂地区、赤通地区及呼伦贝尔市的中部地区。

人口密度和 GDP 密度越高的县区，其道路网密度越高；人口密度和 GDP 密度越低的地区，道路网密度也相应越低. 人口—道路网—经济社会协调发展的地区，随着人口增长、经济发展、社会进步，其道路网的建设也应随之增大加密。内蒙古中部的道路密度较高，东西两边相对较低；蒙中地区道路密度为 0.37 千米 / 平方米，超出了全国的平均水平，额济纳旗地区的道路密度值最低，为 0.015 千米 / 平方米，低于全国平均水平（见图 3–3）。

（4）土壤因子。土壤肥力会直接影响陆地生态系统的生产潜力，进而影响人类对陆地宏观生态系统利用方式的决策行为。土壤肥力越好，适用于某种生态系统利用类型从而获得更高的物质量产出，农牧民在土地利用决策时会加重其权重。内蒙古东南地区的县市土壤中氮磷含量相对高于西部地区，而钾的分布则正好相反，同时东部地区的盐碱度要低于西部地区。土壤因子以土壤中 N、P、K 含量以及土壤的质量百分比来表征。

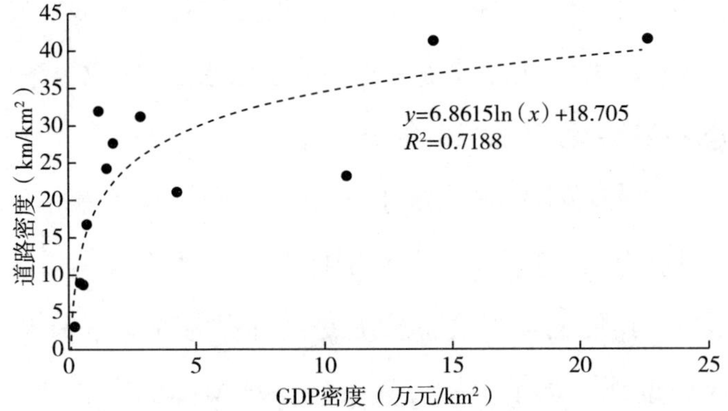

图3-3　内蒙古GDP密度与道路密度相关性分析

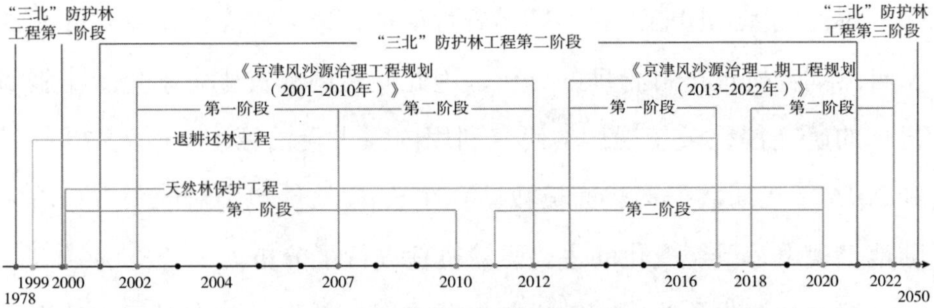

图3-4　内蒙古生态治理重点工程

（5）政策因素。政府决策从宏观角度对规范社会主体的行为有指导性作用，社会主体对政策的响应行为也会影响其对陆地生态系统利用方式的决策行为。退耕还林还草政策鼓励农牧民将不宜用作农作物种植的耕地向林草地转移，并给予相应的补偿，激励政策的实施影响耕地、林地、草地之间的转换方向与转换速率。此外，在环境问题与经济发展方面，我国努力向两好型社会发展，并采取一系列措施对环境污染加以管控，环境保护政策的激励作用也会影响到主体的陆地生态系统利用与保育决策行为。退耕还林工程涉及全区 90% 以上的旗县区工程；京津风沙源治理工程涉及乌兰察布、锡林郭勒、赤峰和包头四个盟市工程范围；天然林保护工程涉及内蒙古森工集团、岭南八局及三旗市、黄河上中游工程区；三北防护林工程涉及呼伦贝尔、科尔沁、毛乌素三大沙地以及呼和浩特市为重点工程建设区（图 3–4）。

3. 生态系统变化驱动机制解析

随着工业化和城市化进程的加快以及生态环境保育措施的出台，内蒙古作为我国重要的草地生态系统保护区和生态环境较为脆弱的农牧交错带地区，其陆地宏观生态系统变化过程与效应越来越受到学界、政界和大众的重视。学术界针对这一生态环境脆弱区展开了大量定性和定量研究，但以往对内蒙古陆地宏观生态系统变化的驱动机理解析多采用传统多元回归、气候模式进行模拟，未对生态系统变化的人文与自然耦合机理进行合理的分析，因此使得内蒙古生态系统变化驱动机理的研究往往被忽视。本研究利用内蒙古自治区 1990 年、2000 年和 2015 年三期数据构建面板数据，在 Stata 软件包中对内蒙古自治区陆地宏观生态系统变化的主要驱动机理进行了分析。

面板数据也称为时间截面数据或者混合数据，是在时间与截面上获取的二维数据。构建面板数据模型的主要优点是可以控制不可观测的特定效应或者时间效应，能够消除普通截面数据分析的有偏，避免截面数据分析时由于样本量较少、自变量较多引起的多重共线性问题，因此利用其二维数据构建计量经济学模型，能够识别一维数据不易发现的影响因素。面板数据模型的基本框架为：

$$y_{it} = a + x_{it}\beta + z_i a + \varepsilon_{it} \tag{1}$$

其中，y_{it} 是个体 i 在 t 时间的值，a 为截距项，$z_i a$ 代表固定或者随机的截面效应和时间效应，x_{it} 表示解释变量向量，β 为解释变量的系数向量。面板数据模型的分析方法主要包括以下三个：①混合回归模型。截面不存在个体效应，也不存在结构的变化，而是简单地将个体的时间截面数据整合在一起，则普通最小二乘法（Ordinary Leas 吨 Square, OLS）可以提供有效的估计。②固定效应模型。当 z_i 为 x_{it} 的函数，即与 x_{it} 相关时，普通分析方法将会遗漏变量，OLS 估计结果将会产生偏差。③随机效应模型。如果 z_i 个体与自变量无关，但是会存在隐藏的随机效应，前面两种方法的估计都会产生偏误。

面板数据模型采用多元对数线性回归模型表达。多元对数线性回归模型的具有多数优点：将变量取对数后能够减弱异方差性，能够削弱异常值的影响，关键是将变量取对数后，模型回归系数表示解释变量对被解释变量的弹性系数，易于理解。多元对数线性回归模型公式如下：

$$\ln y_i = \beta_0 + \beta_1 \ln x_1 + \beta_2 \ln x_2 + \cdots + \beta_i \ln x_i + u_i \tag{2}$$

$$\beta_i = \frac{\partial \ln y}{\partial \ln x_i} = \frac{\partial y / y}{\partial x_i / x_i} \tag{3}$$

其中，β_i 称为弹性系数，表示在其他变量保持不变的条件下，解释变量对被解释变量的弹性影响，即当解释变量变化 1% 时，被解释变量变化 β_i %。

陆地宏观生态系统的变化不仅体现在各生态系统类型变化与面积增减上，还体现在质量变化上。为了进一步了解内蒙古生态系统质量的变化，将陆地宏观生态系统质量变化区域分为增加和降低两个典型区域。增加典型区域位于毛乌素沙地西部、锡林郭勒高原西北部和科尔沁沙地东部地区。相对于增长地区，降低典型区域分布相对较为集中，主要沿鄂尔多斯高原—浑善达克沙地南缘—锡林郭勒高原东南部呈带状分布。统计分析增加和降低区域内各影响因子状况（表 3-6），发现增加区域内生态系统质量改善非常明显。其中降水量的增加明显，远高于全区均值 0.28 毫米 / 年。同时，退耕还草工程主要在该地区实施（占该区域面积的 69.57%），并且效果明显。该区域的温度也呈一定的降低趋势（每年降低 0.02℃）。此外，该区域道路密度的增长速度较慢，低于平均水平。农业的快速发展在一定程度上利于该区域植被的恢复。内蒙古地区生态系统质量的变化与降水、农业、退耕还草成正相关性，而与温度和道路成负相关性。所以该区域生态系统质量的改善主要是由于区域内降水的增加、温度的降低、农业的发展、退耕还草工程的作用和交通发展的放缓。然而，降低区域内生态系统质量退化非常严重，为 –7.43，远低于总区域的均值。其中降水量的减少明显，大约为 –0.37 毫米 / 年。此外，温度也呈现上升趋势，年均增加 0.02℃。而且，该区域道路密度的增长速度快，农业发展缓慢。因此，研究发现内蒙古自治区陆地宏观生态系统质量主要与降水与温度变化、农业和交通发展程度密切相关。

表3-6　内蒙古生态系统质量主要变化区域内各影响因子状况统计

区域	生态系统质量	降水 (mm/a)	温度 (° /a)	GDP (亿元)	道路密度	化肥总量	天保工程	退耕还草工程
增加区	5.22(+)	0.47(+)	–0.02(–)	10.04(+)	0.18(–)	2.52(+)	30.43	69.57(+)
降低区	–7.43(–)	–0.37(–)	0.02(+)	4.92	0.28(+)	0.29(–)	21.05(–)	15.79(–)
全区平均	0.16	0.28	0.00	8.85	0.20	1.18	41.13	44.82

（二）北方（内蒙古）整体生态系统未来综合情景方案设置

1. 内蒙古社会经济系统发展动力分析

内蒙古北方生态安全屏障试验区建设需以人与自然的和谐为发展理念，在压力—状态—响应分析的基础上，厘清生态系统现状、资源利用效率水平、气候变化态势、社会经济发展需求与区际经济联系，预测未来人口增长趋势与技术进步效率等社会经济发展情景，模拟不同情景下生态—社会经济耦合系统的状态，依据生态系统的空间分布格局与类型规划目标，针对性地实施不同生态系统的保护与修复策略，从科技、政策与法律制度上制订相应的保障措施，以期实现近期与中期国家北方生态安全屏障建设目标，护航内蒙古生态文明建设，保障国家生态安全。

（1）国际贸易视角下内蒙古社会经济系统发展外在动力。全球化背景下"一带一路"倡议为内蒙古发展带来了新的机遇与外在动力，成为"中蒙俄经济走廊"的重要支点和蒙俄贸易的桥头堡。从 20 世纪 80 年代末的以化工产品、废旧金属等为主的易货时期，到 90 年代末的以畜产品、少量原油、木材和机电产品等为主的国际道路运输初步发展时期，再到如今基本形成了以煤炭、石油等战略能源物资运输为主的国际道路运输新格局。"一带一路"框架下《中蒙俄经济走廊规划纲要》的启动使得内蒙古有利于发挥外接俄蒙的优势，加速推进一系列互联互通和产业合作项目。内蒙古在对外贸易的设施方面，由于"一带一路"倡议得到迅猛发展，至今已有 18 个对外开放口岸，其中对俄边境口岸 4 个，对蒙边境口岸 10 个，航空口岸 4 个，对俄蒙口岸分别承担着中俄陆路运输货物总量的 65% 和中蒙货运总量的 95%。满洲里口岸目前是我国环渤海地区通往俄罗斯等独联体国家和欧洲最便捷、最经济、最重要的通道。二连浩特铁路口岸是我国通往蒙古国的唯一铁路口岸和沟通欧亚大陆的重要国际通道。"一带一路"中欧班列内蒙古境内达 55 条，2018 年进出境 2853 多列，辐射至俄罗斯、德国、波兰等国，而内蒙古对"一带一路"国家的贸易总额也占其总对外贸易的 68%。

随着内蒙古对外开放的程度不断提高，内蒙古和其他国家贸易往来也越来越密切。基于内蒙古和俄罗斯、蒙古国地缘方面优势和资源互补性，俄罗斯和蒙古国成为内蒙古重要的贸易伙伴。内蒙古对国际贸易的贡献程度直接反映了中蒙俄之间的国际贸易状况。2018 年，中国从俄罗斯、蒙古国的总进口额分别为 590 亿美元和 33.14 亿美元，其中中国从俄罗斯主要进口矿物及产品和木材及木制品，分别占中国从俄罗斯总进口额的 60% 和 10% 左右；从蒙古国主要进口矿物及其制品和矿石矿渣灰烬，分别占 50% 和 40% 左右。因此，中国对这两个国家的贸易结构比较单一，主要依赖其进口矿物燃料、矿石及其相关产品。2018 年，中国出口俄罗斯和蒙古国的金额分别为 478 亿美元和 9.61 亿美元，其中俄罗斯主要从中国进口机械制品和电气设备，分别占俄罗斯从中国总进口的 30% 和 25% 左右；而蒙古国主要从中国进口机械制品、电气设备、矿物产品和钢铁制品，占比分别为 15%、15%、10% 和 10% 左右。整体而言，中国对俄罗斯和蒙古国的出口结构相对多元化，中蒙俄之间的各自比较优势非常明显，可以实现较好的互补。

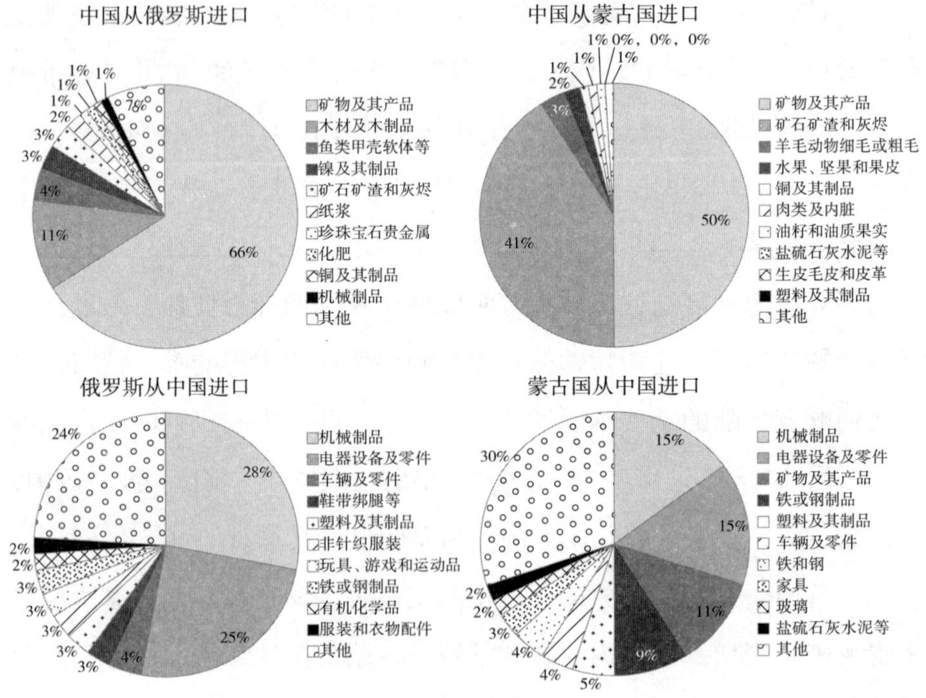

图3-5　中蒙俄国际贸易占比

内蒙古对外贸易已经有 70 多年的发展历史，对内蒙古经济发展意义重大。1978 年内蒙古进出口总额为 1552 万美元，2018 年外贸总额达到 1034.4 亿元，其间年均增长率为 19.5% 左右。出口商品结构中，初级产品和工业制成品的比例从最初的 49 ∶ 51 变化值为 10 ∶ 90；而进口商品中的初级产品和工业制成品从 52 ∶ 48 变化值 18 ∶ 82，再到现在的 61 ∶ 39。因此，内蒙古随着经济的发展以及经济结构的调整，工业制成品的出口比例不断提高，而进口中的比例逐渐下降。从主要贸易方式看，一般贸易进出口额达 582.1 亿元，占进出口总额的 56.3%；边境小额贸易进出口额达 317.3 亿元；加工贸易进出口额达 41.3 亿元。

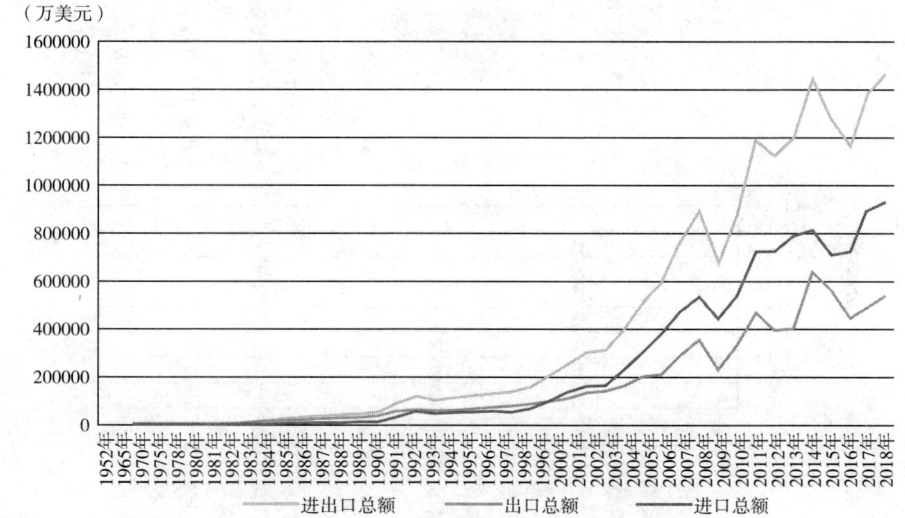

图3-6　内蒙古进出口总额

内蒙古统计局 2018 年数据显示，在内蒙古出口贸易中，出口额总额为 378.7 亿元，以钢材、机电产品、有机化学品为主；进口总额为 655.7 亿元，以煤、铜矿砂、铁矿砂等资源性商品为主。进出口对象主要集中于蒙古国、俄罗斯和澳大利亚，对这三个国家的进出口贸易值占进出口总值的 56.2%。

此外，内蒙古是中国的乳业大省。在20世纪初期乳制品行业发展迅速，并且出口量日益上涨且涨幅很大，每年都有7～8吨的出口量；但是到了20世纪末期，内蒙古乳制品的出口量不升反降，减少为初期的一半；到了近些年，其出口量猛增至10吨左右，占到了全国乳制品出口量的25%。

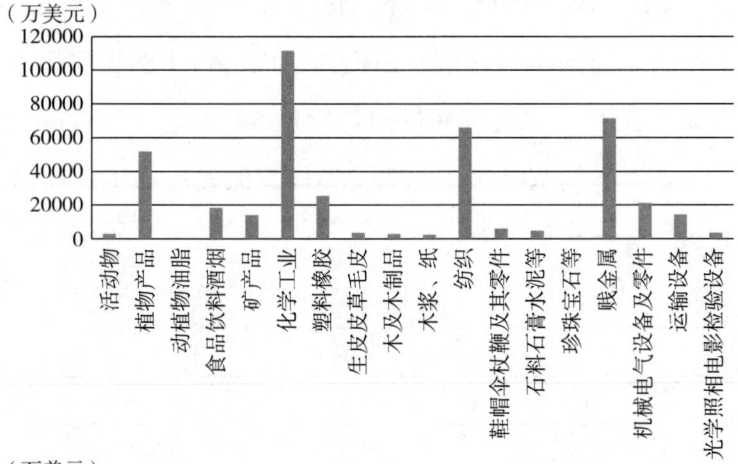

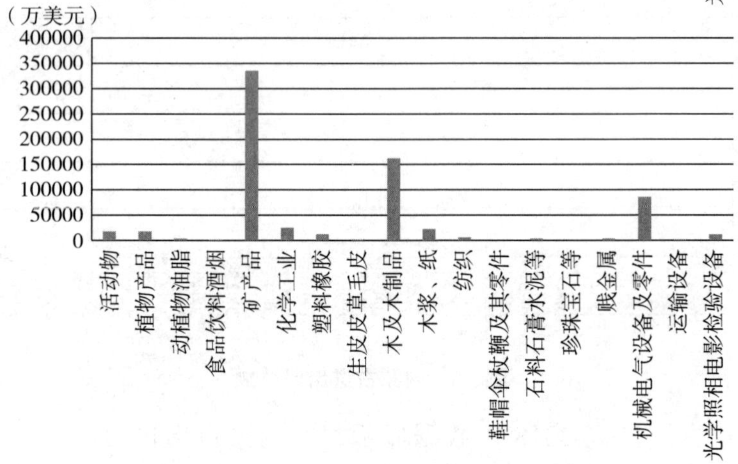

图3-7　内蒙古各行业进出口额度

从现有的国际道路运输结构来看，寻求构建以二连浩特、满洲里口岸为中心，其他口岸为两翼，边贸城市为依托，全方位、多层次国际道路运输网络。二连浩特、满洲里口岸继续发挥商贸运输中心的地位，客货兼备、以客为主，成为蒙古国以及俄罗斯最重要的商贸货物运输集散地，客运市场规范有序、通关顺畅；西部区的策克、甘其毛都口岸以煤炭、铜矿运输为主，打造国际知名货物运输物流园区，公铁联运体系发挥作用，煤炭落地加工延长产业链或者直接通过铁路运送到包钢、酒钢，形成产业链条。东部区额布都格、珠恩嘎达布其口岸以原油运输为主，保障华北部分地区原油供给。充分利用各公路口岸现有优势打造符合本地区经济发展需求的国际道路运输模式。

（2）内蒙古社会经济发展的内在动力解析。2018 年全区地区生产总值 17289.2 亿元，按可比价格计算，比上年增长 5.3%。其中，第一产业增加值 1753.8 亿元，增长 3.2%；第二产业增加值 6807.3 亿元，增长 5.1%；第三产业增加值 8728.1 亿元，增长 6.0%；三次产业比例为 10.1 ∶ 39.4 ∶ 50.5。第一、二、三产业对生产总值增长的贡献率分别为6.7%、37.2%和56.1%。人均生产总值达到68302元，比上年增长5.0%。

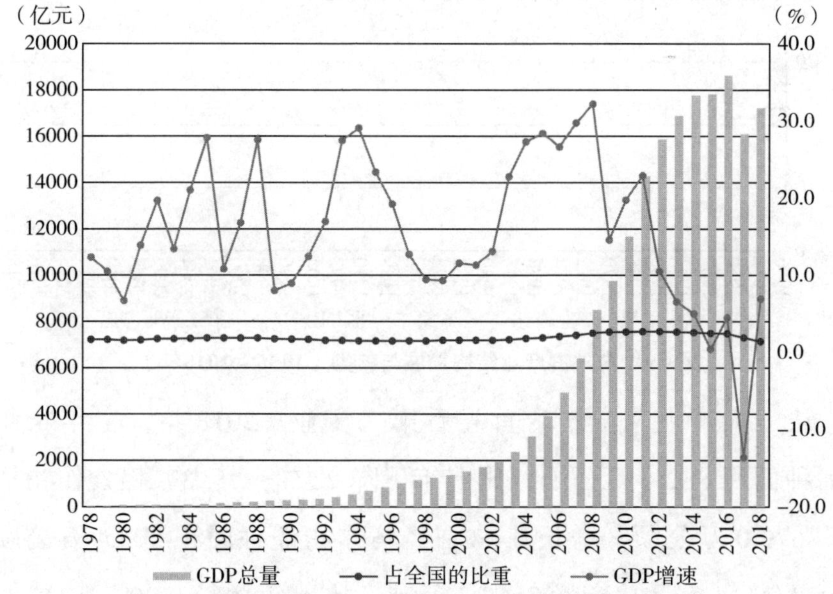

图3-8　内蒙古GDP总量、增速及占全国经济总量的比重

产业结构转型发展给经济发展不断提供动力。内蒙古的三次产业结构，在20世纪70年代以前主要是第一产业为主；从70年代到80年代中期，第二产业超过第一产业，占经济比重第一，而服务业的发展一直较为停滞；80年代中期之后，服务业发展迅速，甚至在80年代后期一度超过第一产业和第二产业；90年代初，第一产业占国民经济的比重持续下降，最终稳定与10%左右，而第二产业和第三产业不断得到发展。目前，内蒙古大部分盟市产业结构中30%~40%为煤炭开采，如果包含加工、转化和发电，则比重过半。GDP对煤炭资源具有很强的依赖性。

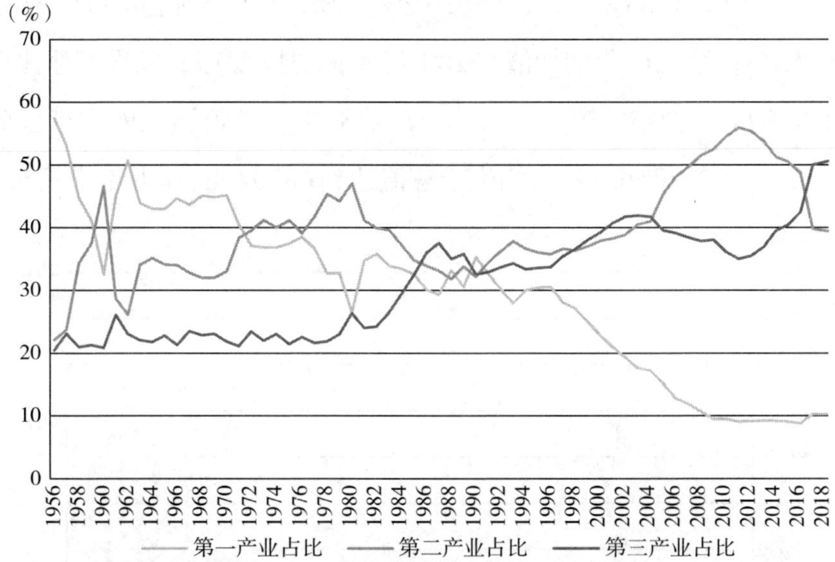

图3-9　内蒙古产业结构发展与转型（1956~2018年）

从三大产业来分析，首先看第一产业。2018年，全年农作物总播种面积882.4万公顷，比上年下降2.1%。其中，粮食作物播种面积679.0万公顷，增长0.1%；经济作物播种面积203.4万公顷，下降8.9%。粮食总产量3553.3万吨，比上年增长9.2%；油料产量201.5万吨，下降16.3%；甜菜产量515.9万吨，增长49.8%；蔬菜产量 1006.5 万吨，下降 9.4%；水果（含果用瓜）产量 225.5 万吨，下降 15.8%。牲畜存栏头数达 7277.9 万头（只），比上年下降 2.2%。其中，生猪存栏 497.3 万头，下降 1.6%；牛存栏 616.2 万头，下降 6.1%；羊存栏 6001.9 万只，下降 1.8%。全年肉类总产量 267.2 万吨，比上年增长 0.8%。其中，猪肉产量 71.8 万吨，下降 2.3%；牛肉产量 61.4 万吨，增长 3.3%；羊肉产量 106.3 万吨，增长 2.1%；禽肉产量 19.7 万吨，下降 2.0%。禽蛋产量 55.2 万吨，增长 3.7%。牛奶产量 565.6 万吨，增长 2.3%。

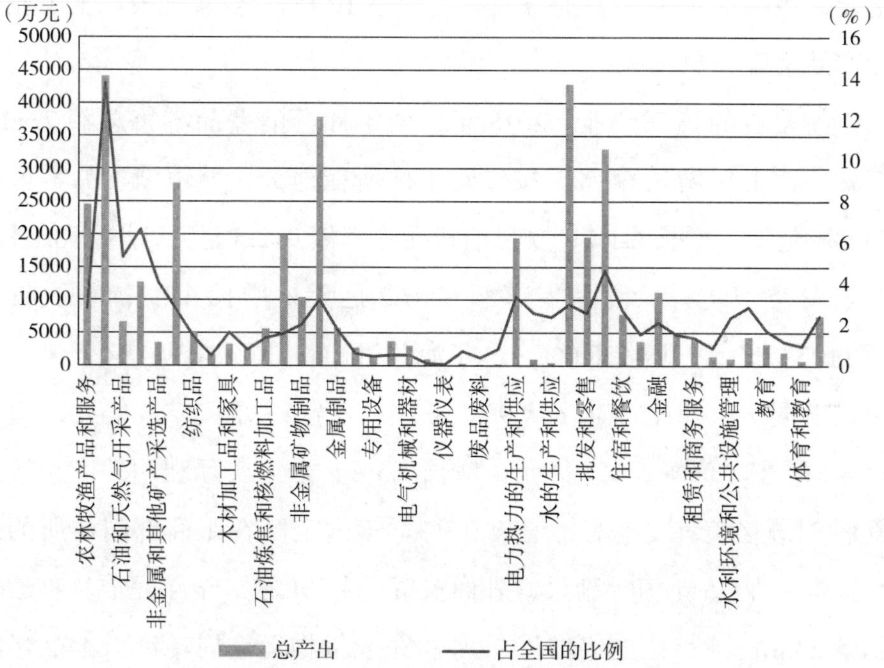

图3-10　内蒙古各产业产值及占全国的比例

在第二产业中，2018 年，全年全部工业增加值比上年增长 6.9%。其中，规模以上工业增加值增长 7.1%。在规模以上工业中，分经济类型看，国有控股企业增加值增长 7.8%，集体企业增长 12.8%，股份制企业增加值增长 7.8%，外商及港澳台投资企业增加值增长 4.2%。

分门类看，采矿业增长 1.0%，制造业增长 8.9%，电力、热力、燃气及水生产和供应业增长 13.8%。在规模以上工业中，轻工业增加值下降 1.4%；重工业增加值增长 8.2%。从主要工业产品产量看，全区原煤产量 97560.3 万吨，比上年增长 7.7%；焦炭产量 3374.1 万吨，增长 10.8%；发电量 5003.0 亿千瓦小时，增长 13.4%，其中，风力发电量 632.4 亿千瓦小时，增长 16.0%；钢材产量 2259.5 万吨，增长 12.8%；铝材产量 169.9 万吨，增长 18.5%。全年规模以上工业企业实现主营业务收入 14023.1 亿元，比上年增长 12.8%；实现利润 1409.4 亿元，增长 7.5%；主营业务收入利润率 10.1%。全年规模以上工业企业产品销售率 99.2%。

内蒙古的第三产业，2018 年，全年社会消费品零售总额 7311.1 亿元，比上年增长 6.3%。按经营单位所在地分，城镇消费品零售额 6398.6 亿元，增长 6.1%；乡村消费品零售额 912.5 亿元，增长 8.1%。按消费类型统计，商品零售额 6207.2 亿元，增长 6.0%；餐饮收入额 1103.9 亿元，增长 8.0%。全年海关进出口总额 1034.4 亿元（人民币，下同），比上年增长 9.9%。其中，出口总额 378.6 亿元，增长 14.4%；进口总额 655.7 亿元，增长 7.5%。全年实际利用外商直接投资额 31.6 亿美元，比上年增长 0.3%。年内全区在工商部门注册的外商投资企业 3511 家。新设立外商投资企业 61 家。全年完成货物运输总量 24.8 亿吨，比上年增长 9.0%。完成货物运输周转量 5644.2 亿吨公里，增长 8.4%。全年完成旅客运输总量 14612.9 万人，比上年下降 9.0%。完成旅客运输周转量 336.7 亿人公里，下降 7.2%。

2018 年，全年电信业务总量（按 2015 年不变价计算）1268.8 亿元，比上年增长 1.6 倍；全年邮政业务总量（按 2010 年不变价计算）44.4 亿元，比上年增长 29.2%。快递业务量 15182.3 万件，增长 37.6%；

快递业务收入 29.9 亿元，增长 24.8%。年末本地固定电话用户 213.2 万户，下降 8.2%；移动电话用户 3044.4 万户，增长 7.2%，其中，4G 移动电话用户 2230.9 万户，增长 18.6%。年末互联网用户 3178.6 万户，增长 11.4%。其中，移动互联网用户 2550.3 万户，增长 8.1%；互联网宽带用户 628.3 万户，增长 27.2%。移动互联网接入流量 14.3 亿 GB，比上年增长 2.2 倍。全年接待旅游者 13044.2 万人次，比上年增长 12.0%；实现旅游总收入 4011.4 亿元，比上年增长 16.6%。其中，国内游客 12856.1 万人次，增长 12.2%；国内旅游收入 3924.0 亿元，增长 16.8%。接待入境旅游者 188.1 万人次，增长 1.8%；入境旅游创汇 12.7 亿美元，增长 2.1%。

2018 年底，全区金融机构人民币存款余额 23261.4 亿元，比年初增加 308.6 亿元，比上年末增长 1.3%。其中，住户存款余额 11966.1 亿元，比年初增加 1232.8 亿元，增长 11.5%；非金融企业存款余额 6222.6 亿元，比年初减少 497.9 亿元，下降 7.8%；广义政府存款余额 4427.8 亿元，比年初增加 116.9 亿元，增长 3.3%。年末全区金融机构人民币贷款余额 22085.2 亿元，比年初增加 608.2 亿元，增长 2.9%。其中，住户贷款余额 5837.8 亿元，比年初增加 620.5 亿元，增长 11.8%；非金融企业及机关团体贷款余额 16240.3 亿元，与上年基本持平。

2018 年底，全区保险机构共有 2897 家，比上年增加 71 家。全年保险业实现原保险保费收入 659.5 亿元，增长 15.7%。全年保险业累计赔付支出 193.3 亿元，增长 3.6%。全年人寿保险实现原保险保费收入 351.9 亿元，累计赔付 57.6 亿元。全年农业保险实现原保险保费收入 35.5 亿元，累计赔付支出 24.6 亿元。

2. 内蒙古能源与资源利用分析

能源产业是内蒙古经济发展中的重要支柱，也是内蒙古对其他省主要的输出产业。《国务院关于进一步促进内蒙古经济社会又快又好的意见》从国家的高度，确定了内蒙古国家级能源基地的战略地位。资源和能源是社会经济的快速发展不可或缺的主要动力，近几年我国各个省份 GDP 快速增长，大部分省份都是依赖于资源和能源的消费而实现经济增长，尤其是一些重工业占比较大的省份。2018 年全区原煤产量达 90560.3 万吨，比上年增长 7.7%；焦炭产量 3374.1 万吨，增长 10.8%；发电量 5003.0 亿千瓦・时，增长 13.4%，其中，风力发电量 632.4 亿千瓦・时，增长 16.0%。内蒙古自治区能源产业中的电力工业发展势头迅猛，光伏发电和风力发电在全国同领域中处于领先地位，其中风力发电并网规模全国第一。内蒙古自治区幅员辽阔，矿产资源种类多、储量大，尤其是煤炭、风能、天然气等能源储量十分可观。截至 2018 年，内蒙古自治区累计探明煤炭资源超过 8000 亿吨，超过山西省的 2664 亿吨，居全国首位。且区内煤炭资源种类全、存储量大。还具有埋藏浅、易开采等特点，具有巨大的成本优势；天然气资源储量丰沛，本地区的苏里格气田探明天然气储量 8017 亿立方米，占全国天然气资源总量的 32%。

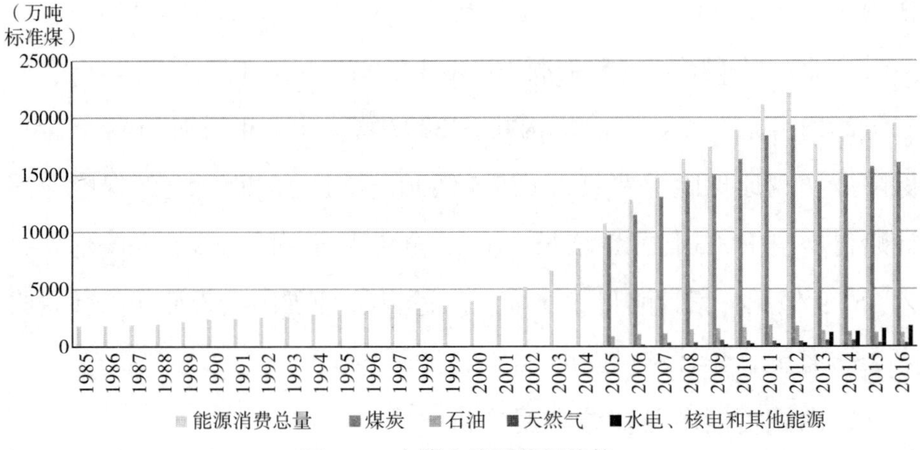

图3-11　内蒙古能源消耗趋势

煤炭在内蒙古能源生产和消费结构中占主导地位，生态环境污染问题突出。煤炭、石油、天然气等石化能源中，煤的含碳量最高，每吨标煤含碳量是 0.68 吨，排放 2.5 吨二氧化碳。在煤炭的开发过程中产生的煤泥、粉煤灰对大气的污染，以及全区 70% 以上是以煤炭为主的火力发电，在煤炭燃烧过程中还要排放二氧化碳和二氧化硫等温室气体。煤炭洗选比例较低，煤炭产业链短，转化率不高造成煤炭资源浪费；生产过程中也造成水资源的严重消耗和浪费；电源的建设、大型煤电基地建设、电力外送通道的不协调以及大规模风电接入等原因，导致窝电现象严重。

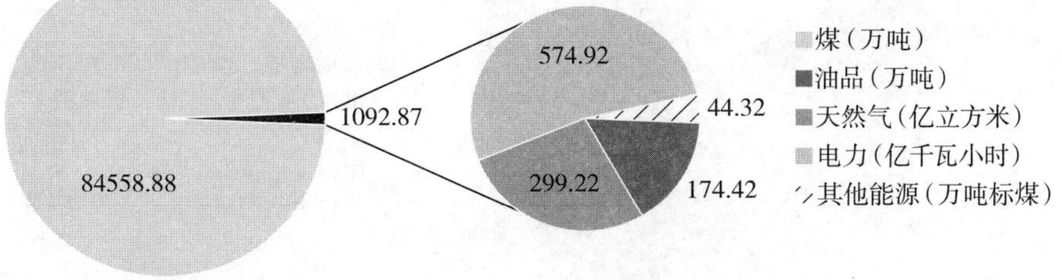

图3-12　内蒙古一次能源生产结构

煤炭资源的产能过剩在一定程度上影响了内蒙古的经济增长速度，GDP 的增长率由 2011 的 14.3% 下降到 2018 年的 5.3%。内蒙古具有油气资源优势，总量达到 20 亿 ~30 亿吨。截至 2018 年底，内蒙古石油累计探明地质储量 7.57 亿吨，累计探明技术可采储量 1.84 亿吨。基于突出的能源优势，内蒙古电力的发展也十分惊人，截至 2018 年底，内蒙古电力装机容量位居全国第二，其中火电装机容量 8170 万千瓦，位居全国第三；风电装机容量 2669 万千瓦，位居全国第一；太阳能发电装机容量 740 万千瓦，位居全国第九。太阳能资源具有日照时间长、辐射面积大的特点，每年总辐射面积约为 1331 ～ 1722 千瓦·时，仅次于西藏，排在全国第二位。内蒙古地区太阳能资源开发前景乐观，将成为未来重点发展的新型能源之一，其多种用途和功能引起了高度重视。能源产业过于依赖煤炭工业，风能、核能等新能源的发展在全区的能源产业中占比不高，说明没有充分的发挥内蒙古地区资源种类多、储量大的优势。内蒙地区的能源生产方式还处于粗放经营阶段，大部分能源产品没有经过二次加工，产品附加值低，整个能源产业的利润率低。

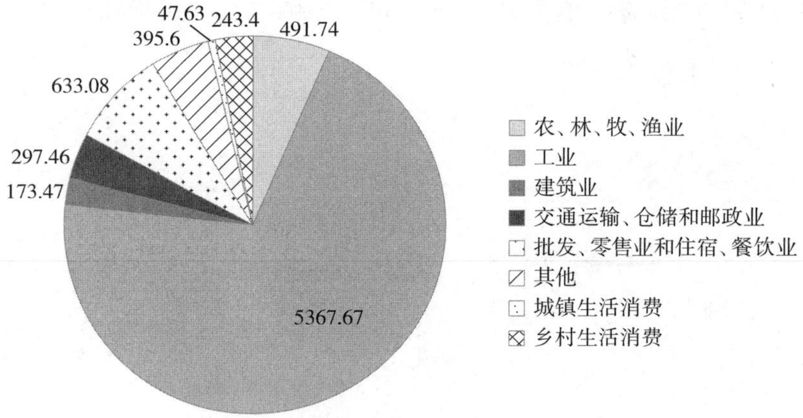

图3-13　内蒙古各产业产值及占比

全面实施的供给侧结构性改革所带来的产业结构调整，必然带动能源产业的发展。内蒙古自治区能源产业必须加快转变发展理念，强化市场对资源配置的决定性作用，淘汰产业中落后产能，运用市场手段消化过剩产能。内蒙古能源产业多以传统石化产业为主，在经济新常态下，受绿色 GDP、低碳经济与节能减排等形势影响，传统能源的供需矛盾日益突出，有待于发展绿色能源产业。从传统能源产业转向新能源、清洁能源、绿色能源，促进节能减排，实现能源产业供给侧改革。继续秉承和发展低碳经济、生态保护、科技创新、协调共享原则，引领内蒙古能源经济实现科学健康的可持续发展。

鼓励和扶持清洁能源企业的发展，大力吸引区外资本对内蒙古清洁能源产业的投资，政府在政策和财政上予以倾斜和支持，创造适合清洁能源产业发展的有利环境。特别是应发挥地区风力资源充沛的优势，加快风电发展速度。光伏发电方面，加大补贴和政策倾斜力度，重点是鼓励相关企业积极创新，获取技术优势，从而降低光伏发电成本。坚持依托资源而不依赖资源，走节能减排、发展循环经济之路。理清经济新常态下的新趋势、新特征、新动力，抓住新常态下的新机遇，以调整能源经济发展为抓手，拓宽多种发展绿色能源产业的融资渠道，加大投资力度。

3. 内蒙古退耕还草的影响分析

农田生态系统的服务功能关乎粮食安全、社会安定与经济发展。充分认识新形势和新环境下重构我国粮食安全战略，这也是内蒙古农田生态系统可持续发展的保障。到 2018 年粮食总产量达到 3553.3 万吨，人均粮食占有量达到 452 千克。如果只考虑谷物和大豆的进口量，再加上国内 6.2 亿吨的粮食产量，我国粮食总供给量超过 7 亿吨，人均粮食约超出世界平均水平的 32%。粮食库存量越来越大，国家用于粮食生产、储存和进口的财政补贴负担愈益加重。2018 年我国玉米、小麦与水稻三大主粮的期末库存为 3.03 亿吨，库存消费比上升至 30.75%，远超联合国粮农组织规定的 17%~18% 的安全水平（蒋和平等）。内蒙古耕地面积在全国排名第二，仅次于排名第一的黑龙江省，且人均粮食产量在全国排名第三。内蒙古自治区的可耕种面积为 916.2 公顷，其中，农作物的耕种面积为 756.8 万公顷，占全部可耕种面积的 82.6%。内蒙古的主要粮食作物为小麦、玉米、谷子、莜麦等，粮食作物面积占总农作物播种面积的 75.6%。内蒙古农民人均占有的耕地面积为 1.33 公顷，在全国来看，人均耕地面积排名较前。内蒙古农业耕种面积位居全国第二，粮食总产量却位居第八。2018 年国家粮食总产量为 65789 万吨，内蒙古粮食总产量为 3553.3 万吨，粮食总产量在全国 31 个省份中排名第 8，约占全国粮食总产量的 5.4%。

内蒙古农田生态系统主要位于内蒙古东部，分布于河套灌区、阴山北部丘陵地带、大青山南麓土默川平原、西辽河平原及大兴安岭东部，其与草地生态系统交错分布，形成农牧交错带。农牧交错带占内蒙古自治区总面积的 72%，农牧交错带的农田面积占全自治区农田面积的 87%，农田、城市和草原生态系统类型占农牧交错带的 69%~70%，其分别占比 12%、1.7% 与 55%。农牧交错带不仅仅是农田与草地两种自然生态系统的交错地带，更是农耕种植业的分界线。农田生态系统生产力空间差异显著（见表 3–7），呼伦贝尔农场 600 万吨，河套灌区近 600 万吨，兴安盟粮食产量 450 万吨。内蒙古地区人口主要聚集于农牧交错带，在自然与人为双重因素的共同作用下，内蒙古农牧交错带位置曾多次发生南北移位。因此，农牧交错带区人与自然的和谐发展对我国北方生态安全屏障建设起着至关重要的作用。

表3-7　　内蒙古农田生态系统生产力空间差异

	万吨	千公顷	千克/亩
呼和浩特市	130.25	327.88	264.83
包头市	105.65	223.25	315.49
呼伦贝尔市	621.2	1362.02	304.06
兴安盟	435.15	754.92	384.28
通辽市	690.2	951.65	483.51
赤峰市	516	921.59	373.27
锡林郭勒盟	36.75	154.89	158.18
乌兰察布市	100.55	488.64	137.18

续表

	万吨	千公顷	千克/亩
鄂尔多斯市	147	246.89	396.94
巴彦淖尔市	214.9	270.97	528.72
乌海市	4.1	4.64	589.08
阿拉善盟	17.95	19.33	619.07

2001 ~ 2015 年间，内蒙古的农业全要素生产率的值基本都在大于 1 的分布区间，因而整体上呈现不断增长的态势（图 3–14）。但是在这十五年间也出现了比较多的波动，2008 年和 2010 年内蒙古农业全要素生产率的波动幅度最大，分别为 1.161 和 1.160。主要原因在于 2010 年我国实行了一系列促进农业生产的政策，这些政策的实施有利于内蒙古地区实现农业与农村经济结构的战略性调整，这些政策也包括财政支农以及金融惠农等相关政策。2011 年之后农业全要素增长率出现波动，并且全要素增长率的变化趋势线与技术进步的变化趋势线基本重合，而技术效率的线趋于平缓，且大多数情况下其值小于 1，2014 年和 2015 年全要素生产率降低幅度最大，分别为 0.965 和 0.971，说明这一小段时期农业全要素生产率的提高主要是技术进步的作用，效率基本上对于内蒙古农业的发展起不到太大作用。因此，在内蒙古农业生产中，应当通过合理配置农业资源、加强农业技术推广强度等手段，先把效率提高上来。因此应该提高机械化耕种比例。而农业财政支出大部分都贡献到了技术进步上面，而没有对效率变化做出影响，因此，在以后制定农业政策的时候可以考虑一些提高规模化方面的政策。

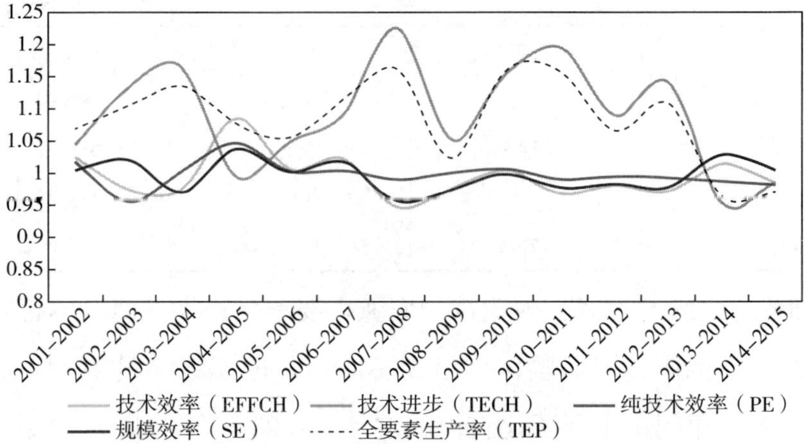

图3-14　内蒙古农田生态系统生产力的技术贡献率分析

内蒙古农牧交错带耕地面积占比大，但其耕地质量差异较大。内蒙古农牧交错带内耕地面积占全自治区耕地面积的近65%，粮食单产低于100千克/亩的旗县耕地面积占农牧交错带耕地面积的1/3；低于200千克/亩的旗县耕地面积占该占农牧交错带耕地面积的1/2，而粮食总产量只有400多万吨，占农牧交错带区粮食总产量的1/5。降水量低于400毫升的农牧交错带地区如若全部退耕还草，自治区粮食产量将减少约12%，草畜产品将增加约10%（见表3-8）。

表3-8　　内蒙古农牧交错带粮食产量、耕地与单产统计信息

单产（kg/mu）	耕地面积（hm²）	占全区耕地比重（%）	粮食产量（t）	占全区粮食产量比重（%）	农牧交错带区县
X<100	1806541	19.02	1567508	5.64	东胜区、商都县、固阳县、化德县、多伦县、兴和县、准格尔旗、察哈尔右翼、丰镇市、霍林郭勒市、卓资县、察哈尔右翼、察哈尔右翼、克什克腾旗、清水河县、和林格尔县、武川县
100<X<200	1148759	12.1	2582128	9.29	太仆寺旗、巴林右旗、扎鲁特旗、敖汉旗、凉城县、巴林左旗、林西县、伊金霍洛旗

续表

单产（kg/mu）	耕地面积（hm^2）	占全区耕地比重（%）	粮食产量（t）	占全区粮食产量比重（%）	农牧交错带区县
200<X<300	1865750	19.65	6824664	24.55	阿鲁科尔沁旗、科尔沁左翼后旗、库伦旗、奈曼旗、翁牛特旗、科尔沁左翼中旗、集宁区、喀喇沁旗、扎赉特旗、松山区
X>300	1323685	13.94	7838940	28.19	科尔沁右翼中旗、宁城县、科尔沁右翼前旗、突泉县、达拉特旗、开鲁县、托克托县、土默特左、土默特右

退牧还草工程实施以来，草原植被生长状况明显好转，草原生态环境得到了改善。据监测评估结果显示，退牧还草工程区与非工程区相比，植被盖度、高度和干草产量分别高出 11.76%、8.88 厘米和 24.14 千克 / 亩。内蒙古各项重大生态工程建设面积与森林覆盖率都呈明显的正相关关系，随着生态工程建设面积的增大，内蒙古自治区的森林覆盖率度不断升高，退耕还林工程与森林覆盖率的相关系数最大，其次是三北防护林工程。生态环境质量方面，森林覆盖率达 23%，活立木蓄积量达 16 亿立方米，湿地保有量达 9000 万亩，草原植被盖度达到 48%。根据近期目标，森林覆盖率达到 24%，草原覆盖度增加到 50%，生态系统服务功能将得到进一步改善，水涵养生态服务功能提高约 3%，土壤保持生态服务功能提高约 1.8%。

值得一提的是，内蒙古“牧民城镇化”是在生态保护、促进地区经济发展共同推动下开展的。快速城镇化进程给内蒙古牧区经济社会发展带来良好态势，生产、生活条件得到极大改善，牧民收入和消费水平不断提高，但仍然存在亟待解决的困难和问题。第一，增收约束力不断增强，导致内蒙古牧民消费倾向下降。比如相对单一的收入构成，畜牧业是牧户家庭经营性收入的主要来源。第二，社会财富向高收入阶层集中，收入差距扩大造成贫富两极分化日趋严重，总体消费能力不足。第三，产业结构不合理与就业结构性矛盾突出，牧业从业人口过多。内蒙古牧区产业结构比例为 10.3 ： 66.5 ： 23.2。牧区第一产业现代化程度较低，就业比例过大；第二产业资源依赖性强，投资结构较为粗放；第三产业供给侧结构性矛盾较为突出，阻碍着就业结构的优化调整，限制了就业容量的扩大。第四，文化、教育事业发展滞后致使牧民综合素质较低，城乡教育事业发展差距突出，牧区文化娱乐事业发展落后。第五，牧区社会保障体系建设起步晚，发展相对滞后，社会保障体系和基础设施建设有待完善。基于上述，牧民城镇化背景下，应加大“三牧”投入力度，发掘第一产业的潜力，夯实草原畜牧业的发展基础。积极推进第二、三产业的转型升级，大力发展具有草原牧区特色和优势的民族手工业、制造业及生态旅游业等，解决就业难的问题，带动牧区经济发展。引导牧民构建科学合理的生活消费方式，疏通牧区物流通道，加强牧区基础设施建设。重视教育和文化娱乐事业，健全和完善社会保障制度来切实改善牧区民生。畅通牧民自由迁徙的路径，允许牧民家庭自主选择到城市就业，子女到城市学校就学，减少牧民人口。

4. 内蒙古经济的区际联系分析

从内蒙古 GDP 支出法构成看其净流出情况可以发现，在 2000 年之前，尽管净流出额很小，但是其占比较高，从最初的 –22% 左右，逐渐变化成 2% 左右。这说明在 1979 年至 2000 年期间，随着经济的发展，内蒙古的内需逐渐提高，对外净流出占比逐渐减少。从 2002 之后，净流出占比变成负值，而净流出额也变成负值，并且逐渐增加，这说明内蒙古在近 25 年的发展历程当中，发展速度非常迅速，对外需求提高，导致净流出额和占比负值逐渐增加（图 3–15）。

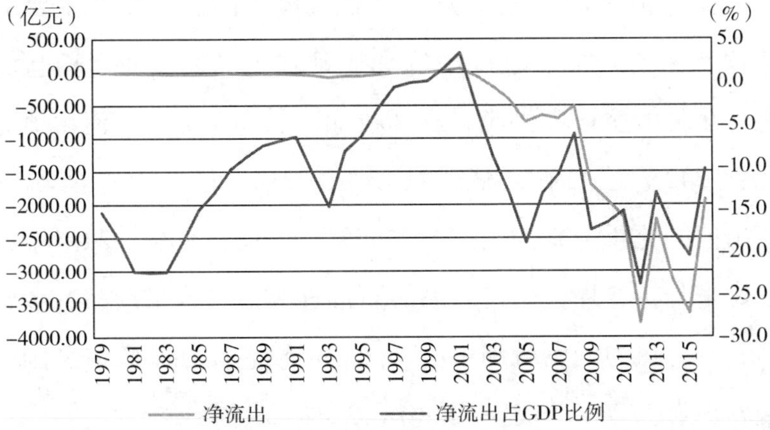

图3-15　内蒙古净流出及其占GDP的比例（1979～2015年）

图 3–16 表示中国 31 个省份（不含港澳台）对外的商品和服务的总流出，各省流出平均值为 5.2 万亿元。可见内蒙古对其他省的总流出低于全国省份的平均水平，约为 3.7 万亿，占比 2.3%。

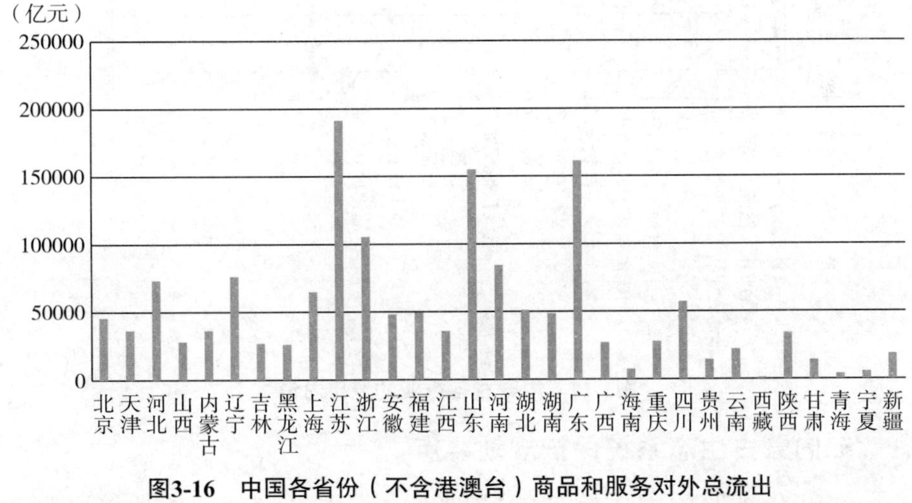

图3-16　中国各省份（不含港澳台）商品和服务对外总流出

进一步分析内蒙古产品流向。内蒙古对京、辽、冀、苏、豫等地的贡献度比较高，其商品和服务的流出总值分别为 191.2 亿、115.5 亿、107.7 亿、93.6 亿、89.6 亿元，各省占比分别为 13.2%、8.0%、7.5%、

6.5%、6.2%。内蒙古对外省的贡献度，基本上和地理距离呈现正相关性。

从内蒙古流出的行业来分析对其他地区的贡献度，主要的流出行业为煤炭采选产品、金属冶炼和压延加工品、交通运输仓储和邮政、电力热力的生产和供应、农林牧渔产品和服务，其流出值分别为445.6 亿、342.7 亿、240.4 亿、221.3 亿、214.5 亿元，占全国各个行业总流出值的比重分别为 13.7%、2.5%、3.8%、3.9%、2.6%。如果按流出占比来分析，煤炭采选产品、石油和天然气开采产品、金属矿采选产品、电力热力的生产和供应、交通运输仓储和邮政占全国的比重较高，分别为 13.7%、6.3%、4.8%、3.9%、3.8%。

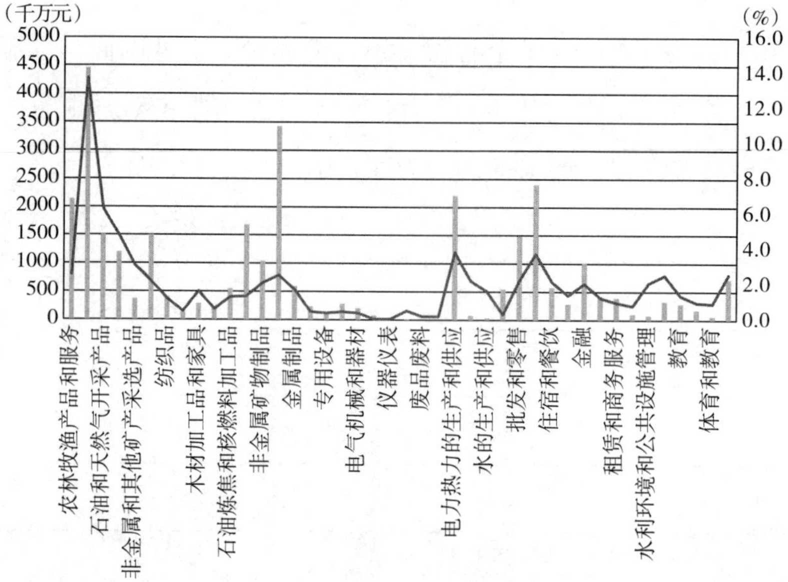

图3-17　内蒙古各行业的流出总值

5. 内蒙古生态系统保护规划要点

本部分遵照国家主体功能区划、内蒙古自治区主体功能区划、《内蒙古生态保护与绿色发展规划（2018—2050）》《生态安全屏障规划纲要（2013—2022）》与《内蒙古乡村振兴战略规划（2018—

2022）》等规划纲要要点，对内蒙古草地、农田、森林、河湖湿地、城市、荒漠生态系统的发展规划进行具体阐述。

（1）草地生态系统重点控制草原区的耕地开垦与草地退化趋势。草地作为我国陆地生态系统的核心组成部分具有重要的供水源涵养、土壤保持、防风固沙、生物多样性保护、洪水调蓄等维持区域生态平衡和安全方面保障功能，对维持我国生态安全起到重要的屏障作用。到2022年，全区禁牧休牧草畜平衡面积达到10亿亩以上，草原建设面积累计达到2亿亩，草原植被盖度达到46%。实施新一轮草原生态保护补助奖励机制，继续实施“退牧还草”“京津风沙源治理”“草畜平衡”“禁牧封育”与“矿山土地复垦与植被恢复”等多个重大生态保护与恢复工程，继续加大北方生态安全屏障的建设投入，重点加强呼伦贝尔草原、科尔沁草原、锡林郭勒草原、阴山北麓草原保护和建设，完成基本草原划定和草原确权承包工作。严格执行基本草原保护、严格草原用途管制，加强草原管护员队伍建设，严厉打击非法征占用草原、开垦草原、乱采滥挖草原野生植物等破坏草原的违法犯罪行为。加强呼伦贝尔、锡林郭勒、科尔沁等天然草原保护。增强气候变化与极端气候的自然灾害风险应对与方法能力，实现草原农畜产品的提质增效与农牧耦合发展，复垦草原破坏区。争取将锡林郭勒等草原区纳入退牧还草工程实施范围。逐步建立起与自治区现代农牧业相适应的现代草产业发展体系，培育优势饲草产业集聚区，推进优质牧草生产基地建设，打造优质草产品品牌。提高草牧业发展的科技创新能力，建设草原生态监测监管智能化覆盖项目，综合运用地面调查巡查、无人机、遥感卫星等技术，形成空天地一体化监测、巡查网络体系。

（2）农田生态系统重点通过技术效率，引导规模效率，提升国家粮食主产区河套—土默川平原、西辽河平原、大兴安岭沿麓农业产业带和呼伦贝尔—锡林郭勒草原畜牧业产业农田生态系统生产力，支持农田基本建设，严格农业节水，优化农业区域布局。到2022年，治理水土流失面积3250万亩，通过粮食存储适度调控，制定保护性退耕计划，采取轮作休耕提高农田生态系统生产力，实现藏粮于田。加强永久基本农田和生态保护红线的衔接协调，对划入生态保护红线的生态用地不得占用，其他用地类型除了必要的基础设施和居民生活之外，应逐步退出。严格保护耕地，控制非农建设对耕地的占用，严格控制农村集体建设用地规模。重点在地下水漏斗区、重金属污染区、生态严重退化区探索实行耕地轮作休耕试点。农作物种植结构按市场价格向长期均衡价靠拢方针指导作物结构调整，发展特色与优势粮食作物基地，提高品质，培育农产品品牌，增强消费者认知度，农产品主产区人口向城市化地区逐步转移。农业经济的规模化水平、农业劳动生产率和农牧民人均纯收入大幅提高，城乡区域间人均收入差距逐步缩小。依法划定特定农畜产品禁止生产区域，完善高标准农田建设、土地开发整理等标准规范。到2022年，农牧业面源污染和环境突出问题治理实现重点突破，初步形成生产、生活、生态协调的现代农牧业发展格局。充分利用内蒙古畜牧业优势以及在农牧交错带发展畜牧业的有利条件，立足地理优势，农牧结合发展品牌农业，强化科技创新与工程措施提升农田生态系统的适应能力。

（3）森林生态系统在保护的前提下优先发展，确立生态保护和经济发展的平衡点，实现地区经济、社会和生态的共同发展。科学采伐，避免森林资源浪费，控制防灾减灾成本。到2022年，完成营造林地建设5000万亩，活立木蓄积量指一定范围内土地上全部树木的总量，包括森林、疏林、散生木四旁树。森林覆盖率提高到 23%，活立木蓄积量达到 16 亿立方米，国有天然林保有面积稳定在 2.3 亿亩以上。重视林区的所有权、管理权和使用权的分配体制，提高林区居民生活水平。改革天然林和公益林的经营模式，坚持森林多功能经营、维持和提高林地生产力、保护和丰富生物多样性、保持和增强森林健康稳定等政策导向。保障增强森林生态系统对呼伦贝尔大草原和东北粮食主产区的生态服务调控功能。继续坚持大工程带动大发展，深入实施京津风沙源治理、三北防护林、天然林资源保护和退耕还林等国家林业重点工程和国家区域重点生态保护修复项目。稳步推进重点区域绿化，采取重点工程建设与全民绿化融合，突出重点、合理布局、活化机制、加大投入、完善政策，强化科技、提高林业建设的科技含量等有效措施，逐步建立可持续发展的林业生态系统。到 2022 年，造林面积核实率达到 95% 以上，合格率达到 80% 以上，保存率达到 70% 以上。建立健全护林防火机构，加强森林防火队伍建设，并根据有关法律法规制订详细的、责任到人的森林防火制度，以有效地护林防火、保护森林。加强林业有害生物防治，牢固树立绿色防治理念和促进森林健康理念，强化监测预警、检疫御灾、应急救灾和执法能力建设。

（4）湿地生态系统实施重点湿地保护和恢复工程的分类措施，积极建设河湖联通工程，为湖泊湿地提供水源，遏制沼泽湿地退化、消失。重视天然水循环与跨流域的水资源管理和保护。加强额尔古纳、达里湖与乌拉盖等湿地保护，对呼伦湖、乌梁素海、岱海、黄旗海和居延海采取湿地补水、水生植被恢复、水位调控、富营养化治理等修复措施。实施重点湿地保护和恢复工程，推进退耕还湿。到 2022 年，全区湿地面积稳定在 600 万公顷以上，30% 以上的重要湿地将得到有效保护，加强湿地水资源、动植物资源的保护和合理利用，全面监测评估天然湿地丧失和湿地生态系统功能变化情况。开展湿地生态效益补偿试点、退耕还湿试点，逐步遏制湖泊湿地面积萎缩与水质恶化的趋势。改善区域水资源稀缺现状，东部区水源富集，加强水利工程建设与水资源开发利用率；中西部处于黄河流域在总量控制目标下提升水资源效率与生产力。加强生态建设，防治水土流失。湿地周围的水土流失会造成流沙入侵、湖底淤积，生态建设是防治水土流失的有效方法。在湿地外围的沙地上种植梭梭，盐碱荒滩上种植红柳、沙枣，建起一道绿色屏障，可以有效地保护湿地。

（5）城镇生态系统重点开展城市生态系统的环境污染防治，包括大气、水、固体废弃物和其他各种污染，基于海绵城市、绿色产业、循环经济与低碳城市的理念建设“城市矿山”。严控新增建设用地，加强城镇周边地区耕地、林地、草地、湿地等保护，推进城镇低效用地再开发和工矿废弃地复垦。到 2022 年，实现城镇生活污水垃圾处理设施全覆盖和稳定运行，城镇人均公园绿地面积达到 21 平方米，建成区绿地率达到 35%。坚持内蒙古自治区城镇发展空间结构遵循“增长为主、均衡为辅、重点突破、据点发展、轴向推进”的方针，以铁路、公路干线为城镇发展主轴线，沿线分布的大、中城市为中心，与周围城镇组成“城镇组群”，形成大集中、小分散的区域城镇空间总布局。加快促进“沿线地带”“沿边地带”和城市周边的产业—城镇带形成；推进农村牧区按照农业发展型、牧业发展型和多元化发展型等城镇化途径发展。遏制土地城镇化快于人口城镇化的现状和发展趋势，控制城市增长边界。深度挖掘农村牧区生态涵养、休闲观光、文化体验与健康养老等多种功能和多重价值，加快发展休闲农牧业、观光农牧业、创意农牧业，培育农村牧区新产业新业态，推动资源全域化整合、多元化增值，城乡融合发展。提高城市生物多样性，优化城市绿地布局，建设绿道绿廊，使城市森林、绿地、水系、耕地形成完整的生态网络。大力提高建成区绿化覆盖率，加快老旧公园改造，提升公园绿地服务功能。加强古树名木保护，严禁移植天然大树进城。发展森林城市、园林城市、森林小镇。开展城市山体、水体、废弃地、绿地修复，实施城市生态修复示范工程项目。

（6）荒漠生态系统构建荒漠生态系统以自然恢复与工程治理结合修复机制，强化沙产业试验示范基地建设，稳步推进沙地的生态治理措施。荒漠生态环境极度脆弱，生态工程建设应充分考虑自然规律和水资源承载能力，以封为主、以灌为主，采取“生态优先、保护优先、林草水结合”的路线，对重点沙化区域实行“封、飞、造、固、移、转”的综合治理，加大治理力度和投资标准。加大自治区五大沙漠（库布齐沙漠、乌兰布和沙漠、巴音温都尔沙漠、腾格里沙漠、巴丹吉林沙漠）和五大沙地（呼伦贝尔沙地、科尔沁沙地、乌珠穆沁沙地、浑善达克沙地、毛乌素沙地）及阴山北麓生态保护建设区综合治理力度，健全沙产业发展激励机制，推进沙产业试验示范基地建设，稳步推进沙地生态治理，发展沙产业。建立沙地沙漠生态系统以自然恢复为主的修复机制。治理略见成效的沙地仍然很脆弱，应进一步实施沙地治理项目区生态保护建设补偿机制，巩固治理效果。预测 2022 年荒漠生态系统治理面积 4.09 万平方千米，全区 40% 以上可治理荒漠生态系统将到初步治理。在流动和半流动沙地严格封育禁牧。以飞播治理为主，结合人工抚育建设，探索沙产业发展的生态经济道路。

（三）北方（内蒙古）生态系统未来综合情景模拟

1. 情景方案设置

根据内蒙古的社会经济发展特征，本文设置了基准情景、生态—经济协同发展情景和生态—经济权衡发展情景三种情景。基准情景主要反映基于历史趋势的人口与 GDP 增长趋势。生态优先发展情景则设定内蒙古会优先采用一系列的环境保护、生态恢复和可持续发展策略，人口与 GDP 将进入一个相对平缓的增长阶段。生态—经济协同发展情景主要考虑未来产业结构调整、政策或技术变化等将推动人口与经济的快速增长。在生态系统情景预测时，我们选择反映人类活动强度的关键指标（GDP 总值、城镇化率和人口规模）作为核心参数指标。同时参考我国国民经济社会发展规划、国家主体功能区划、内蒙古生态主体功能区规划等，并基于上述设定了三种发展情景。

（1）基准情景（S1）。在基准情景中，假设社会经济发展按照历史变化趋势继续推进。《内蒙古自治区“十三五”新型城镇化规划》提出，到 2022 年，户籍人口城镇化率提高到 50% 左右，常住人口城镇化率提高到 65% 左右，两个城镇化率高于全国平均水平 5 个百分点左右。据《内蒙古自治区国民经济和社会发展第十三个五年规划纲要》测算，户籍人口城镇化需要每年增长约 50 万人。据人口增速相比于 2000 年前的趋势而言，其自然增长率逐渐下降。但是以市镇人口比例表示的城镇化率会随着社会经济的发展而逐渐上升，2022 年人口总量为 2712 万人，城镇化率为 65%。中长期来看，预估 2035 年总人口为 3000 万人，城镇化率为 71.7%（见图 3–18、图 3–19）。

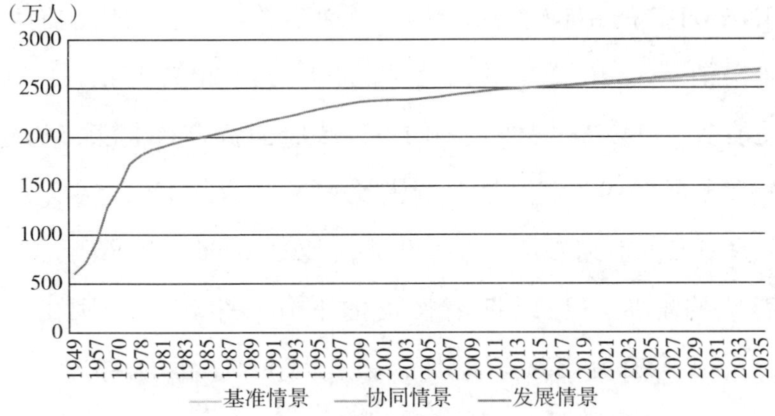

图3-18　基于不同情景至2035年内蒙古人口变化趋势

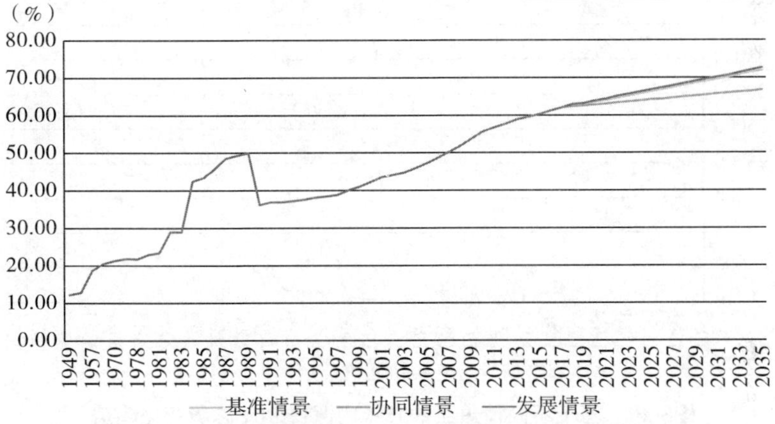

图3-19　基于不同情景至2035年内蒙古城镇化率变化趋势

内蒙古的地区国民生产总量会在近期的未来追求低速高质的发展路径。2018 年上半年统计资料显示，其 GDP 为 7776.7 亿元，同期下降 19%，每个季度平均值为 3888 亿元；前三季度的名义 GDP 为 12309 亿元，同期下降 10.4%，每个季度的平均 GDP 为 4103 亿元。假设 2018 第四季度按照此速度计算，2018 年为 16908 亿元，到 2022 年名义 GDP 为 20564 亿元，三产比例为 8.6 ： 38.4 ： 53.0。

根据世界银行各国支出法 GDP 构成来看，发达国家的消费结构占比平均高达 65% 以上，而投资占比低于 30%。因此，内蒙古从支出法 GDP 的结构来看，消费预计会随着人口的增加而增加，农村居民消费从 2022 年的占比 7.8% 上升至 2035 年的 11.4%，城市居民消费从 24.4% 增加至 30.1%，政府消费也有上涨，从原来的 13.6% 上升至 18.9%。但是投资占比参考发达国家的趋势，会逐渐下降，从 2022 年到 2035 年，投资占比从 61.6% 下降至 33.5%。由于消费的增加不足以抵消投资的下降，生产剩余则由净流出吸收，所以其净流出逐渐增加，占比从 2022 年的 –8.0% 上升至 2035 年的 6.1%（见图 3–20 ~ 图 3–24）。

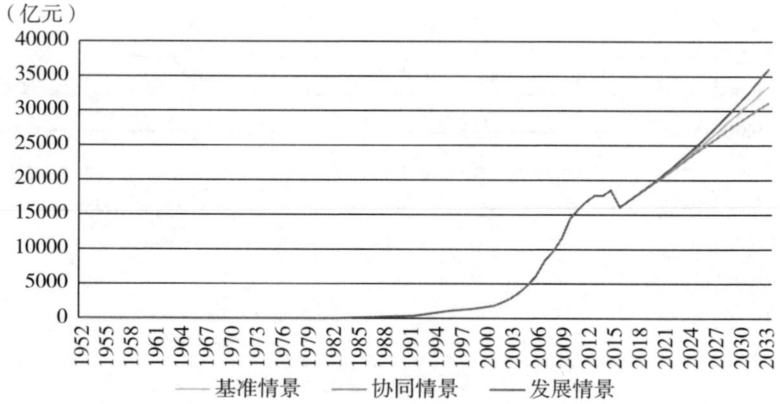

图3-20　基于不同情景至2035年内蒙古GDP总量变化趋势

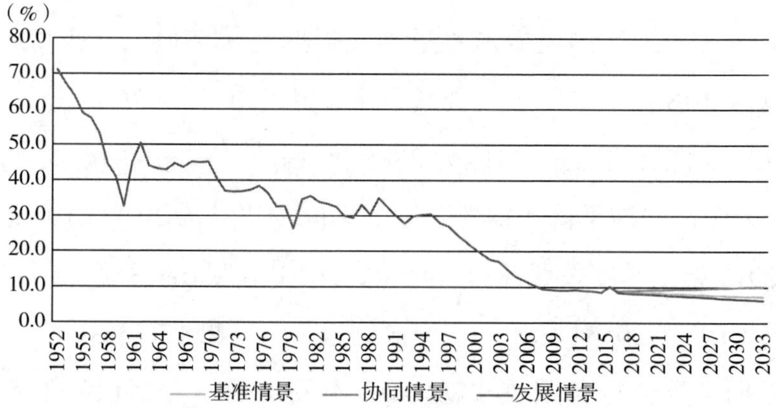

图3-21　基于不同情景至2035年内蒙古第一产业比例变化趋势

图3-22 基于不同情景至2035年内蒙古第二产业比例变化趋势

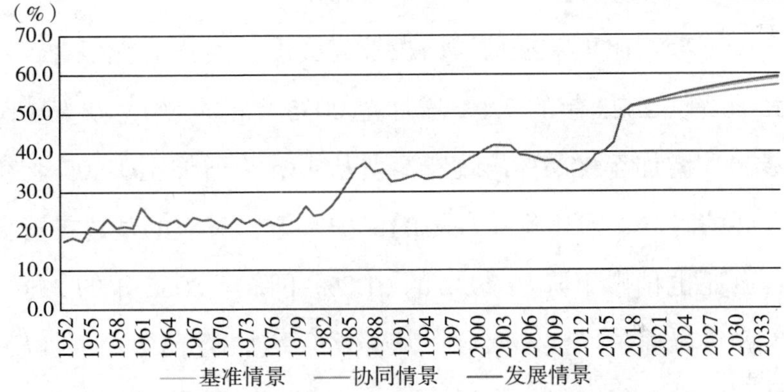

图3-23 基于不同情景至2035年内蒙古第三产业比例变化趋势

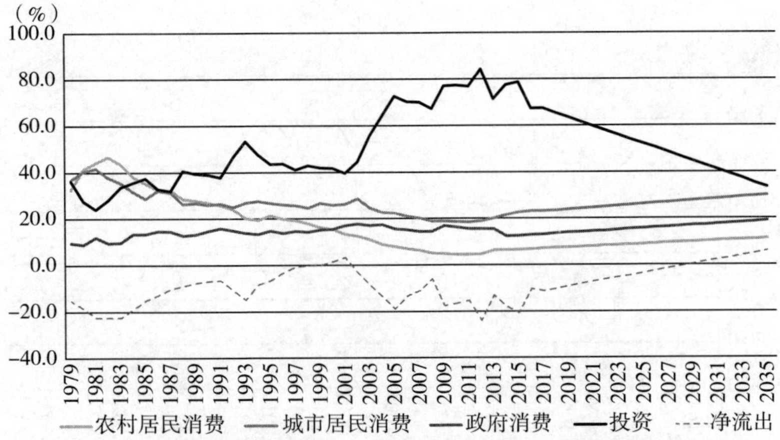

图3-24 基准情景下至2035年内蒙古支出法GDP构成变化趋势

（2）生态优先发展情景（S2）。相比于基准情景，生态优先发展情景更注重生态文明建设，对于农田、草地、森林、湿地生态系统的保护力度加强，二、三产业的比例也会有所下降，此时劳动力投入不及基准情景需求高涨，因此其增速会低于基准情景。在此种情景下，2022 年为 2549 万人，城镇化率为 63.6%。远期 2035 年，人口总数为 2603 万人，城镇化率为 66.6%。在生态优先发展情景下，内蒙古生产总值到 2022 年约为 20237 亿元，到 2035 年为 31088 亿元，分别低于基准情景 1.59% 和 8.99%。2022 年经济结构比例为 9.2 ∶ 38.3 ∶ 52.5，到 2035 年三产比例为 10.2 ∶ 32.6 ∶ 57.2。

人口总数相比于基准情景增长较为缓慢，因此消费相对较低。农村居民消费从 2022 年的 7.4% 增加至 2035 年的 9.5%，城市居民消费则从 24.0% 增加至 28.2%，政府消费从 13.8% 增加至 17.0%。在生态优先发展的时候，对于生态环境的保护考虑，对应的基建投资会有所控制，占比也稍微下降从 2022 的 61.2% 下降至 2035 年的 31.6%。剩余的生产可以通过净流出吸收，从 –6.4% 增加至 13.7%。所以，在这种情景下，需内蒙古降低发展速度，追求发展质量，减少对外需求，加大对外输出。

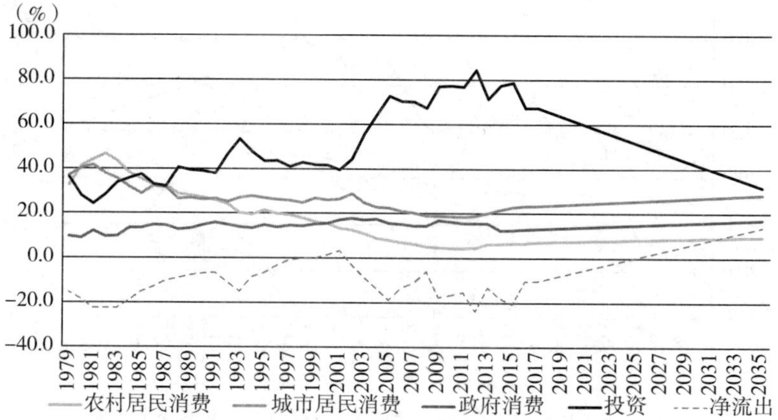

图3-25 生态优先发展情景下至2035年内蒙古支出法GDP构成变化趋势

（3）生态—经济协同发展情景（S3）。在生态经济协同发展情景下，更多考虑经济的发展，因此其重要的经济指标都相比于前两个情景要高，但是第一产业比例则相对较低，因为经济发展占用了更多的其他生态资源，而经济的发展需要更多的劳动力投入，因此人口总量也相对较高，且更多劳动力投入到市镇区域的第二产业和第三产业中。在此情景下，内蒙古 2025 年的人口总量为 2587 万人，城镇化率为 65.2%，远期 2035 年，人口达 2694 万人，城镇化率为 72.4%。

在生态—经济协同发展情景下，内蒙古生产总值到 2022 年为 21348 亿元，到 2035 年为 36023 亿元，分别高于基准情景 3.81% 和 6.62%。此时，2022 年经济结构比例为 8.3 ∶ 38.6 ∶ 53.1，到 2035 年三产比例为 6.3 ∶ 34.4 ∶ 59.3。

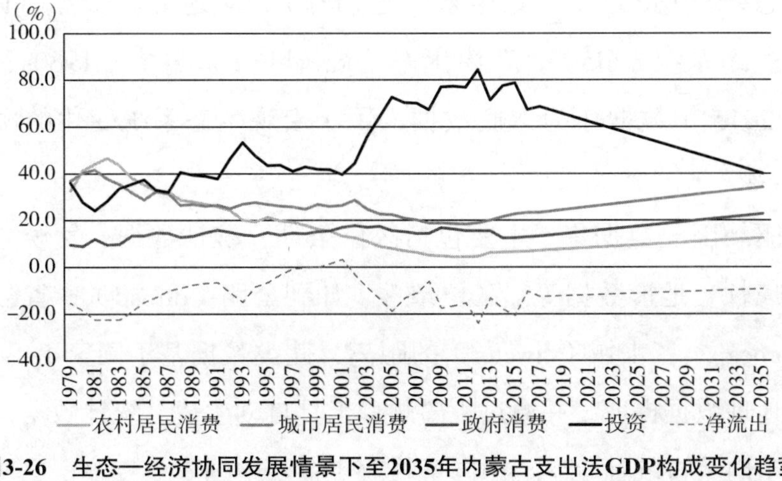

图3-26　生态—经济协同发展情景下至2035年内蒙古支出法GDP构成变化趋势

如果在于生态文明和经济发展的权衡中，在生态系统的承载力范围内，追求经济的快速发展时，其劳动力和资本的需求相比于前两个情景要高，因此人口总数以及经济的发展则会进一步刺激消费。其中，农村居民消费从 2022 年的 8.1% 增加至 2035 年的 12.4%，城市居民消费从 2022 年的 25.2% 增加至 2035 的 33.9%，而政府消费则从 15.0% 增加至 22.7%。投资虽然整体占比下降，但是相比于基准情景和协同发展情景要高（从 63.5% 下降到 39.9%）。在追求经济发展的前提下，对于外来需求会高于流出，但是整体趋势却随着经济发展而逐渐减弱，净流出的比例从 2022 年的 11.8% 变化到 2035 年的 8.9%。

2. 模拟基础数据

时间序列生态系统分布数据。宏观生态系统数据主要包括 20 世纪 80 年代末（1980s），2000 年与 2015 年三期，包括 6 个一级类和 25 个二级分类的 100m × 100m 分辨率栅格和 SHP 格式矢量数据。SHP 格式数据用于分析各种土地利用面积历史变化趋势与转移矩阵，再将其 dissolve 为一级生态系统类型，包括农田生态系统（ld1），森林生态系统（ld2），草地生态系统（ld3），湿地生态系统（ld4），城市生态系统（ld5），荒漠生态系统（ld6）。其中，1980s、2000 年与 2015 年数据作为本底数据，用于宏观生态系统变化的模拟与验证。

驱动因子数据集。主要包括区位条件、统计数据、气候数据、土壤属性、地形数据等。区位条件，如到公路（dtroad）、省会城市（dtprocap）、水域（dtwater）的距离，此类数据基于国家 1 ∶ 25 万基础地理数据提取，并通过距离测算工具自动生成。统计数据，主要来自于内蒙古统计年鉴、中国畜牧业年鉴、中国农业年鉴，主要包括人口、GDP、粮食生产、畜牧业生产、退耕还林还草政策、自然保护区、污染治理等数据。气候数据，主要包括气温（*ta*）、降水（*rain*）日照时长（*sun*）和大于 0℃积温（*ct0*），来源于内蒙古气象台站的文本数据，通过空间插值方法实现气候数据的栅格化处理。常用于气象数据空间插值的方法有距离权重法、克里格法与梯度距离平方反比法等，主要采用双线性距离加权插值和海拔调整方程构建了气候数据模型进行空间插值，得到 1km × 1km 栅格数据。土壤属性，包括壤土含量（*loam*）、土壤有机氮（*soiln*）、土壤有机磷（*soilp*）、土壤钾（*soilk*）以及土壤 PH（*soilph*）。土壤与气候条件影响用地类型的产出，加之社会经济与管理政策的外来冲击，从而影响社会主体对土地利用的选择行为，进而对土地利用变化进程产生影响。地形数据，包括高程（DEM）、坡度（*slope*）。高程数据基于 1 ： 25 万数字地面高程模型（DEM）提取，并形成 1km × 1km 的 GRID 数据，利用 ArcGIS 提取内蒙古的坡度分布。

3. 模型方法

北方（内蒙古）各类生态系统空间分布情景模拟时采用了土地利用均衡分析（CGELUC）模型。它由非空间子模块和空间子模块构成，分别在区域尺度上描述人文要素驱动的土地利用需求变化和在栅格尺度上表达土地利用需求驱动土地利用变化（图 3–27）。非空间子模块基于可计算一般均衡理论，考虑了区域政策、社会、经济等各方面的因素，考察的是社会经济发展对土地要素各种不同利用方式的需求，基于国家 / 区域社会经济发展的总体趋势及政策对未来土地利用需求进行模拟。空间子模块基于多智能主体理论，考察栅格尺度上的政策、社会、经济、自然条件控制下土地利用需求的在空间上的实现。通过结合由宏观需求驱动微观变化的自上而下的分解过程和由栅格条件制约区域需求的自下而上的加总过程，可以考察人文要素对土地利用变化的驱动作用。

同时，土地利用均衡分析模型非空间子模块考虑了气候变化导致的农业生态分区（AEZ）改变引起的社会经济决策行为改变导致的土地利用需求变化。模型采用的农业生态分区指的是由可持续发展和全球环境中心 Center for Sustainability and Global Environment（SAGE）和国际粮农组织（FAO）根据气候条件和作物生长规律划分的一致性分区单元。在土地利用均衡分析模型的构建过程中，解决了未来 AEZ 分区变化预判的难题。未来 AEZ 分区变化的预判主要依据 IPCC 提供的全球未来（2010~2050 年）气候数据实现。基于 SAGE 提供的 2000~2010 年 AEZ 区划对 IPCC 数据进行修正，并根据 SAGE 提供的 AEZ 划分方法，预判了中国未来农业生态分区（AEZ）的空间分布格局。

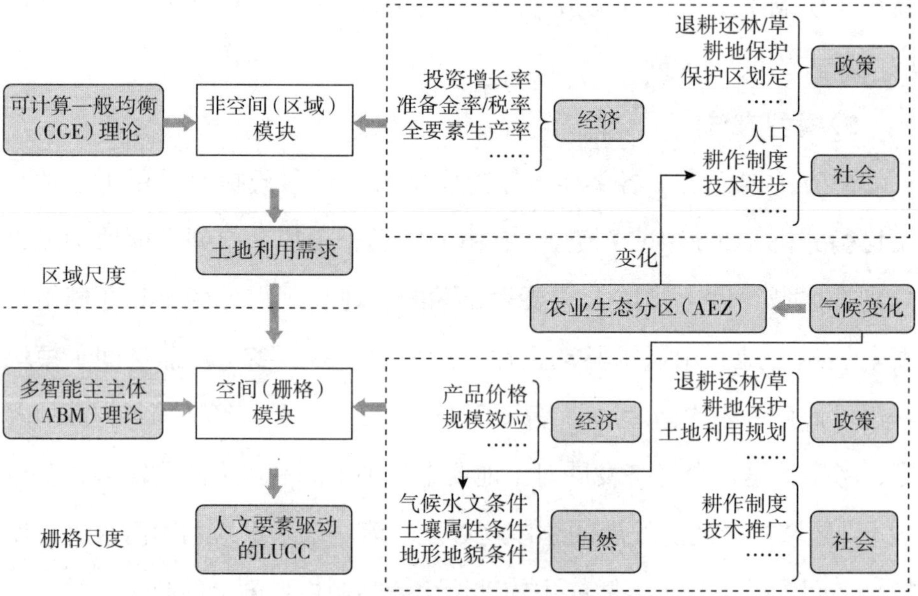

图3-27　土地利用均衡分析模型框架

CGELUC 模型非空间模块是基于可计算一般均衡理论构建的一般均衡模型。模型的实际，是由一系列经济学方程构成的有且有唯一解的联立方程组，不同的土地利用类型作为生产要素在经济学方程中体现，当外生变量亦即方程的系数发生改变，作为方程组解的各种土地利用类型的需求就会发生改变，从而驱动区域土地利用结构的改变。在 CGELUC 非空间模块实现了区域上土地利用需求的估计后，CGELUC 空间模块实现土地利用需求的空间显性表达。即在栅格尺度上，基于各种自然、经济、政策、社会条件将土地利用需求进行空间上的分配。空间模块是基于多智能主体理论构建的用以将土地利用需求分配到空间栅格上的模型工具。该模块考虑了包括气温、降水、辐射、坡度、高程、土壤 N 含量、土壤 P 含量、土壤 K 含量、土壤颗粒组成、生产规模等信息，用以判断相应土地利用 / 覆盖类型的生产力，同时结合土地利用与收益案例库和非空间模块提供的产品价格数据，估算出各种潜在土地利用类型的收益。在非空间模块提供的土地利用需求约束下，对各种土地利用类型按照收益的高低进行分配，直至与土地利用需求最为接近为止（图 3–28）。

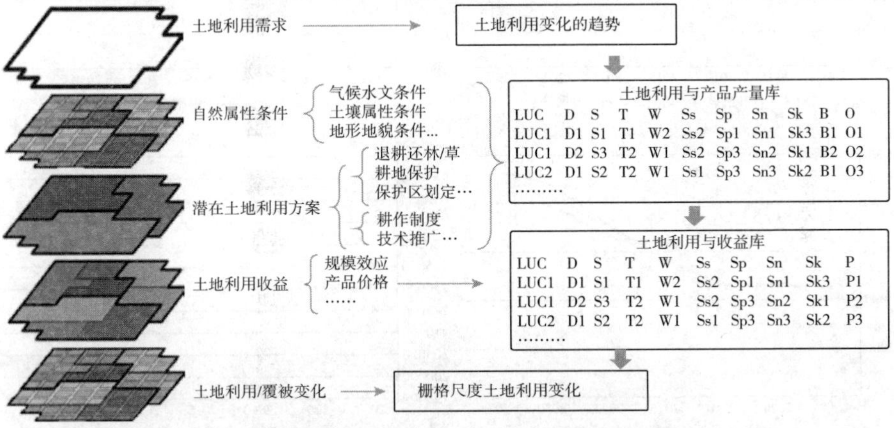

图3-28　土地利用均衡分析模型空间模块运行流程

4. 生态系统情景模拟

（1）北方（内蒙古）各类生态系统面积参数率定。根据《内蒙古自治区主体功能区划》《内蒙古自治区社会经济发展规划》《内蒙古生态环境保护“十三五”规划》、《内蒙古土地利用规划（2006—2020 年）》等相关文件，提取并率定农田、森林、草地、水体与湿地、城市、荒漠生态系统在近期（2022 年）和远期（2035 年）的面积变化趋势（图 3–29）。

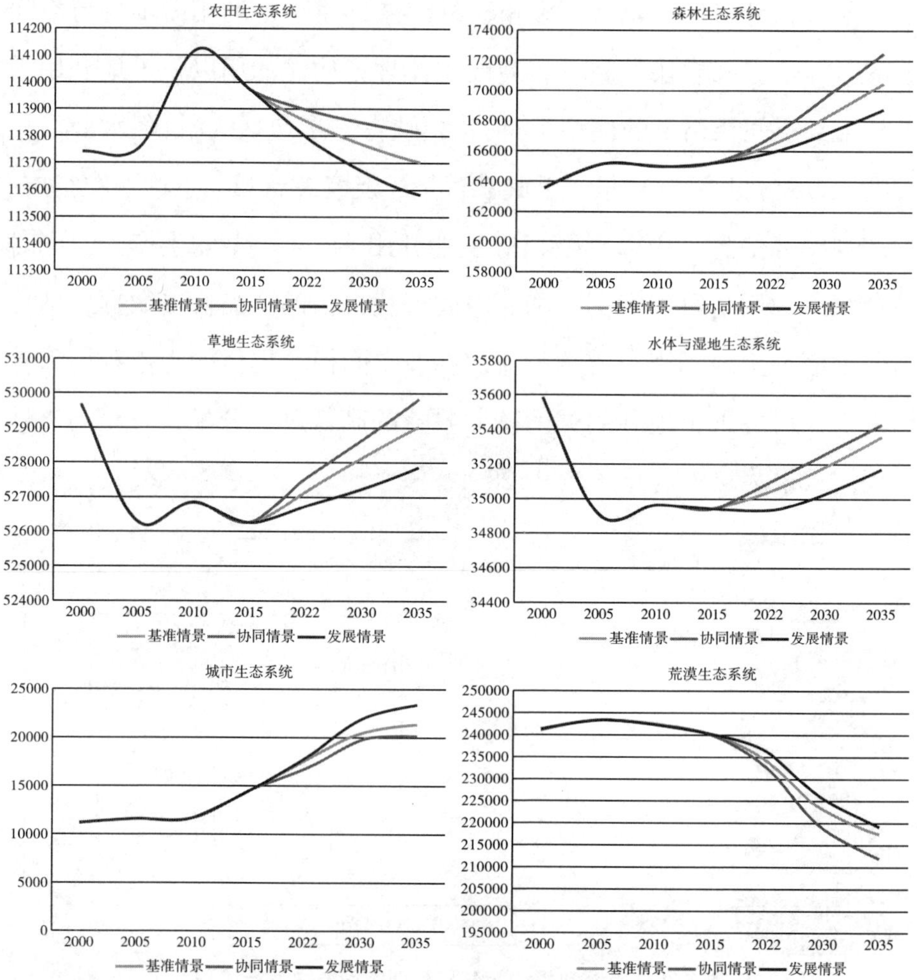

图3-29　未来情景下内蒙古六大类生态系统面积变化趋势（平方千米）

①农田生态系统。在基准情景下，内蒙古经济结构的第一产业逐渐下降，该规划中耕地保有量也逐渐下降，因此模型产业比例的下降会导致农田生态系统的面积逐渐下降。中科院资源环境数据中心遥感监测数据显示，内蒙古 2015 年的农田生态系统面积为 11.40 万平方千米，到 2022 年下降为 11.39 万平方千米，未来 2035 年，农田生态系

统面积为 11.37 万平方千米。在生态优先发展情景下，发展质量相比于发展速度更为重要，第一产业的调整力度并没有基准情景那么强。因而在此情景下，对农田生态系统的需求依然较高，其下降速度略缓于基准情景。2022 年和 2035 年的面积分别为 11.39 万平方千米、11.38 万平方千米。在生态经济协调情景下，经济结构调整力度加大，第二、三产业结构比例相比于基准情景高。在满足农产品供给需求和耕地红线的同时，农田生态系统的面积缩减的速度增加，到 2022 年其面积为 11.38 万平方千米，而 2035 年为 11.36 万平方千米。

②森林生态系统。作为国家北方的生态安全屏障重要组成部分，森林生态系统发挥着极其重要的作用。按照“两屏三区”为主体的生态安全战略布局和建设重点，大兴安岭、阴山北麓、沙地防治区、沙漠防治区、黄土高原丘陵沟壑水土保持区的生态恢复政策使得林地面积逐步增加。基准情景下，内蒙古的森林生态系统从 2022 年的 16.65 万平方千米增加到 2035 年的 16.80 万平方千米。在生态优先情景下，森林生态系统面积增速更高，2022 年为 16.70 万平方千米，2035 年为 16.91 万平方千米。在生态经济协同发展景下，森林生态系统的面积虽然不断增加，但相比于基准情景和协同发展情景，其面积增量较少。2022 和 2035 年分别为 16.60 万平方千米和 16.68 万平方千米。

③草地系统。根据遥感数据显示，草地生态系统占内蒙古总面积的 46%，并且从 2000 年的 52.97 万平方千米下降到 2015 年的 52.63 万平方千米，为变化面积最大的生态系统之一。在基准情景下，由于生态文明建设的重要性，预测草地生态系统的面积依旧会逐渐增加。2022 年，草地生态系统面积为 52.72 万平方千米，2035 年

为 52.90 万平方千米。在生态经济协同发展情景下，草地生态系统的面积由于畜牧业发展速度相对下降，且沙地、沙漠地的治理，退牧还草政策的实施，使得草地生态系统面积逐渐增加，从 2022 的 52.75 万平方千米增加到 2035 年的 52.98 万平方千米。在发展优先情景下，因为畜牧业的大力发展给予草地生态系统较大的压力，所以在 2022 年还有所下降，为 52.68 万平方千米，之后由于畜牧业的规范以及草地整治政策的实施，面积逐渐增加，到 2035 年为 52.79 万平方千米。

④水体和湿地生态系统。水体和湿地生态系统的面积变化，和森林与草地生态系统的变化趋势基本一致。在基准情景下，其面积在 2022 年和 2035 年分别为 35.04 万平方千米、35.35 万平方千米，主要是因为森林与草地生态系统面积的增加，大幅增加了内蒙古对于水资源的涵养及截留功能，使得水资源总量和湿地面积都有所增加；并且在生态优先情景下，水体和湿地生态系统的面积增加幅度更高，2022 年、2035 年的面积分别为 35.10 万平方千米、35.43 万平方千米。但是，在经济发展优先情景下，经济高速发展对于水资源的需求更高，而且水资源节约技术还没有逐渐发展，因此水体面积还有所下降，到 2022 年为 34.93 万平方千米。但 2035 年，水体和湿地的面积逐渐增加至 35.17 万平方千米。

⑤城市生态系统。城市生态系统主要和人口数量、社会经济活动相关。在基准情景下，社会经济和人口增长速率参考历史趋势，其增速逐渐放缓，因此城市生态系统的面积也将逐渐放缓。2022 年，其面积为 17.61 万平方千米，但是到了 2035 年，城市生态系统的面积为 21.40 万平方千米。相比之下，协同发展情景，人口增长缓慢，对于

城市建设用地、交通用地、工业用地需求相对较少，所以其面积增加较少。2022 年为 16.74 万平方千米，到 2035 年为 20.11 万平方千米。发展情景下，对于劳动力的需求更高，人口增长加速，工业和服务业的大力发展，促进了城市生态系统的增加。2022 年为 17.85 万平方千米，2035 年为 23.36 万平方千米。

⑥荒漠生态系统。荒漠生态系统主要是指沙地、隔壁、盐碱地和其他未利用土地，占内蒙古总生态系统面积的 21%。这些用地都具有一定的生态利用潜力，而且沙地沙漠治理、盐碱地的针对性治理方案，都可以使得荒漠生态系统转变成为森林和草地生态系统，因此其面积会逐渐下降。在基准情景下，荒漠生态系统的面积在 2022 年和 2035 年分别为 23.45 万平方千米和 21.77 万平方千米。在协同情景下，两年的面积分别为 23.30 平方千米和 21.24 万平方千米，而发展情景下面积分别为 23.64 平方千米和 21.94 万平方千米。

在基准情景下，预测内蒙古农田生态系统面积逐渐缩小，由于生态文明建设的重要性，预测森林和草地生态系统的面积会逐渐增加。由于森林与草地生态系统面积的增加，大幅增加了内蒙古对于水资源的涵养及截留功能，使得湿地生态系统面积略有增加。城市生态系统主要和人口数量、社会经济活动相关，城市生态系统面积在逐渐增加。未来对沙地沙漠治理、盐碱地的针对性治理方案，都可以使得荒漠生态系统转变成为森林和草地生态系统，因此其面积会逐渐下降。在基准情景下，预测内蒙古农田生态系统面积逐渐缩小（0.53%），森林和草地生态系统的面积会逐渐增加（8.50%、1.90%），湿地生态系统面积略有增加（1.73%），城市生态系统面积在逐渐增加（38.06%），荒漠生态系统面积会逐渐下降（9.67%）。

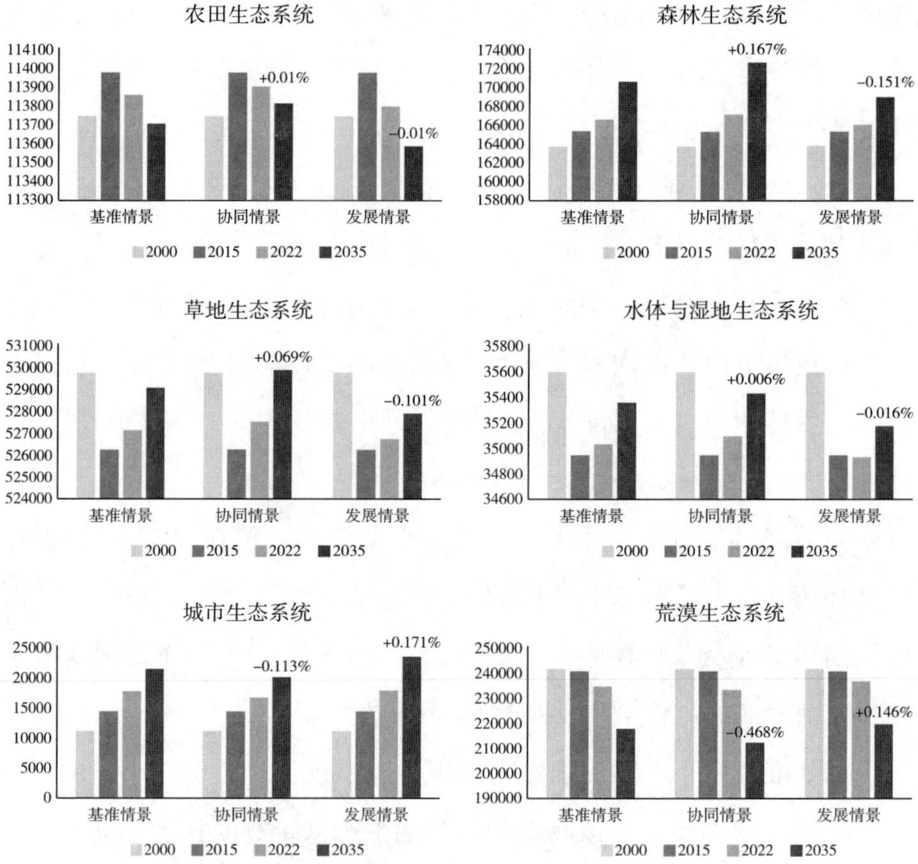

图3-30　内蒙古生态系统面积变化情景对比（平方千米）

生态优先发展情景下，生态保育更为重要，因此农田生态系统面积缩减速度略缓高于基准情景；森林生态系统增长速率相较于基准情景更高；草地生态系统的面积由于农牧交错带退耕还草工程实施而呈增加态势，且沙地、沙漠地的治理，退牧还草的政策，使得草地生态系统面积逐渐增加增长速率相较于基准情景也更高；湿地生态系统的面积增加幅度更高。相比之下基准情景，生态优先发展情景人口增长缓慢，城镇化率提高也较慢，对于城市建设用地、交通用地、工业用地需求相对较少，所以其面积增加较少。治理沙地面积相较基准情景增大，荒漠生态系统面积缩减速度更快。因此农田生态系统面积缩减速度略缓于基准情景（0.35%），森林和草地生态系统面积逐渐增加（10.79%、2.57%）增长速率相较于基准情景也更高，湿地生态系统的面积增加（2.02%）幅度更高。城市生态系统面积增加（29.68%），相对较少，荒漠生态系统面积缩减（11.91%）速度更快。

在生态—经济协同发展情景下，经济结构调整力度加大，在满足农产品供给需求和耕地红线的同时，农田生态系统的面积缩减的速度增加；森林和草地生态系统在经济的大力发展下面积增加趋势略缓于基准情景；在生态—经济协同发展情景下，经济高速发展对于水资源的需求更高，水资源节约技术推广速度低于生态优先发展情景，因此湿地面积增速相比生态优先发展情景变缓；生态经济协同发展情景下，对于劳动力的需求更高，人口增长加速，工业和服务业的大力发展，促进了城市生态系统迅速增加；荒漠的缩减速度相较基准情景变慢。在生态—经济权衡发展情景下，经济结构调整力度加大，农田生态系统面积缩减的速度增加（0.70%），森林和草地生态系统在经济的大力发展下面积增加趋势略缓于基准情景（7.99%、1.52%），湿地面积增速变缓（1.44%）；城市生态系统迅速增加（50.32%）；荒漠的缩减速度（8.96%）相较基准情景变慢。

（2）北方（内蒙古）各类生态系统空间分布情景模拟。在已有各类生态系统面积变化趋势的基础上，结合各类生态系统分布的空间规则进行推演，模拟出未来情景下内蒙古六大类生态系统 2022 年和 2035 年空间分布格局。对比不同情景下各个生态系统从 2000 年至 2035 年面积变化，内蒙古自治区森林、草地、城市生态系统的面积有所增加，农田、荒漠生态系统的面积有所减少，水体和湿地生态系统基本稳定，有小幅度增加。由于生态—经济协同发展情景更加注重对环境、生态的保护，相比基准情景草地、森林、湿地生态系统的保护力度更大。因此对比基准情景，农田生态系统面积增加 0.01%，森林生态系统相比基准情景面积增加 0.17%，草地生态系统相比基准情景面积增加 0.07%，水体和湿地生态系统相比基准情景面积增加 0.01%，城市生态系统相比基准情景面积减少 0.11%，荒漠生态系统相比基准情景面积减少 0.468%。由于生态 – 经济权衡发展更多考虑经济的发展，因此相比基准情景农田生态系统面积减少 0.01%，森林生态系统相比基准情景面积减少 0.15%，草地生态系统相比基准情景面积减少 0.10%，水体和湿地生态系统相比基准情景面积减少 0.02%，城市生态系统相比基准情景面积增加 0.17%，荒漠生态系统相比基准情景面积增加 0.15%。

从空间分布上来看，农田生态系统减少区域主要分布在“农牧交错带”地区，以及部分农田被城市扩张所侵占。森林生态系统增加区域相对分散，较为集中的区域出现在大兴安岭西麓根河市、鄂尔多斯市中部等人工造林区以及阴山北麓等地。草地生态系统面积扩张主要分布在近十年退化的地区，通过实施“退耕还草”工程，恢复原有但退化的草地生态系统，围绕现有草地生态系统的分布地区进行一定程度的扩张。湿地生态系统面积空间上有变化的区域主要分布在呼伦贝尔草原地区、锡林郭勒草原东部及通辽市和赤峰市东部等地。城市生态系统主要以原有城镇分布为核心在其周边区域扩张，特别是在采矿场、工业用地、交通沿线附近城镇面积增加较多。荒漠生态系统主要缩减主要发生在与其他生态系统的交界处。

研究模拟预测了内蒙古生态—经济系统 2022 年、2035 年相关参数值，基准情景下六类生态系统的规划目标只有森林和荒漠生态系统目标达到，其他四类生态系统目标仍未达到；生态优先发展情景下虽然生态系统规划目标超额实现，然而其代价是经济的大幅下降和人均收入降低，与此相对生态经济协同发展情景下，生态系统规划目标基本完成，但其需要超越两个情景的快速城镇化率和经济发展的技术贡献进步，而人口增长的经济发展贡献力度减小（表 3–9）。

表3-9　内蒙古生态-社会经济系统情景预测结果（相对于基准情景）

情景	年份	GDP（亿元）	GDP变化（%）	城镇化（%）	城镇化变化(%)	总人数（万人）	人口变化（%）
基准年	2015	18032		60.3		2511	
S1	2022	20564	+14.04	65	+3.3	2712	+8.00
	2035	34158	+89.43	71.7	+6.3	3000	+19.47
S2	2022	20237（–2%）	+12.23	63.6（1%）	+4.7	2549（–6%）	+1.51
	2035	31088（–9%）	+72.40	66.6（5%）	+11.4	2603（–13%）	+3.66
S3	2022	21348（+4%）	+18.39	65.2（2%）	+4.9	2587（–5%）	+3.03
	2035	36419（+7%）	+101.97	72.4（7%）	+12.1	2694（–10%）	+7.29

注：（i）S1为基准情景，S2为生态经济协同发展情景，S3为生态经济权衡发展情景。
（ii）括号中的数字为S2和S3情景相对于S1情景的变化率。

基准情景下，到 2022 年森林覆盖率增加 8%，荒漠生态系统下降 10%，达到预期发展目标。然而农田与湿地生态系统面积变化不大，分别为 0.5%、–0.2%，草地覆盖率增长 2%，城市生态系统面积增加 4%，未能达到预定发展目标。由于森林与草地生态系统面积的增加，大幅增加了内蒙古对于水资源的涵养及截留功能，使得湿地生态系统面积略有增加，聚落生态系统主要和人口数量、社会经济活动相关，城市生态系统面积在逐渐增加，未来对沙地沙漠治理、盐碱地的针对性治理方案，都可以使得荒漠生态系统转变成为森林和草地生态系统，因此其面积会逐渐下降。

生态优先发展情景下，到 2022 年森林覆盖率增加 8%，荒漠生态系统下降 12%，农田生态系统减少 –5%，湿地态系统面积增加 7%，草地覆盖率增长 3%，城市生态系统面积在增加 12%，均超过预期目标。生态优先发展情景下，发展质量更为重要，因此农田生态系统面积缩减速度略缓于基准情景，森林生态系统增长速率相较于基准情景更高。在生态经济协同发展情景下，草地生态系统的面积由于畜牧业发展速度相对下降，且沙地、沙漠地的治理，退牧还草的政策，使得草地生态系统面积逐渐增加增长速率相较于基准情景也更高，湿地生态系统的面积增加幅度更高。相比之下基准情景，协同发展情景人口增长缓慢，对于城市建设用地、交通用地、工业用地需求相对较少，所以其面积增加较少，治理沙地面积相较基准情景增大，荒漠生态系统面积缩减速度更快。

生态—经济协同发展情景下，到 2022 年森林覆盖率增加 4%，荒漠生态系统面积下降 12% ，农田生态系统减少 –15%，湿地态系统面积增加 5%，草地覆盖率增长 3%，城市生态系统面积增加 15%，均刚达到预期目标。在生态—经济权衡发展情景下，经济结构调整力度加大，在满足农产品供给需求和耕地红线的同时，农田生态系统的面积缩减的速度增加，森林和草地生态系统在经济的大力发展下面积增加趋势略缓于基准情景，但城市内部林草面积比重增加。在生态经济协同情景下，经济高速发展对于水资源的需求更高，而且水资源节约技术还没有逐渐发展，因此湿地面积增速变缓，对于劳动力的需求更高，人口增长加速，工业和服务业的大力发展，促进了城市生态系统迅速增加；荒漠的缩减速度相较基准情景变慢。

总之，实现保护生态环境和发展经济的有机统一、相辅相成，必须实现经济发展及高速度向高质状态的转变。将城镇开发边界作为调整经济结构、规划产业发展、推进城镇化不可逾越的红线，提高城镇土地资源利用效率与经济效益，优化调配城镇土地的功能布局，拉动产业转型升级发展，提高非农就业机会，释放天然草原与森林区的压力，创新技术与人才聚集支持模式下的产业升级发展，是实现人与自然和谐发展的基本方略。

三、综合试验区生态功能考核指标体系

（一）农田生态系统

生态系统服务的价值所在就是其能满足人类的需求，而将人类需求与生态服务相结合的研究却比较少。人类需求包含不同的层次，不同学者对人类需求的分类也不同，其中 Maslow 的五分法影响最深刻，应用最为广泛。本研究采用 Maslow 的五分法，从低层到高层分别为生理需求、安全需求、社交需求、尊重需求和自我实现，当低层次的需求被满足后，更高一级的需求便会成为主导需求。生态系统服务可以满足人类需求，但是并不能提供所有的人类需求，其中社会需求和尊重需求是生态系统服务所不能提供的。生态系统服务功能所能满足的人类需求包括生理需求、安全需求和精神需求三个部分。生态服务和人类需求之间也并不是一一对应的关系，同一种服务类型可以满足人类的多种需求，同一种需求也可以由多种服务类型所提供。

根据马斯洛的人类需求层次理论，生理需求是其他需求（安全需求、社交需求、尊重需求和自我实现）尤其是自我实现的基础和前提，而农田生态系统的供给服务是满足人类生理需求重要的途径，这也从另一方面说明了农田生态系统的重要性。农田生态系统的供给服务可以满足人类的生理需求，同时，还能满足人类的安全需求．例如，农

田生态系统所提供的各种粮食、蔬菜、纤维等可以满足人类的衣、食等生理需求，同时，人类还会追求食物的健康（预防疾病）以及疾病的治疗，这是人类安全需求的一部分，而农田生态系统可以为人类提供健康的食物以及医药资源等。因此，供给服务同时满足了人类的生理需求及安全需求。农田生态系统的支持服务，也就是各种调节服务，可以满足人类的各种安全需求，例如，大气调节与气候调节服务满足了人类的大气安全需求；水土调节服务满足了人类的水安全与土壤安全需求等。此外，营养物质循环服务是农田生态系统中植物生长所必须的，这也就间接地满足了人类的生理需求和安全需求。因此，农田生态系统的支持服务也同时满足了人类的生理需求和安全需求。农田生态系统的文化娱乐服务，包括其美学价值与教育功能，满足了人类的精神需求。从马斯洛的需求层次理论来看，也就是自我实现需求。例如，农田生态系统的美学价值可以满足人类的娱乐需求，而其教育功能则可以满足人类的求知需求。因此，农田生态系统服务功能类型的划分是为其定量评价服务的，所以，在生态系统服务分类的基础上建立其评价指标体系是农田生态系统服务功能评价的基础（表 3–10）。

表3-10　　　　农田生态系统服务功能评价指标体系

生态服务类型	评价指标内容	具体评价内容
供给服务	作物产量	各种粮食、蔬菜、水果等的产量
	作物秸秆	各种作物中可供利用的秸秆量，如小麦等
支持服务	气候调节	耕地生态系统对温度和降水的调节
	大气调节	二氧化碳的吸收、氧的释放、氮的固定
	水土调节	防治土壤侵蚀和水力寝室的生态效益
	营养物质循环	农田生态系统主要营养元素如N\P\K等的循环所带来的生态效益
文化娱乐服务	美学与教育价值	以耕地生态系统为主题的生态旅游效益

（二）森林生态系统

森林是陆地生态系统的主体，具有调节气候、吸收二氧化碳、涵养水源、保持水土、防风固沙、保护生物多样性等重要生态功能和提供物质产品功能。在当今全球自然资源趋于短缺，生态环境日益恶化的大背景下，森林的服务价值越来越充分地体现出来。森林生态系统服务价值评估指标是进行评估的基础和工具。采取频度分析法，对国内外众多研究文献、博硕士论文及国内各生态观测站资料中的各种森林资源资产评价指标进行统计分析，遴选使用频度较高的指标。同时，结合我国森林生态系统的背景特征、主要问题以及不同区域的生态条件等进行分析、比较和综合，筛选出了森林生态系统服务功能评价指标，其中 1 级指标 3 个，2 级指标 10 个，3 级指标 19 个（表 3–11）。

表3-11　　森林生态系统生态服务价值评价指标

一级指标	二级指标	三级指标
经济效益	林木产品	人工林、天然林木年总产值灌木林价值
	林副产品	药材、水果、林特产品价值
生态效益	涵养水源	森林面积
		降水量
		蒸散量
		水库建设成本
	防风固沙	农田防护林增产效益
		防风固沙保护 改良沙化土地的面积及价格
		森林面积
		森林土壤显示及潜在侵蚀模数
	水土保持	土壤平均厚度、密度及N、P、K含量
		化肥平均价格
		水库建设成本
		森林面积

续表

一级指标	二级指标	三级指标
生态效益	二氧化碳固定和氧气释放	森林年净生产力
		森林每生产1t干物质固定CO_2和释放O_2量
		固碳制氧造林成本
	维持生物多样性	愿意捐赠支付生物多样性金额
社会效益	森林游憩	自然保护区、森林公园旅游收入
	教学科研	教学、科研项目投入的经费
	提供就业	劳动力支付价值

（三）草原生态系统

我国草原面积辽阔，草地面积占国土总面积的41%，位居世界第二位。草地资源不仅是我国畜牧业发展的载体与基础，更是我国生态安全的重要屏障，在防止土地风蚀沙化、水土流失、盐渍化、旱化以及保护生物多样性等方面发挥重要作用。由于长期以来对草地资源采取自然粗放经营的方式，重利用、轻建设、轻管理，草地资源普遍存在着过度放牧、乱砍滥垦等现象，加上缺乏统一管理、资金投入少、建设速度慢等原因，草地退化、沙化、盐碱化面积日益发展，草地生态系统破坏严重，由此而产生的区域生态问题越来越突出。在这种严峻形势下，评价我国草地资源生态服务功能的经济价值，尤其是不为大家所熟悉的潜在的生命支持功能的价值，对于制定合理的区域生态保护和经济开发决策、保护和恢复草地资源效用具有重要意义。研究基于生态系统服务功能评价的相关研究，构建草原生态系统评价指标体系（表3-12）。

表3-12　　草原生态系统生态服务价值评价指标

服务类型	功能指标	评价内容
提供产品功能	畜牧产品	提供肉、奶、蛋等畜牧产品
	植物资源	提供主要食用植物资源、药用植物资源等产品的价值
调节功能	气候调价	草地生态系统在气温、湿度、风力调节等方面的功能及价值
	土壤C积累	土壤有机碳累积对全球气候产生的影响及其生态经济价值
	截留降水	草地生态系统涵养水分功能的生态效益
	侵蚀控制	防治土壤风力侵蚀和水利侵蚀的生态效益
	空气质量调节	净化空气污染物、改善环境质量的作用及其价值
	废弃物降解	牲畜粪便降解清除、养分归还的生态经济价值
	营养物质循环	草地生态系统主要营养元素的循环及其生态效益
文化功能	文化多样性	文化多样性及其由此产生的教育、美学等知识系统及价值

（四）湿地生态系统

湿地作为一种水陆交互作用的独特自然地理综合体，具有很高的生物生产力，在维持生物多样性、防止水土流失、降解污染和有毒物质等方面具有重要作用。随着中国经济快速发展和人口持续增长，人类开发自然资源的强度逐步加大，湿地也被开发和利用。湿地生态系统服务功能是指湿地生态系统除了向人类提供食物和其他生产资料外，更重要的是具有维持生命物质的生物地球化学循环与水文循环、维持生物物种和遗传多样性、缓解干旱洪涝灾害、净化环境，以及维持大气化学的平衡和稳定的功能。进行湿地生态系统服务功能价值评估，就是在全面调查所研究湿地生态系统的气候、土壤、水文以及生物资源特征的基础上，对相应的评估指标进行经济价值评估（表3–13）。湿地生态系统服务功能评价方法主要有：市场价值法，即利用因环境质量变化引起的某区域产值或利润的变化来计量环境质量变化的经济效益或经济损失。如湿地里的水所生产的鱼，就按市场价值来确定其经济价值。碳税法，碳税是各国制定的对温室气体排放税收，特别是对二氧化碳排放的税收。费用支出法，即从消费者角度来核算生态环境效益的价值；影子工程法。即当环境破坏后，用人工方法建造出一新工程来代替原先生态环境系统的功能，然后用建造新工程的费用来估算环境破坏造成经济损失的一种计量方法。

表3-13　湿地生态系统服务功能评价指标体系

服务功能	项目	评价方法
供给服务	水产品、原材料、食物、供水、电力供给	市场价值法
调节服务	调蓄洪水	影子工程法
	气候调节	碳税法和造林成本法
	水质净化	替代费用法
	促淤造陆	市场价值法
	消浪护岸	能值分析法
支持服务	生物多样性维持	成果参照法
文化服务	科教	实际调查法
	旅游	费用支出法

（五）城镇生态系统

随着城镇化进程的加快，城市生态环境变得日益脆弱，城市生态系统健康的问题得到人们极大关注。城市生态系统是一个比较特殊的存在，它是由大自然与人工耦合发展的，两者相互交叉，不断交织，涉及各种学科领域，比如文化、环境、经济等，在广泛的领域中不断完善发展。总之，人类活动能够深刻地影响城市的发展系统，对其进行强烈的干扰，因此，城市的生态系统具有明显的高度人工化，同时，维持城市人口的健康，促进城市经济可持续发展也成为城市生态系统的特色之一，为城市的综合发展提供有效的生态服务功能。研究建议采用可以较密切地体现和衡量城市生态系统健康状况的5个要素作为评价体系建立的理论基础（表3–14）。具体而言：①活力（V）：系统的生产功能、物质生产能力的大小。②组织结构（O）：社会结构、自然结构和经济结构。首先，城市人口的数量、结构、职业构成等决定了城市社会结构健康与否；其次，城市中自然植物绿化的分布状况决定了城市系统中自然结构特征；最后，经济结构的健康与否体现了城市居民的生活水平，从而判断城市发达程度。③恢复力（R）：通过人工管理的能力来体现。④维持生态系统的服务功能（S）：主要为人类提供生活质量和环境质量等方面的服务功能。⑤人群健康的影响（P）：人群健康是城市生态系统健康的重要方面。

表3-14　城市生态系统健康评价指标体系

一级指标	二级指标	三级指标
活力	经济水平	GDP年均增长率
		人均GDP
	经济效率	万元GDP能耗
		万元GDP物耗
组织结构	经济结构	第三产业占GDP比重
		高技术产业占工业产值比重
		循环经济产业增加值比重
	社会结构	城区人口密度
		老龄人口比例
	自然结构	森林覆盖度
		人均公共绿地面积
		建成区绿地率
恢复力	废物处理能力	污水处理率
		机动车尾气排放达标率
	物质循环利用率	工业用水重复利用率
		工业固废综合利用率
		生活垃圾无害化处理率

续表

一级指标	二级指标	三级指标
维持生态系统的服务功能	生活质量	恩格尔系数
		人均商业设施面积
		城市居民人均居住面积
		每万人拥有公共车辆
		自来水普及率
		城市气化率
	环境质量	城市环境质量
		集中式饮用水源水质达标率
		环境噪声达标率
对人群健康的影响	人群健康	每万人拥有病床数
		孕产妇死亡率
	人口素质	学龄儿童入学率
		十五岁以上人口平均接受教育年限

（六）荒漠生态系统

位于内蒙古西部的阿拉善高原是广泛认为的比较典型的生态环境脆弱系统之一。荒漠生态系统的生态建设和人地关系都受到这一脆弱特征延伸的影响，于是形成了独特的沙漠生态建设、经济循环与自然资源开发的基本要求。进行生态系统健康的研究，亟待在沙漠生态系统健康的胁迫因子、评价指标体系、模型、调控途径等方面取得一些原创性的学术研究成果。荒漠生态系统从外界吸收大气降水和太阳辐射，由土壤提供的水分、养分、有机质；其组成的生态系统内部又需要群落组织结构的稳定、动物种类的充足、植被的生长旺盛；其所处大环境存在人为建设、干旱或沙尘暴灾害天气的干扰，需要一定的抵御及恢复能力，这样才足以维持该生态系统的健康。本研究根据影响生态系统健康状况的因素及生态系统健康的定义，先初步选取评价指标，收集多年示范区各初级指标的样本数据，结合专家意见及因子分析法、相关性分析筛选指标。从活力、组织结构和恢复力等 3 个方面选取指标用于沙漠生态系统健康评价（表 3–15），构建评价植被体系，确定评价指标标准值与权重值，确定生态系统健康评价结果等级，最终得到沙漠生态健康评价结果。

表3-15　荒漠生态系统评价指标体系

准则层	指标层	数据来源
活力	生物量	野外调查、实验分析
	土壤储水量	野外调查、实验分析
	土壤养分	野外调查、实验分析
	降水量	气象数据
组织结构	物种多样性	统计分析
	生态系统多样性	野外调查
	自然度	野外调查
恢复力	土壤结皮盖度	野外调查
	水分生态位适宜度	野外采样、实验分析
	沙漠及周边地区人类活动强度	野外调查

（七）综合考核指标体系

建立生态系统服务功能综合考核指标体系是国家北方重要生态安全屏障试验区建设的保障。生态系统的综合考核指标体系主要包括生态系统宏观结构、生态系统质量、生态系统服务、生态系统变化的影响因素几个方面 15 个一级指标和 50 余个二级指标（表 3–16）。生态系统健康评价的数据获取，以搜集现有资料与辅助开展野外考察、室内测试等相结合。主要数据来源为资料收集、调查数据、统计数据、气象数据、野外考察、现场监测、室内试验、遥感与模型估算等。

表3-16 综合考核指标体系

指标类别	评估指标	
	一级指标	二级指标
生态系统宏观结构	生态系统宏观结构 生态系统宏观结构变化指数	生态系统分类面积、变化率、动态度（S）
生态系统质量	草地退化与恢复	草地退化与恢复分类面积、草地退化与恢复分类面积占比、草地退化状况变化指数
	植被状况	植物生物量、植被覆盖度、植物净初级生产力、植被状况变化指数
	宏观生态状况	土地覆被状况指数、土地覆被转类指数
	植物物种多样性	物种丰富度、物种重要值、多样性指数、均匀度指数
	环境质量	地表水环境质量指数、土壤环境质量指数、环境空气质量指数
	生态系统质量变化指数（EQCI）	
生态系统服务	水源涵养	枯水季河流径流量、水源涵养量、水源涵养服务保有率、夏汛期河流径流调节系数
	土壤保持	河流径流含沙量、土壤水蚀模数、土壤保持量、土壤保持服务保有率
	防风固沙	土壤风蚀模数、防风固沙量、防风固沙服务保有率
	牧草供给	草地产草量、草地理论载畜量
	水供给	河流径流量、湖泊面积、湖泊水量、冰川面积、地下水资源量
	生态系统服务变化指数	
生态系统变化的影响因素	气候变化	气温、降水、湿润系数
	人类活动	生态工程、草地载畜压力指数
	生态工程和气候变化贡献率	评价参数（植被净初级生产力、水源涵养服务、土壤保持服务、防风固沙服务）变化的生态工程贡献率/气候变化贡献率

第四章

国家北方重要生态安全屏障综合试验区建设与政策建议

2014年初，习近平总书记考察内蒙古时指出：“内蒙古的生态状况如何，不仅关系内蒙古各族群众生存和发展，也关系华北、东北、西北乃至全国的生态安全，要努力把内蒙古建成我国北方重要的生态安全屏障。”在参加十三届全国人大一、二次会议内蒙古代表团审议时，习近平总书记再次强调：“把内蒙古建成我国北方重要的生态安全屏障，这是立足全国发展大局确立的战略定位，也是内蒙古必须自觉担负起的重大责任”，要“建设祖国北疆绿色万里长城”，“保持加强生态文明建设的战略定力，探索以生态优先、绿色发展为导向的高质量发展新路子，加大生态系统保护力度，打好污染防治攻坚战，守护好祖国北疆这道亮丽风景线”。内蒙古始终牢记总书记的殷切嘱托，以构筑祖国北方重要生态安全屏障为目标，精心组织提炼了各项重点生态工程和政策建议措施，确保内蒙古生态状况维持和不断好转。

一、建设国家北方生态安全屏障试验区的重要性

内蒙古地处祖国正北方，横跨“三北”，内联八省，外接俄蒙，拱卫京津，占据北方季风和沙尘东移南下主通道，是国家“两屏三带”生态安全屏障格局中“东北森林屏障带”和“北方防沙屏障带”的主要组成部分。内蒙古处于黄河、松花江、辽河、海滦河四大流域发源地或上游地区，是“东北亚水塔”和京津冀多条河流的源头。拥有大森林、大草原、大湿地、大沙漠，是我国北方面积最大、种类最全的生态功能区，具有强大的生态系统服务功能，是东北地区的“林网”，也是华北地区乃至全国的“碳汇库”和“挡沙墙”。内蒙古是多民族聚居区，也是草原文化与森林文化的发祥地之一，更是北方少数民族文化的摇篮。因此，保护好内蒙古生态环境，建设万里绿色长城，对我国北方乃至全国生态安全具有重要的战略意义，关乎中华民族永续发展。

（一）内蒙古是我国重要的战略资源能源储备库与输出地

截至2018年，内蒙古有全国已发现的171种矿产资源中的144种，47种矿产储量居全国前三位，其中煤、铅、锌等18种矿产保有资源储量居全国之首。全区煤炭已查明资源量突破万亿吨大关，居全国首位，保有量为4205亿吨，约占全国总量的25%；发电装机容量1.23亿千瓦，发电量5005亿千瓦·时，电力外送量达1806亿千瓦·时，约占全国跨省送电量的14%，居全国之首。风能储量2.7亿千瓦·时，居全国首位。太阳能年总辐射4599 ~7884兆焦/平方米，居全国第二位。内蒙古丰富的战略资源能源是我国经济和社会发展的重要支撑。

（二）内蒙古是我国北方乃至全国最重要的、不可替代的生态屏障

根据调查，内蒙古生态系统水源涵养总量达 591.27 亿立方米，是我国高纬度地区功能完整的综合水源涵养系统。内蒙古东部地区河网密集、湿地广布，发育大小河流3000多条，是黑龙江、松花江和辽河“三江”发源地，50% 以上的东北河流水量直接来源于内蒙古中东部森林草原区，是东北淡水资源的重要水源涵养区，内蒙古嫩江向黑龙江输水量为 204.8 亿立方米，发挥着“东北亚水塔”的重要功能，造就了著名的“东北粮仓”。锡林郭勒草原是滦河水系的源头和上游主要水源的涵养地，供水量占引滦入津总供水量的 1/6。

内蒙古生态系统防风固沙总量达 57.58 亿吨，占全国固沙总量的 50%。防风固沙功能极重要和重要区面积分别占全国的 83% 和 71%。全区五大沙漠与五大沙地植被年滞尘量 709.53 万吨（2013 年第七次森林普查）。阴山北麓草原生态功能区防风固沙受益地区土地面积为 440 万平方千米，占全国土地面积的 46%；受益的人口为 10 亿人，约占全国总人口的 75%；受益区 GDP 总量为 28 万亿元，约占全国 GDP 总量的 67%。受益土地主要包括华北、东北、西北东部、西南东部、华中以及华南的部分地区，直接受益省市包括北京、天津、河北、山西、陕西、山东、吉林、辽宁、黑龙江、河南、江苏、安徽、湖北、湖南、甘肃等地区。2018 年与 2010 年监测相比，内蒙古沙尘天气减少 23%，对北京地区的影响减少 63%。

内蒙古生物多样性极其丰富，有野生高等植物 2781 种、陆生脊椎动物 613 种，其中鸟类占全国种类的 32%，哺乳类占全国种类的

20%。属于国家一级重点保护的野生动物 28 种，占全国的 29%；二级重点保护的野生动物 87 种，占全国的 54%。四合木、蒙古野驴等特有或稀有物种丰富。

内蒙古生态系统年固碳总量达 53.61 百万吨，占全国固碳总量的 9%，碳汇总量为 1.52 亿吨，占全国碳汇总量的 17%，占全国固碳总量的 9%，是我国碳汇总量最高的省区。研究表明，内蒙古森林固碳量居全国第三位，草原固碳量占全国草地总固碳量的 21%，是我国陆地生态系统中的最大的碳库。

内蒙古生态系统土壤保持总量为 33.29 亿吨，食物供给总能量为 95.46 万千卡。2018 年粮食总产量 3254.54 万吨，居全国第八位，全区人口直接消费购买粮食 320.9 万吨，仅占 10%，外调能力达到 1250 余万吨，是全国主要粮食净调出区之一；羊肉、羊绒、牛奶等 13 种产品产量居全国之首，羊肉产量为 104.13 万吨，占全国总产量的 22%；牛奶产量 552.86 万吨，占全国总产量的 18%，是国家重要的绿色农畜产品输出地。

内蒙古为我国提供了巨额生态系统服务价值。据有关研究，2015 年内蒙古生态系统生态调节服务价值为 6.33 万亿元，是当年 GDP 的 3.56 倍，居全国之首，相当于毗邻 8 省价值总量的 59%，占全国价值总量的 12%。综合考虑经济价值、生态价值和生态环境损失，内蒙古经济—生态生产总值（GEEP）为 8.03 万亿元，居全国第二位，相当于毗邻 8 省 GEEP 总量的 35%，占全国 GEEP 总量的 7%。总体上，内蒙古生态系统提供的生态服务价值大、环境污染损失相对较小，其巨额的生态服务价值是构筑我国北疆万里绿色长城的雄厚资本。

（三）内蒙古是我国向北开放的重要桥头堡和“一带一路”的重要节点

内蒙古是中国向北开放的重要前沿，在巩固和发展与俄蒙睦邻友好关系，稳定、繁荣边疆和国家对外开放大格局中具有重要战略地位。边境线长4200多千米，已建成18个对外开放口岸，其中对俄口岸4个、对蒙口岸10个和4个国际航空口岸，承担着中俄陆路65%的运输货物总量和中蒙间95%的货运总量。2018年内蒙古外贸进出口总值达1034.4亿元。其中，进口655.7亿元，出口378.7亿元。满洲里口岸目前是我国环渤海地区通往俄罗斯等独联体国家和欧洲最便捷、最经济、最重要的通道。二连浩特铁路口岸是我国通往蒙古国的唯一铁路口岸和沟通欧亚大陆的重要国际通道。“中蒙俄经济走廊”作为“一带一路”六大经济走廊之一，国家《建设中蒙俄经济走廊规划纲要》确定的7条铁路线路中有6条经过内蒙古，规划的3条中欧班列线路中2条从内蒙古进出境，在现开行的中欧班列中，60%以上（达55条）的班列途经内蒙古，辐射至俄罗斯、德国、波兰等国。内蒙古对“一带一路”沿线国家的贸易总额也占其总对外贸易的68%。中国对俄蒙的矿产资源投资进入了成长期，而中国的食品与轻工业产品出口也呈现快速增长的态势，年进口货物近4000万吨，出口货物1000万吨。内蒙古是国家“一带一路”倡议中联通俄、蒙的核心纽带，全方位、宽领域、多层次的开放格局已基本形成。

二、建设国家北方重要生态安全屏障试验区的紧迫性

从20世纪70年代末开始，特别是20世纪90年代后期以来，国

家和内蒙古自治区政府陆续实施了一系列的生态环境建设工程，累计投入资金达 1562 余亿元，这些工程取得了明显的效果。森林覆盖率稳步提高，面积持续增长并跃居全国第一，其中，93% 处于较健康状况；荒漠生态系统面积维持稳定，区域风沙天气明显减少；草原区牧民保护草原的意识逐步提高，继续超载的势头得到有效控制；流域治理水土流失效果比较明显，入黄河泥沙大量减少。当前内蒙古自治区全区生态环境状况可概括为：整体恶化的趋势得到遏制，局部区域好转，但是，生态系统本底脆弱和质量偏差的基本面仍然没有从根本上得到改变，潜在生态风险依然很大。

（一）生态系统本底脆弱

内蒙古国土空间占比 84% 的水域湿地、草原、荒漠、农田等生态系统本底脆弱、生态状况堪忧。

一是水资源短缺，地下水超采严重，水质劣化趋势明显。内蒙古人均水资源量 1561 立方米，是全国的 74%，是世界人均水量的 21%，尤其是中西部地区水资源特别匮乏；内蒙古地下水利用量已经占可开采量的 3/4，总体超采量达 6 亿立方米以上；近两年水质监测，24% 断面为Ⅳ—Ⅴ类水质，17% 为劣Ⅴ类。湿地面积衰减，湖泊数量减少，水质整体偏差。从水域和湿地系统看，20 世纪 70 年代末，水域面积为 39100 平方千米，2015 年减少为 36072 平方千米，其中，湖泊面积由 6615 平方千米减少到 6125 平平方千米，湖泊数量近 20 年（1987~2010 年）由 427 个减少到 282 个，重点水域“一湖两海”水质较差，2018 年监测乌梁素海为Ⅳ类，岱海和呼伦湖为劣Ⅴ类，水量和水质堪忧。

二是草原生态质量持续下降。20 世纪 70 年代以来，中高覆盖度草地面积累计减少 15700 平方千米，平均草产量从 20 世纪 50 年代、70 年代末的 127 千克 / 亩、71 千克 / 亩下降到 50.5 千克 / 亩；草原超载过牧仍很普遍，内蒙古全区草地载畜率从 1980 年的 0.6 个羊单位 / 公顷增加到 2015 年的 1.2 羊单位 / 公顷，局部地区仍有严重超载现象，致使这些地区草地退化情势仍在加剧。草原退化面积之大、程度之深，是内蒙古生态保护和建设要解决的头等大事。

三是是荒漠化和沙化土地的生态环境危害依然很大。内蒙古境内沙地、沙漠及戈壁、裸地等累计近 30 万平方千米，占国土面积的 27%，是我国荒漠化和沙化土地最为集中、危害最为严重的地区。据统计，春季发生于内蒙古的半径在 60 平方千米以上范围的沙尘暴，有 45%影响到京津冀地区，半径在 100 平方千米以上范围的沙尘暴则有 72%影响到京津冀地区，潜在威胁依然不可忽视。

四是低质耕地面积持续增加，水资源消耗与环境污染严重。内蒙古耕地面积和粮食单产持续增加，但付出了巨大的生态代价。1980 年到 2018 年耕地面积从 525.2 万公顷增加到 913.3 万公顷，增加了 73%，列居全国第二位，但是，耕地质量差，60% 以上为最差的 14 和 15 等，粮食单产低于全国平均水平。维持近 3000 万吨粮食总产量，付出了巨大的环境代价，土地化肥、农药污染严重，2018 年农药用量较 1990 年增加 483%，化肥用量增加了 553%，近两年用量才稳步下降；农业单产低，耗水量大，2018 年农业灌溉用水量 124.15 亿立方米，占全区总用水量的 80% 多，因大量开采地下水，全区已形成 33 个漏斗区。

（二）生态保护和修复重大工程实施情况

（1）京津风沙源治理工程。内蒙古于 2000 年起实施京津风沙源治理工程。二期工程在赤峰市、乌海市等 9 个盟市 70 个旗县实施，其中包括 23 个国家重点生态功能区旗县。2000 年工程启动实施以来，国家共安排中央基本建设投资 155 亿元，工程建设任务 1.34 亿亩。经治理，阴山北麓农牧交错带长 300 千米、宽 50 千米的生态屏障带，浑善达克沙地南缘长 400 千米、宽 10 千米的锁边防护林体系和沙地北缘长 445 千米的防护林带，乌兰布和沙漠东缘长 191 千米、宽 500~1000 米和西南缘长 280 千米、宽 3~10 千米防风阻沙林带，腾格里沙漠东南缘长 350 千米、宽 5 ~20 千米的生物固沙带基本形成。

（2）“三北”防护林工程。蒙古于 1978 年起实施“三北”防护林工程。2013 年后在呼伦贝尔市、兴安盟、通辽市、阿拉善盟的 30 个旗（县、区）实施，其中包括 17 个国家重点生态功能区旗县。2000 年以来，国家共安排中央基本建设投资 38.85 亿元，工程建设任务 2294 万亩，其中人工造林 1499 万亩、飞播造林 113 万亩、封山育林 682 万亩。经治理，工程区初步形成了乔灌草、点线面、带网片相结合的区域性防护体系，全区 7000 多万亩农田、1.5 亿多亩基本草牧场受到林网的保护，2.6 亿亩风沙危害面积和 1.7 亿亩水土流失面积得到初步治理。

（3）天然林资源保护工程。内蒙古于 1998 年起实施天然林资源保护工程。2011 年二期工程以来在森工集团、岭南八局、黄河上中游三个工程区实施，涉及 8 个盟市 47 个旗县，其中国家重点生态功能区旗县 10 个（含森工 19 个林业局）。1998 年工程实施以来，国家共安排中央投资 540 亿元，其中中央财政资金 499 亿元、基本建设投资 41 亿元；工程建设任务 3314 万亩，其中人工造林 270.7 万亩、飞播造林 1377.1 万亩、封山育林 1417.83 万亩、后备资源培育 248.43 万亩。

经建设，内蒙古天然林分结构趋于合理、树种组成进一步优化，林木高度和径级显著提高，森林质量有所提升，动植物生存环境得到改善，生物多样性和生态系统稳定性有所增强。根据 2018 年自治区第九次森林资源清查，天然林面积 3.92 亿亩，蓄积 15.27 亿立方米，与 2013 年第八次全国森林资源清查相比，森林面积增加 1905 万亩，森林蓄积增加 18174 万立方米。

（4）退耕还林还草工程。内蒙古于 2000 年开始实施退耕还林还草工程。2015 年新一轮退耕还林还草工程在除乌海市的 11 个盟市 50 个旗县实施，其中国家重点生态功能区旗县 24 个。2000 年工程实施以来，国家共安排内蒙古中央基本建设投资 34.2 亿元，财政补贴 376 亿元，工程建设任务 4713 万亩，其中，荒山荒地造林 2550.33 万亩、封山育林 331 万亩、退耕还林 1649.6 万亩、退耕还草 182 万亩。经治理，工程区林草盖度由退耕前的 15% 提高到 80% 以上，退耕地的地表径流量减少 20% 以上，泥沙量减少 24% 以上，地表结皮增加，制止了沙质耕地的进一步沙化，工程区的水土流失和风蚀沙化状况初步得到遏制，局部地区生态环境明显改善。

（5）退牧还草工程。内蒙古于 2002 年开始实施退牧还草工程。2013 年后在呼伦贝尔市、兴安盟、通辽市、阿拉善盟的 28 个旗县实施，其中，国家重点生态功能区旗县 17 个。2002 年工程实施以来，国家共安排内蒙古中央基本建设投资 60.42 亿元，工程建设任务 3.5 亿亩。据监测显示，工程区植被状况明显好于非工程区，植被高度平均增加 14%，盖度提高 5 个百分点，产草量增加 4.5%。

（6）草原生态保护补助奖励政策。内蒙古于 2011 年开始实施草原补奖政策，2016 年新一轮草原补奖政策在 73 个旗县实施，其中，国家重点生态功能区旗县 39 个，10.2 亿亩可利用草原全部纳入保护范围，实施禁牧4.049亿亩、草畜平衡6.151亿亩。2011年国家草原生态补助奖励政策实施以来内蒙古共落实中央投资339.4亿元，146万户、534万农牧民从草原补奖政策中受益。对保护草原生态恢复起到了一定积极作用。

（7）水土保持重点建设工程。2000年以来国家实施了水土保持重点建设项目，近五年来内蒙古共安排国家水土保持重点工程投资18亿元，其中，中央投资13.22亿元，治理水土流失面积2762.62平方千米。经治理，内蒙古水土流失治理以每年650万亩以上的速度递增，目前已实施综合治理的小流域1000多条，年减少入黄河泥沙1.1亿吨。项目区水、旱、风沙灾害明显减少，改善了区域生态环境和农牧民的生产生活条件。

（三）潜在生态风险和跨区域负影响巨大

内蒙古生态文明建设与生态环境保护正处于“进则全胜、不进则退”的关键时期，生态屏障试验区建设刻不容缓。

一是生态系统超载严重，自然资源承载压力日益趋紧。基于生态足迹分析，内蒙古区域1980年到2005年自然资源承载力处于生态盈余，盈余率从1980年178%逐渐下降到2005的16%，2010年则超载33%，2015年总体超载达到37%。包头市和乌海市处于持续生态超载，2015年超载率达到95%和87%；呼和浩特市、鄂尔多斯市、阿拉善盟、巴彦淖尔市、通辽市、锡林郭勒盟在1995年后陆续出现生态超载，2015年超载率也分别达到80%、87%、62%、22%、10%和8%。耕地占区域生态承载力的比重由1980年的48%增长到2015年的75%，其中，通辽市、乌兰察布、赤峰市和呼和浩特市所占比重高达85%以上，依靠农业发展来增强承载能力，但存在高耗水不可持续的风险；内蒙古能源消耗占总生态足迹的比重由 1980 年的 42% 增长到 2015 年的 84%。超载利用自然资源加剧生态失衡，生态损失和修复成本剧增。

二是内蒙古水资源紧缺，中西部地区用水告急。内蒙古人均水资源量较全国水平低了 26%，也低于国际上“人均 1700 立方米的严重缺水警戒线”；内蒙古中西部地区严重依赖黄河过境水，呼和浩特市、包头市、巴彦淖尔市和乌海市人均水资源量低于 500 立方米，仅占全国人均水资源量的 21%、14%、13% 和 0.6%，按照 450 立方米 / 人承载力标准计算，超载人口分别达到了 115 万、158 万、66 万和 49 万人。另外，近年内蒙古水资源开发利用率最高达到 47%，已超出国际红线要求的 40%。水资源及水域生态系统养续着山水林田湖草沙一切生命体，如果得不到及时的保护，将减少对东北地区的水资源供给，河流干涸，必将削弱东北国家粮仓功能，并致区域内其他生态系统功能衰竭。

三是山水林田湖草沙综合治理任重而艰巨。①草原生态保护是内蒙古生态建设的头号任务。2002 年至今内蒙古已实施退牧还草面积 3.7 亿亩，仅占内蒙古草原总面积的 21%，剩余区域面积大、治理难度更高，部分草原退化势头仍在继续，如果不持续加大投入和治理力度，短期修复的草原稳定性差，加之牧民对土地的依赖和索取程度仍然较高，极易造成二次退化。②沙漠化、荒漠化土地治理任务依然艰巨。巴丹吉林、腾格里、乌兰布和、巴音温都尔和库布齐沙漠以及毛乌素、乌珠穆沁、浑善达克、科尔沁和呼伦贝尔沙地是其下游京津冀乃至我国东北、华北和东南半数以上省区沙尘暴威胁的主要风沙源区，内蒙古可治理沙地（漠）面积排全国第一位，防沙治沙任务占到国家任务比重的 40%。过去 40 年的治理虽然初见成效，但仍需要坚持不懈地保护、治理与修复，一旦放松，将对我国中部、环渤海及京津冀地区生态与环境质量造成严重威胁。③退耕还草刻不容缓。内蒙古目前利用65%以上的水资源发展农业生产，生产成本高，水资源利用效率低，存在因水资源超采引发其他脆弱生态系统发生退化的风险，其作为我国北方重要的水源涵养区和生态环境支撑区的功能难以得到保障。因此，量水而行，加快半农半牧区退耕退灌以保护水资源，是维护生态系统平衡的基础，也是落实习近平总书记“节水优先、空间均衡、系统治理、两手发力”要求的重要举措。

（四）存在的问题

（1）生态建设任务依然繁重。生态质量总体偏差的现状仍未得到根本改变，未治理的区域面积仍然较大，中度以上生态脆弱区域占全区土地面积的62.5%。其中重度和极重度的占36.7%，退化、沙化、盐渍化草原面积占草原总面积的近70%，森林覆盖率低于全国平均水平，森林资源分布不均衡的问题十分突出。部分地区生态状况仍在恶化，沙化沙害、水土流失现象依然严重，大量耕地需实施退耕还林还草，且大多在远山大漠，地理条件和环境更加恶劣，治理难度不断增大，治理成本不断增加，建设资金不足。

（2）沙害威胁严重。内蒙古是全国土地沙化最严重的省区之一，分布有巴丹吉林、腾格里、乌兰布和、库布齐、巴音温都尔五大沙漠和毛乌素、浑善达克、科尔沁、呼伦贝尔、乌珠穆沁五大沙地，内蒙古沙化土地面积有6.12亿亩，占全国沙化土地面积的23.4%，占全区国土面积的34.48%。多年来由于干旱少雨，沙害威胁着河流、湖泊和农田。

（3）重点流域治理任重道远。“一湖两海”（呼伦湖、乌梁素海、岱海）治理资金缺口较大，工程推进难度大。呼伦湖水质没有明显好转；岱海湖流域水质水量问题没有根本解决，缺乏生态补水工程；乌梁素海流域农业农村面源污染治理滞后，水域污染问题解决困难。

（4）生态保护修复重大工程投入不足，且政策不统一。由于劳动力和物价上涨，防沙治沙成本不断提高，而现行的生态工程补助标准为人工造乔木林500元/亩、灌木林240元/亩、飞播造林160元/亩，很难满足工程建设需要；三北防护林等工程已取消地方配套，但京津风沙源治理、退牧还草工程仍需要地方配套；新一轮退耕还林补贴（每亩补贴1600元）低于上一轮补贴标准（每亩补贴2050元），退耕户获得感下降。内蒙古为少数民族经济欠发达边疆地区，加上脱贫攻坚、债务化解等任务繁重，生态工程地方配套落实困难，影响项目区实施积极性。

因此，加强国家北方生态安全屏障试验区建设、构筑祖国北疆万里绿色长城，是坚守生态底线、坚定不移走绿色发展之路、建设亮丽内蒙古的最紧迫任务。

三、国家北方重要生态安全屏障试验区建设思路与总体布局

研究从整个蒙古高原尺度分析了土地利用覆被的现状和发展趋势，对比分析了内外蒙自然植被的差异，充分认识到了建设国家北方生态安全屏障的必要性。内蒙古生态系统状况不仅关系全区各族群众生存和发展，而且关系华北、东北、西北乃至全国生态安全，是国家生态安全屏障的重要组成部分，拥有“东北森林屏障带”和“北方防沙屏障带”，发挥着“碳汇库”“挡沙墙”和“东北亚水塔”的重要生态功能作用。受气候变化与人类活动的双重作用，内蒙古部分生态

系统出现了退化问题，为遏制脆弱生态系统的退化开展了系列的生态治理与修复工程和政策措施，取得了一定的成效，然而北方生态安全屏障作用仍受其威胁。研究探究了生态—经济耦合系统的发展路径，充分考虑生态系统本底的基础上，提出了国家北方重要生态安全屏障试验区建设的战略定位、建设思路、指导思想与基本原则，基于生态系统空间特征构建了“一带三屏三区”的综合总体空间布局，系统分析了不同的空间特征，并重点从产业层面提出了相关的转型升级方案与布局建议。

（一）国家北方重要生态安全屏障试验区建设思路

内蒙古自治区是全国自然生态类型最为复杂、脆弱和多样的地区之一，生态系统的整体性、协同性、关联性与战略性在全国均属典型。在内蒙古自治区构建国家北方生态安全屏障综合试验区，旨在维持区域生态系统良性循环和自我调节的同时，通过物质与能量的交换对“三北”地区乃至全国的生态环境起到供给、调节与支持作用，是维持北方乃至全国生态安全与社会经济可持续发展的重要载体。具体来看，内蒙古国家北方重要生态安全屏障综合试验区建设是生态系统保护与修复综合试验区、生态服务和产品供给保障区、产业升级绿色发展创新区以及“绿水青山就是金山银山”理论践行区，它们分别承载着不同类型的生态服务功能。

本研究以习近平新时代中国特色社会主义思想为指导，深入贯彻党的十九大精神，以提升国家北方生态敏感脆弱区的生态系统服务功能、保障综合试验区生态与经济社会协同、持续发展和北方地区乃至全国的生态安全为战略目标，以生态优先与绿色发展为建设理念，构筑“一带三屏三区”的国家重要的北方生态安全屏障格局。研究依据内蒙古生态系统现状分析和生态服务功能重要性评价，在充分认识建设国家北方重要生态安全屏障综合试验区重要性的基础上，按照“状态检测—功能贡献—系统模拟—情景预测—措施策略—政策建议”的思路开展了相关研究，以期为决胜全面建成小康社会、建设现代化内蒙古、打造祖国北疆亮丽风景线打下坚实基础。空间格局划分、重点工程遴选与政策建议提炼都是坚持人与自然和谐共生、生态环境保护优先、产业绿色发展、体制机制创新、生态—经济协同发展的原则，并分别设立了近期目标（2022 年）和远景谋划（2035 年），力争到 2022 年，六大生态系统的综合试验区试点建设工作初见成效，森林覆盖率达 24%，湿地保有量达 9500 万亩，草原植被盖度达到 46%，新增沙化土地治理面积 4.2 万平方千米，新增水土流失治理面积 3.2 万平方千米。

内蒙古草地生态环境依然脆弱，局部地区生态环境好转。2015 年相比于生态环境最差的 2000 年，草地植被覆盖度、牧草产量、生物多样性分别增加了 7.3 个百分点、12.1 千克 / 亩、1~3 种 / 平方千米，退化草原比重减少了 4.1 个百分点。总体而言，生态系统质量增加典型区域位于毛乌素沙地西部、锡林郭勒高原西北部和科尔沁沙地东部地区；相对于增长地区，降低典型区域分布相对较为集中，主要沿鄂尔多斯高原—浑善达克沙地南缘—锡林郭勒高原东南部呈带状分布。研究定量分析了内蒙古社会经济系统发展的动力、能源与资源利用与发展战略、社会经济发展对其他区域的贡献，并凝练了陆地宏观生态系统保护规划的要点。在此基础上设置了内蒙古生态系统未来综合情景方案，并进行了空间显性的北方生态系统情景模拟。

研究通过遥感数据全面摸清自治区生态环境本底状况，系统掌握自治区生态环境变化特点及趋势，解析社会经济活动对生态系统的扰动强度与未来遇事，预测未来情景下陆地宏观生态系统的演变态势，总结生态修复与环境保护工作的成效和经验，提炼新时期科学、合理的生态安全屏障建设的政策建议，推动全区生态文明建设，促进内蒙古生态—经济协同发展。依据对内蒙古自治区陆地宏观生态系统现状的分析、对生态系统未来发展的预测以及生态服务功能的重要性进行评价，旨在充分认识建设国家北方生态安全屏障综合试验区的重要性。为厘清内蒙古生态环境现状、资源利用效率水平、气候变化态势与社会经济发展需求，针对性地实施不同生态系统的保护与修复策略。首先内蒙古自治区复杂多样的生态系统现状进行分析，其中包括农田、森林、草地、湿地、城市、荒漠六类生态系统类型，而草地生态系统是影响区域生态安全的关键。影响生态系统变化的驱动因子主要有人口增长、气候变化、地形区位因子、土壤因子、政策因素等。其次对内蒙古社会经济发展现状进行分析，发现全球化背景下“一带一路”倡议为内蒙古发展带来了新的机遇与外在动力；产业结构转型发展给经济发展不断提供动力；能源产业是内蒙古经济发展中的重要支柱，而煤炭在能源生产和消费结构中占主导地位，但引起的生态环境污染问题突出；在近 25 年的发展历程当中内蒙古对外需求提高，对其他省的总流出低于全国省份的平均水平，主要流出的行业为煤炭采选产品等。

生态—经济协同发展路径是国家北方重要生态安全屏障建设的可持续路径。研究通过近期（2022 年）和远期（2035 年）社会经济及生态保护发展路径情景（基准情景、生态—经济协同发展情景和生态—经济权衡发展情景）的内蒙古未来生态系统格局与分布预测，将为北方生态安全屏障综合试验区规划建设与重大工程布局提供科学决策依据。根据内蒙古的社会经济发展特征拟定了近期（2022 年）和远期（2035 年）为生态系统建设的可持续发展目标。采用 20 世纪 80 年代末（1980s）、2000 年、2015 年三期时间序列生态系统分布数据和驱动因子数据集，利用土地利用均衡分析（CGELUC）模型，并依据对内蒙古草地、农田、森林、湿地、城市、荒漠生态系统具体的发展规划，设置了基准情景、生态—经济协同发展情景和生态—经济权衡发展情景三种情景，基于此模拟出未来情景下内蒙古六大类生态系统 2022 年和 2035 年空间分布格局。研究模拟预测了内蒙古生态—经济系统 2022 年、2035 年相关参数值，基准情景下六类生态系统的规划目标只有森林和荒漠生态系统目标达到，其他四类生态系统目标仍未达到；生态优先发展情景下虽然生态系统规划目标超额实现，然而其代价是经济的大幅下降和人均收入降低，与此相对生态经济协同发展情景下，生态系统规划目标基本完成，但其需要超越两个情景的快速城镇化率和经济发展的技术贡献进步，而人口增长的经济发展贡献力度减小。生态—经济协同发展情景更加注重经济高质量发展，同时释放人类活动压力，因此相比基准情景草地、森林、湿地生态系统的面积增长较大。但三种情景下农田生态系统减少区域主要分布在“农牧交错带”地区实施退耕还草工程，还有部分农田被城市生态系统扩展侵占；森林生态系统增加区域相对分散，主要以三北防护林建设为主，天然林区主要是保育；草地生态系统面积扩张主要是退耕还草工程与荒漠化治理实现的草地扩张；湿地生态系统面积空间上恢复相对较小，主要依靠调水工程解决河湖湿地生态系统的恢复；城市生态系统主要以原有城镇分布为核心在其周边区域扩张，并开展城市内部功能的优化；荒漠生态系统主要缩减主要发生在与其他生态系统的交界处。

健全考核机制是内蒙古国家北方重要生态安全屏障实验区建设的根本保障。研究针对农田、森林、草原、湿地、城镇、荒漠六大生态系统提出了其服务功能评价的指标体系与综合生态功能考核指标体系。农田生态系统服务功能类型的划分是为其定量评价服务的，采用 Maslow 的五分法，在生态系统服务分类的基础上分别建立供给服务、支持服务和文化娱乐服务的指标体系；森林生态系统采取频度分析法，对国内外众多研究文献、博硕士论文及国内各生态观测站资料中的各种森林资源资产评价指标进行统计分析，同时，结合我国森林生态系统的背景特征、主要问题以及不同区域的生态条件等进行分析、比较和综合，筛选经济效益、生态效益和社会效益三类一级指标；草原生态系统结合生态系统服务功能评价的相关研究，建立提供产品功能、调节功能和文化功能三大类服务类型指标体系；湿地生态系统服务功能评价方法主要有：市场价值法，碳税法，费用支出法，影子工程法，指标体系设计的服务类型包括供给服务、调节服务、支持服务和文化服务；城镇生态系统，本文采用可以较密切地体现和衡量城市生态系统健康状况的 5 个要素作为评价体系建立的理论基础；荒漠生态系统根据影响生态系统健康状况的因素及生态系统健康的定义，先初步选取评价指标，收集多年示范区各初级指标的样本数据，结合专家意见及因子分析法、相关性分析筛选指标，从活力、组织结构和恢复力等 3 个方面选取；生态系统的综合考核指标体系主要包括生态系统宏观结构、生态系统质量、生态系统服务、生态系统变化的影响因素几个方面 15 个一级指标和 50 余个二级指标。以上综合试验区生态功能考核指标体系的建立，为生态系统健康与功能提供定量化的评估依据。

坚持创新生态治理模式，形成全社会共同参与的格局。按照“谁经营、谁受益”的原则，引导支持企业参与生态建设和后续产业开发，通过市场化机制促进生态保护与建设。如亿利集团采取“公司 + 基地 + 合作社 + 农户”的模式，探索出生态修复、生态牧业、生态健康、生态旅游、生态光伏、生态工业“六位一体”的沙漠生态循环经济产业体系，共绿化库布齐沙漠6000多平方千米，带动当地10多万农牧民脱贫致富。蒙草生态集团建立抗旱植物种质资源数据库，收集草原种质资源1700多种，构建“草原生态产业大数据平台”，集成内蒙古“水土气、人草畜”等生态指标数据，把科技和大数据应用到精准生态修复中，取得良好效果。

（二）综合试验区总体布局与功能定位

内蒙古是我国北方面积最大、种类最全的生态功能区，是我国北方最重要的生态安全屏障。内蒙古横跨“三北”，毗邻八省，紧靠京津，外接俄蒙，位于大陆北方季风主通道和东北、华北上游水源地。被誉为“东北水塔”，也是首都“护城河”和京津冀的供水源头，并成为华北乃至全国的重要“碳汇库”和“挡沙墙”，其生态状况不仅关系全区各族群众生存发展，也关系东北、华北、西北乃至全国的生态安全。习近平总书记在参加十三届全国人大一、二次会议内蒙古代表团审议时指出，“保持生态文明建设的战略定力，要统筹山水林田湖草系统治理，精心组织实施京津风沙源治理、三北防护林建设、天然林保护、退耕还林、退牧还草、水土保持等重点工程，实施好草畜平衡、禁牧休牧等制度，加快呼伦湖、乌梁素海与岱海等水生态综合治理，加强荒漠化治理和湿地保护，加强大气、水、土壤污染治理，在祖国北疆构筑起绿色万里长城”。把内蒙古建设成为我国北方重要生态安全屏障是国家的战略定位，通过全面实施重点生态保护与建设规划，大力推进重大生态工程建设，加强重点区域、流域生态建设和环境保护，构筑起以森林和草原为主体、生态系统良性循环、人与自然和谐相处的祖国北方重要生态安全屏障，改善自治区以及我国华北、西北及东北地区生态环境，保障国土生态安全，建设生态文明，实现生态经济协同发展的重要举措、根本保障和必然途径，具有十分重大的现实意义和深远的战略意义。

内蒙古自治区为国家生态安全战略格局中东北森林带和北方防沙带的主要构成部分。东部大兴安岭属国家重要的水源涵养区，西部黄河流域为国家重要的水土保持区域；中部为国家重要的防风固沙区域。加强生态保护和建设、改善生态环境，统筹好近期发展与长期可持续发展，关系到国家生态安全，是实现可持续发展的重大战略任务。自治区党委、政府始终高度重视生态建设和环境保护，特别是国家实施西部大开发战略以来，相继实施了京津风沙源治理、退耕还林、退牧还草、天然林资源保护等一批生态建设重点工程，加快产业转型升级步伐，推动淘汰落后产能，实施了一大批节能环保重大工程，生态环境实现“整体恶化趋缓，治理区明显好转”，资源节约型、环境友好型社会建设成效明显。结合自治区生态保护和建设的实际情况，以建立总量保证、布局均衡、结构合理、功能完善，点、线、面相结合的林草植被网络体系。

研究在充分认识生态系统格局现状与演变特征的基础上，按照国家北方生态安全屏障综合试验区建设思路，提出“一带三屏三区”建设格局。“一带”指农牧交错带；“三屏”指大兴安岭山脉、阴山山脉和贺兰山山脉，内蒙古生态安全屏障的天然“脊梁”接续相连绵延数千公里，其生态区位极其重要；“三区”指沙地防治区、天然林保护区与天然草原区，作为“山水林田湖草”系统综合治理试验区建设战略布局。

农牧交错带是农业生产边际地带，是从半干旱向干旱区过渡的广阔地带，农业与牧业、草地与沙漠交织，以东、以南是种植业为主的农区，以西、以北是畜牧业为主的牧区，农牧交错带干湿波动幅度大于温度变化幅度，干湿条件成为本区农牧业生产的限制因子，年平均降水量 380 毫米，降水变率在 25% 以上，生态脆弱。大兴安岭山脉是重要的气候分带，夏季海洋季风受阻于山地东坡，东坡降水多，西坡干旱，二者呈明显的对比，但整个山区的气候比较湿润，年降水 500 毫米以上。大兴安岭生态保护建设区属于水源涵养型地区，具有完整的寒温带森林生态系统，森林覆盖率高，是我国北方生态安全屏障的重要组成部分，同时也是国家木材战略储备基地。阴山山脉南北两侧的景观和农业生产差异显著，山南为农业区，山北为牧业区，山区为农牧林交错地区，阴山山脉还是中国季风与非季风区的北界，属温带半干旱与干旱气候的过渡带，西部的狼山尤为干旱，大青山较为湿润。贺兰山山脉山势的阻挡，既削弱了西北高寒气流的东袭，阻止了潮湿的东南季风西进，又遏制了腾格里沙漠的东移，东西两侧的气候差异颇大，贺兰山还是中国草原与荒漠的分界线，东部为半农半牧区，西部为纯牧区。阴山、贺兰山生态保护建设区属于防风固沙和水土保持型地区，土地贫瘠，水资源匮乏，干旱风大，耕地沙化严重，对华北、西北地区生态安全构成威胁。沙区该区域属于防风固沙功能型区域，地处温带半湿润到半干旱地区，是典型草原分布比较集中的区域，气候干旱，多大风，土地沙化现象严重；林区发挥着生态系统固碳、水源涵养等服务功能，区域中天然林环境适应力强，森林结构分布较稳定，但成长时间较长，天然林保护区范围内已经实现了全面停止天然林商业性采伐，天然林的保护不仅改变了林区生产经营方式、经济社会发展方式，还带动全国重塑国土生态空间格局、走生态优先绿色发展之路，在国际国内产生了重大而深远的影响。草原是内蒙古面积最大生态系统，2018 年面积达 13.2 亿亩，占全区国土面积的 74.4%，占全国草原面积的22%，内蒙古天然草原区以北部呼伦贝尔为中心的大兴安岭西麓林缘草甸草场，也是目前中国最佳的天然牧场之一，西部是黄沙浩瀚的戈壁荒漠地带，气温年际变化显著，大部分地区的气温的极差普遍为65℃～85℃，气温日较差年为13℃~16℃，为中国气温极差与日较差全国最大的地区，这非常有利于草原植物糖分的储存与物质的凝结，不仅是国家重要的畜牧业生产基地，目前面临的主要问题是草原生态退化。

研究系统辨识了“一带三屏三区”的重要生态服务功能，并根据不同格局的生态现状与特征，充分认识了“压力—状态—响应”系统反应状态，针对性地提出了具体的措施与策略。

表4-1　“一带三屏三区”的功能定位与具体措施

生态保护建设区	生态功能	具体措施
农牧交错带	产品供给	控制农田土壤风蚀水蚀和沙尘污染，提高土壤肥力和抗旱保墒能力； 风蚀沙化严重的农牧交错带和优势农作物产业带，大力实施人工草地种植与保护性耕作； 发展农牧耦合系统
贺兰山脉屏	水土保持	防治水土流失，保护、改良与合理利用山区、丘陵区和风沙区水土资源，维护和提高土地生产力
阴山山脉屏	防风固沙	因地制宜，顺应自然规律
大兴安岭屏	水源涵养	国家木材战略储备基地
天然林保护区	森林生态与生产功能	构建国家森林公园，发挥我国商品木材主要生产基地的优势； 增加商品林经营附加值； 坚持森工企业由采伐森林向营造林转移
沙地治理与沙漠防治区	防风固沙	构建巴丹吉林国家沙漠公园，尊重自然规律，宜林则林，宜草则草；推进防风固沙林建设，构建乔灌草、带网片相结合的防风固沙林体系
天然草原区	草地生态与生产功能	在呼伦贝尔、锡林郭勒等草原生态系统建立草地国家公园体系建设保护试点工程； 实现草地矿山开采区生态修复与恢复； 发展生态草牧业

（1）农牧交错带。农牧交错带作为人类活动的强烈影响区和生态环境敏感区，耕地面积大、发展农业条件较好。要以控制农田土壤风蚀水蚀和沙尘污染，提高土壤肥力和抗旱保墒能力为目标，在自治区风蚀沙化严重的农牧交错带和优势农作物产业带，大力实施保护性耕作推进工程。加强以农田防护林建设为主的平原绿化，增强和保障农业综合生产能力；同时，加强水资源管理，划定城乡居民饮用水源地保护区，禁止在保护区内任何对水质、水量产生不利影响的行为。在国家粮食主产区强化高标准农田建设工程，提升农田生态系统应对气候变化与自然灾害的适应能力；在农牧交错带部分区域及降水 400 毫米以下区域的农牧区，加大退耕还草力度。草地资源利用。推行季节性休牧制度，加强舍饲圈养所需基础设施建设，提倡 3/4 以上时间圈养。饲草料基地建设。在水资源允许的情况下，可以适度发展节水灌溉人工草地，依据立地条件发展旱作人工草地，可以是一年生的，可以是多年生的，也可推广当年生饲草和粮食作为“复种、套种”技术，大力推广秸秆饲用化技术，以提升饲草料供给能力。草食动物发展。推行地方本品种选育与引进改良相结合，培育适宜养殖新品种，以发展肉用牛、肉用羊为主。饲养经营方式。科学整合草地、耕地资源，推广“农牧户 + 合作社 + 企业”经营模式。

（2）阴山山脉生态安全屏障。阴山北麓农牧交错带长 300 千米、宽 50 千米的生态屏障带，阴山山脉从辖区南部穿过，山脉以南为黄河河谷，山区为荒漠草原，以北为戈壁荒滩，保护和恢复阴山山脉天然植被，增加其涵养水源和生态屏障的功能。沿山带是一个以牧业为主的地带，天然植被十分稀疏，除乌拉山分布有森林草原外，其他地段均以干旱草原，荒漠草原为主体，结构简单，森森覆被率极低，大约 4.0%，生态环境十分脆弱，该区域的超载放牧、过度放牧是该地区最突出的问题。

（3）贺兰山山脉生态安全屏障。贺兰山西坡较缓，逐渐过渡到内蒙古高原；东坡陡峭，山势雄伟，高差较大，构成一道天然屏障，从而削弱了西伯利亚高压冷气流，阻截了腾格里沙漠的东侵，也阻止了潮湿的东南季风西进，使得贺兰山东西两侧气候、水源、植被有着显著的差别，成为中国外流区和内流区的分水岭，是温带荒漠草原与荒漠、季风气候和非季风气候的分界线，也是半农半牧区和牧区的分界线，贺兰山具有国家级自然保护区。

（4）大兴安岭山脉生态安全屏障。大兴安岭山脉生态优良、环境优美、地域广阔、森林浩瀚，是特有的寒温带生态系统，生态系统的各要素基本处于自然状态或恢复演替状态，人为干扰少、生境完整，种群多样、群落结构明晰、生态系统稳定。保护生态、严禁开发，通过划定生态红线，永久性保护地区整体生态优势，保护全国特有的寒温带生态系统，防止生境破碎和斑块化，保护特有生物多样性。

（5）沙区。该区域属于防风固沙型区域，地处温带半湿润到半干旱地区，是典型草原分布比较集中的区域，气候干旱，多大风，土地沙化现象严重。推进防风固沙林建设，构建乔灌草、带网片相结合的防风固沙林体系。实施重点公益林生态效益补偿和草原生态保护补助奖励机制，推进禁牧休牧、划区轮牧和生态移民工程，积极转变畜牧业生产方式，实行以草定畜，推行舍饲圈养，严格控制载畜量，加大退耕还林、退牧还草力度，逐步恢复林草植被。同时，继续支持沙产业试验示范基地建设工程项目，稳步推进沙地的生态治理工程。同时，实施海拉尔、乌珠穆沁、浑善达克、科尔沁、毛乌素五大沙地生态安全屏障综合试验区建设工程。沙漠防治建设区的库布齐沙漠、乌兰布和沙漠、巴音温都尔沙漠、腾格里沙漠、巴丹吉林沙漠。该区域属于防风固沙型地区，绝大多数属半荒漠和荒漠地区，流动沙丘密布且沙丘高大。采取生物措施和工程措施，通过设置人工沙障、人工造林、飞播造林种草，围封禁牧，建设沙漠锁边防护林体系，建立封禁保护区，推进重点公益林生态效益补偿，采取自然修复和人工措施，逐步控制沙漠化扩展。在风蚀沙化生态脆弱区，实施易地移民搬迁，出台禁牧令，确保生态自然恢复，以较小的投入保护大面积草原；在草原牧区，落实草原生态补奖政策，将全区 10.2 亿亩可利用草原全部纳入保护范围；在沙漠边缘和沙地区域，采取“乔、灌、草”“封、飞、种”综合治理措施；在 25 度以上坡耕地、重要水源地、严重沙化耕地实施退耕还林还草。强化科技支撑，确保工程建设质量，推广苗木浸泡、坐水栽植、覆膜造林、膜下滴灌、保水剂等抗旱节水造林，植物再生沙障治沙技术等林业适用技术。

（6）林区。东北天然森林保护区是黑龙江、嫩江的源头，对两江流域有重要的水源涵养和调节作用，森林和湿地共同维系着两大流域的水平衡。全面停止主伐，将停止主伐减产后减少的收入再补偿一部分，另一方面是大兴安岭地区加快推进经济转型，发展特色经济解决一部分。重点大力发展旅游业，打造“北极旅游品牌”，以旅游业为主线，开发特色种养殖业、绿色食品加工业、北药开发业、林木产品精深加工业等。促使林区转变经济发展方式，逐步摆脱以拼资源、牺牲环境为代价的发展模式和对木材经济的过度依赖，对于推进工程区经济结构调整，促进职工创造转岗就业机会，保证和提高职工收入，保证工程区社会和谐稳定。

（7）草原区。保护利用草地的生态与生产功能。在呼伦贝尔、锡林郭勒等典型草原生态系统建立草地国家公园体系建设试点工程，对生物、文化遗产等实施永久保护，与国家森林公园、湿地公园与自然保护区组成完整的国家自然保护地体系。天然草原区实现草原资源科学合理利用，坚持生态优先，兼顾产业发展的原则。以草原植被状况科学划定禁牧区和草畜平衡区，并严格执行禁牧和草畜平衡制度。打草场要制定轮刈制度和轮刈标准，并严格执行轮刈制度，加大监管力度。加强饲草料基地建设，在水热条件适宜地区，可以适度开发以水资源为中心，“水草林机料”五配套草库伦，主要解决冬春饲草严重短缺的问题。对已垦草原坚决执行退耕还草，以水资源为依据，适度发展节水灌溉高产人工草地、旱作多年生人工草地，提倡引草入田、草粮轮作、粮改饲等做法，主要解决休牧期饲草供给问题。畜牧业发展方式要以少养、精养、生产高端特色畜产品为目标，草食家畜以本品种选育提纯复壮为主。除科研需要外，不提倡大量引种改良，要充分发挥地方品种优势和特色，建立畜产品溯源体系，发挥“互联网 +”作用，实现高端特色畜产品优质优价。在饲养和经营方式上加强暖棚、储草库等基础设施建设，推广暖季合理放牧，冷季科学舍饲的养殖方式，在牧草生长的关键时期科学利用和轮刈。以标准化家庭牧场为主，在自愿基础上合理流转草地，适度发展规模化现代化牧场，加强流转草地监管，推广“户养企育”“牧养农育”等经营模式。农户以舍饲圈养为主，企业以集约化规模化为主，土地利用可以考虑“户有企营”，建立农户、合作社、企业利益联结机制，发挥土地在养殖业的作用。

（三）综合试验区产业转型升级与布局

内蒙古着眼于为国家生态安全做贡献的大局，在发展理念上，把生态文明建设放在更加突出的战略位置；在发展定位上，提出要建设祖国北方重要的生态安全屏障，制定并实施了规划；在发展措施上，出台了《关于加快推进生态文明建设的实施意见》，提出了抓好 12

项自然生态系统保护和建设重大工程、10 项环境治理重大工程，制定了《内蒙古自治区耕地草原河湖休养生息规划》。人类活动是生态系统压力的源头，疏解人类活动的压力，产业升级转型发展是实现生态—社会经济协同发展是区域可持续发展的必要路径。2018 年内蒙古工业园区达到 112 个，实现产值 1.15 万亿元，产值超 500 亿的园区 6 个、超百亿的 32 个，实现税收 744.7 亿元，工业园区成为产业发展的重要集聚区。在工业园区发展的同时，其经济分化趋势更为明显，区域、行业、企业间发展差距逐渐拉大，供需失衡矛盾仍旧突出。基于区域生态系统的空间分布格局，在产业转型升级的基础上实现产业的空间优化布局也显得尤为迫切。

推进农牧业现代化、规模化，形成农牧业多元合理的产业体系。提高农牧业科技含量，创立成龙配套、协调高效、系统完备的现代农牧业技术支撑体系，促进农牧业的优质化、安全化、生态化、有机化，增强耕地与草地永续利用和持续高效的发展能力。既要优化农牧业结构和布局，加快农牧业结构战略性调整，构建现代农牧业产业体系，又要统筹规划全区农牧业布局，大力发展生态友好型农业，打造以现代生态农业为主、旅游休闲观光为辅的规模化农产区，更要严格控制基本农田和粮食播种面积，提高单产水平。修建大中型农业灌区工程，发展节水农业和节水灌溉。转变农牧业发展方式及生产方式，调整、优化、升级农牧业产业结构，逐步形成多元、合理的现代农牧业产业体系。大力发展特色农牧业，发展设施种植业，发展集约养殖业。在种植业中要调整完善粮、经、草、菜的结构，适当扩大饲草料、蔬菜的种植面积。通过政策引导、项目倾斜和资金支持，基本形成以林木培育、特色经济林、林下经济、灌木原料林、中蒙药材、森林食品、生态旅游等产业为主导，以企业 + 合作社 + 基地 + 农户为利益联结机制的产业发展格局。

加快传统产业提质增效，培育发展绿色产业，提升循环经济发展水平。大力发展绿色农牧业，优先发展具有比较优势的优质玉米、高油大豆、强中筋小麦、专用马铃薯等优质粮食生产。结合供给侧结构性改革，围绕工业绿色转型发展、制造业绿色改造升级、完善循环产业链和资源高效综合利用，运用高新技术改造提升传统产业，大力降低工业生产过程中的资源能源消耗和污染物产生量，提高资源利用效率。继续推进工业绿色转型发展，重点落实好自治区工业绿色转型发展实施方案、国家低碳工业园区试点实施方案。引导企业使用清洁能源和原材料，从源头上减少资源能源投入；推广应用余热余压回收、水循环利用、有毒有害原料替代、废渣资源化、脱硫脱硝除尘等清洁高效生产工艺，促进生产过程中废物和能源循环利用，实现少排放甚至“零排放”。加快钢铁、有色、化工、建材、轻工等传统制造业清洁生产步伐。

壮大战略性新兴产业，推动科技创新。以创新驱动发展战略为引领，以推进大众创业、万众创新、“中国制造 2025”为抓手，坚持市场主导、创新驱动，深入实施战略性新兴产业发展总体攻坚战，充分利用自治区现有产业基础优势，培育发展战略性新兴产业，重点开发一批拥有自主知识产权的新产品，打造一批掌握关键核心技术、市场需求前景广、带动系数大、综合效益好的新兴产业链，形成一批新的支柱产业和经济增长点。提升工程机械、矿山机械、煤炭机械、轨道交通设备和风电设备等优势制造业发展水平，积极发展乘用车、新型商用车和新能源汽车，推动形成装备制造产业集群。大力发展生物制药、现代中蒙药、生物疫苗及生物育种产业，推进生物发酵技术研发及产业化，重点建设呼和浩特、通辽、赤峰、乌兰察布、巴彦淖尔五大生物产业集聚区。加快大型云计算数据中心建设，完善国际、省际光缆网通道，加强云计算应用，承接上下游产业，建设呼和浩特、包头、鄂尔多斯、赤峰等全国重要的云计算产业基地。加快稀土采选—冶炼分离—新材料及应用一体化发展，建设包头稀土新材料基地。加快构建与生态文明建设相适应的技术创新体系，在生态修复治理、新能源、高效节能、先进环保、资源循环利用等特色优势领域，努力突破一批重大技术瓶颈，掌握一批关键核心技术，提升科技进步对生态文明建设的贡献度。加强创新平台建设，强化企业技术创新主体地位，完善科技创新成果转化机制。到2020年，围绕草原修复、防沙治沙、煤炭清洁高效利用、节能环保等领域建成30个国家级（国家与地方联合共建）重点实验室、工程研究中心、工程实验室和企业技术中心。

推动实施乡村振兴战略，助力精准脱贫。一是深入推进森林乡镇创建工作，在巩固村屯绿化成果的基础上，结合环境整治，广泛推进乡村绿化、庭院绿化，建设生态宜居的新农村；二是按照“企业加基地、基地联农户，利益均沾、风险共担”的模式，大力发展林沙产业、生态旅游业、经济林种植业等林业产业，助推农村牧区产业兴旺；三是鼓励农牧民参与林业工程建设、组织参与林业生态保护、开展林业科技示范引领，落实林业惠民政策，发挥林业在脱贫攻坚中的优势和作用。

四、国家北方生态安全屏障综合试验区建设重点工程与政策建议

在系统分析“一带三屏三区”的重要生态服务功能、六大类生态系统状态与特征的基础上，研究权衡分析了社会经济系统与生态系统

的互馈关系，制定了2022年与2035年生态系统的规划目标，针对性地提出了重点建设工程与相关的政策建议，在农牧交错带近期重点开展粮食单产低于100千克/亩的退耕还草工程，而远期重点针对粮食单产低于200千克/亩；在三大屏障区重点开展山区林地与草地退化修复及退耕还林草工程；在沙区重点开展沙地治理与沙漠防治，建设国家沙漠公园，在草原区重点开展生态草牧业发展工程，建设国家草原公园，在林区重点开展天然林保育与基础设施建设，国家森林公园。同时，为保障工程的顺利实施，研究从体制机制、科技创新、生态补偿与资金投入方面提出了相关的政策建议，进而更有力保障国家北方重要生态安全屏障试验区工程建设与作用发挥，建立祖国北疆亮丽风景线。

（一）综合试验区建设重点工程

目前实施的各项生态工程和政策，包括“两屏三带”建设、三北防护林工程、天然林资源保护工程、退耕还林还草工程、退牧还草工程、京津风沙源治理工程、水土保持重点建设工程、草原生态保护补助奖励政策等，都是遏制内蒙古生态系统恶化趋势和出现局部好转的重要原因。生态试验区建设需要加强已有工程成果巩固的长效机制，确保工程发挥实效。除此之外，将针对六大类生态系统，着重布局与推进试验区重点工程项目。

（1）国家自然保护地体系建设工程。建立五个国家公园体系建设试点工程（大兴安岭国家森林公园、呼伦贝尔草甸草原生态系统国家草地公园、锡林郭勒典型草原生态系统国家草地公园、额尔古纳国家湿地公园和巴丹吉林国家沙漠公园的体系建设试点工程），进而构建多生态系统的国家公园群体系；对生物、文化遗产等实施永久保护，与生态红线自然保护区组成完整的国家自然保护地体系。

（2）退化生态系统（水域、湿地、沙地）修复工程。实施海拉尔、乌珠穆沁、浑善达克、科尔沁、毛乌素五大沙地治理的生态安全屏障综合试验区建设工程；积极推进河湖联通工程，绿水工程（植树种草保护水源涵养地，加大丰水期自治区使用黄河水的比重），对呼伦湖、乌梁素海、岱海、黄旗海和居延海等采取湿地补水、水生植被恢复、水位调控、富营养化治理等生态环境修复工程；针对矿产资源对草原生态破坏地区，实施绿色矿山建设可持续发展综合试验示范工程；实施水土保持、沙漠锁边、国土绿化、盐碱地改造和农业面源控制等工程，系统推进沿黄地区绿色发展。

（3）农牧交错带退耕还草工程。北方农牧交错带重点区域包括内蒙古、河北、辽宁等7省（区）的146个县市，其中29个旗县在内蒙古。内蒙古农牧交错带内耕地面积占全自治区耕地面积的近65%，粮食单产低于100千克/亩的旗县耕地面积占农牧交错带耕地面积的1/3；低于200千克/亩的旗县耕地面积占该占农牧交错带耕地面积的1/2，而粮食总产量只有400多万吨，占农牧交错带粮食总产量的1/5。在不影响国家粮改饲等现行相关政策下，试点首先从粮食单产低于100千克/亩的旗县开始，2022年后推广到粮食单产低于200千克/亩的旗县。加大退耕还草力度，加大人工草地培育力度；重点在农牧交错带实施退耕还草、发展粮改饲与现代畜牧业，综合施策恢复生态屏障功能。通过种植多年生旱作人工草地，加大地表植被的常年覆盖，减少水土流失；在河谷滩地、湖盆洼地、沙丘间低地等水位较高的土地建立人工饲草基地，推行“种植一点、改良一块、保护一大片”的草原生态保护建设模式。科学核算退耕还草对牧民收入的影响，实施全额补偿的退耕退牧还草生态补偿政策。

（4）天然草原带草原修复与合理利用试验示范区建设工程。以人、畜、草是生命共同体的生态文明理念为引领，加大对草原牧区道路等基础设施建设。对基本健康的草原合理利用，在利用中加以保护。对不同程度退化的草原分类治理。在无水草原区建设集雨设施，收存储备降水，供人畜使用，激活无水草原，实现放牧地和割草地的科学轮换。天然草原—栽培草地相结合，农区—牧区相结合，建设人居—草地—家畜和谐共生、草原可持续利用示范样板。

（5）天然林保育与提升工程。在持续推进内蒙古地区的京津风沙源治理和三北防护林建设等现有重大生态工程、建立成果巩固的长效机制的同时，国家启动森林退化修复与灌木林平茬复壮工程。国有林场和林区能力提升工程，加强基础设施，增强防御自然灾害的能力。提升天然林保护工程，建立完善的森林资源调查与认证系统，科学合理地采伐、间伐天然林。林业惠民工程，加强林场职工和农牧民的技能培训，鼓励其参与林业工程建设和林业生态保护。

（6）产业升级与绿色发展工程。实施绿色高值高效现代农业建设工程，促进内蒙古绿色生态农业发展和农民增收，助推乡村振兴战略实施；实施工业绿色与升级改造工程，运用高新技术改造提升传统产业，壮大战略性新兴产业，培育发展绿色能源产业；实施城市生态系统污染防治攻坚工程，加强对大气、水体、固体废弃物等的污染防治，建设生态宜居的呼包鄂城市试点工程。实施生态文化服务功能提升工程，将林、草、沙、湿地等旅游区域统筹规划，实现开放的“大旅游”路线。通过实施以上系统工程为农牧民持续创造大量就业，从根本上解决人—地矛盾和保障生态安全长效问题。

（7）教育科技创新与草原生态文化传承支撑工程。加强对教育和科研投入，重点支持生态建设与恢复项目。构建试验区自然资源确权登记、生态环境监测、预警、监管与评估机制，实施生态安全屏障建设的全过程监管。依托内蒙古悠久的草原文化，建设草原生态文化传承和发展示范区，推动北方少数民族历史与生态文化的创新发展，丰富生态文明建设的多元文化内涵。依托内蒙古悠久的草原文化，建设生态文化传承和发展示范区，推动北方少数民族历史与生态文化的创新发展，丰富生态文明建设的多元文化内涵。在不同的生态功能试验区，汲取游牧文化的理性元素，建设生态文化传承和发展示范区，丰富生态文明建设的多元文化内涵。

（二）国家北方生态安全屏障综合试验区建设的政策建议

（1）健全和完善中央、跨省和跨区的纵横生态补偿体制机制。一是中央财政考虑不同区域生态功能因素和支出成本差异，通过提高均衡性转移支付系数等方式，逐步增加对北方生态屏障功能区的转移支付。科学核算跨区域生态功能的服务价值，构建跨省和跨区的平行生态补偿体制与运行机制。二是鼓励受益地区与保护生态地区、流域下游与上游、粮食生产区与销售区通过资金补偿、对口协作、产业转移、人才培训、共建园区等方式建立横向生态补偿关系。三是推进生态保护补偿试点示范，统筹各类补偿资金，探索综合性补偿办法，中央将北方生态屏障综合试验区作为开展生态保护补偿的重点区域，提高草原奖补政策的补偿标准。四是建立能源输出生态补偿、财税政策或绿色发展基金，制定有利于资源节约利用和可持续发展的资源价格。五是稳妥有序开展生态环境损害制度改革试点，建立损害生态赔偿的运行机制和采矿企业退出补偿机制。六是建立水权、排污权、碳排放权初始分配制度，完善生态产品价格形成机制，培育和发展交易平台，使生态保护者通过生态产品交易获得收益，不断扩大交易规模。

（2）建立生态系统服务产品的绿色金融体系与交易平台。开展自然资源统一确权登记，编制自然资源资产核算表与负债表，探索自然资源资本证券化模式。支持生态保护地区政府和社会资本按市场化原则共同发起绿色发展基金，推进规范操作的绿色产业项目；试验区开展在蒙的国有企业部分税收返还，支持试验区绿色发展项目，构建资源环境权益的综合性交易平台试点。

（3）建立综合试验区产业升级转型和绿色发展政策支持体系。加快综合试验区的经济结构转型速度，延长农业产业链，发展生态、高值、多功能、可持续的现代农业，大力培育大数据中心、人工智能与区块链等绿色新兴产业，稳步推进城镇化和工业化，发展生态旅游产业和现代服务业，形成绿色发展产业体系，为社会创造更多就业；积极引导农牧民参与非农就业，缓解生态环境的承载压力。

（4）加大综合试验区基础设施建设投入力度。加强国家生态安全屏障综合试验区的基础设施建设，加大草原牧区和林区道路、供水工程设施、抗灾能力等基础设施建设，在无水草原建设集雨设施，收存储备降水，供人畜使用。加强暖棚、储草库等基础设施建设，推广暖季合理放牧，冷季科学舍饲的养殖方式，林区天然林合理采伐，大力发展林下经济。在水热条件适宜地区，以水定量，适度发展“水草林机料”五配套的草库伦，解决冬春饲草季节性严重短缺的问题。

（5）构建综合试验区体制机制与科技创新保障体系。充分发挥内蒙古生态文明建设委员会作用，赋予协调生态安全屏障综合试验区建设的职能。建立生态安全屏障建设投入和绩效督导评估、检查验收、质量监测的法定职责，坚持综合督导和专项督导并举，建立与完善督导的评价体系和激励机制。国家设立生态安全屏障建设重大研发专项；建设国家生态安全屏障的科普宣传教育基地，加大对中职和高职学校生态安全屏障课程体系建设和技能培训，加强草原、林业等学科建设，建设若干所中职和高职技术学校。制定生态建设技术人员基层服务特殊优惠政策，形成扎根乡村、牧区和林区的技术队伍。制定内蒙古自治区北方生态安全屏障建设与管理条例，提高违法成本，加强执法队伍建设，加大执法力度，设立生态检察院与生态法官制度。

参考文献

[1] 包云, 李晓兵, 李超, 黄玲梅, 于静. 1961–2007年内蒙古气温时空变化特征分析[J]. 干旱区资源与环境, 2010, 24（12）: 80–84.

[2] 博文静, 王莉雁, 操建华, 王效科, 肖燚, 欧阳志云. 中国森林生态资产价值评估[J].生态学报, 2017, 37（12）: 4182–4190.

[3] 布小林. 2018年内蒙古自治区政府工作报告, 内蒙古自治区人民政府官网, http://www.nmg.gov.cn/art/2018/1/24/art_4213_210151.html.

[4] 陈秋红. 草地生态系统动态演化机制研究综述[J]. 草业与畜牧, 2009（6）: 6–13.

[5] 陈素华, 宫春宁, 苏日那. 气候变化对内蒙古农牧业生态环境的影响[J]. 干旱区资源与环境, 2005（04）: 155–158.

[6] 陈锡文. 当前我国农业农村发展的几个重要问题[J]. 南京农业大学学报（社会科学版）2011, 11（1）: 1–6.

[7] 程锋, 王洪波, 郧文聚. 中国耕地质量等级调查与评定[J]. 中国土地科学, 2014, 2: 75–82.

[8] 程国栋, 王根绪, 王学定, 刘光琇. 江河源区生态环境变化与成因分析[J]. 地球科学进展, 1998, 13（增刊）: 24–30.

[9] 邓祥征. 土地系统动态模拟[M]. 北京:中国大地出版社, 2008.

[10] 丁勇, 侯向阳, 尹燕亭, 秦艳, 王海, 张庆, 李西良. 半农半牧区农户生产现状及对气候变化的感知与应对——基于内蒙古林西县的调查研究[J]. 中国农学通报, 2011, 27（14）: 104 – 112.

[11] 杜青林. 中国草业可持续发展战略[M]. 北京:中国农业出版社, 2006.

[12] 多立安, 赵树兰. 新西兰草地畜牧业特征[J]. 草地学报, 2004, 12（2）: 158–161.

[13] 方精云, 景海春, 张文浩, 高树琴, 段子渊, 王竑晟, 钟瑾, 潘庆民, 赵凯, 白文明, 李凌浩, 白永飞,

蒋高明, 黄建辉, 黄振英. 论草牧业的理论体系及其实践. 科学通报, 2018, 63: 1619 – 1631.

[14] 傅伯杰, 王晓峰, 冯晓明等. 国家生态屏障区生态系统评估[M]. 北京: 科学出版社, 2017.

[15] 高红霞, 唐红艳. 45年来内蒙古兴安盟作物生长季干旱时空特征[J]. 干旱区资源与环境, 2019, 33（01）: 143–147.

[16] 巩祥夫, 刘寿东, 钱拴. 基于Holdridge分类系统的内蒙古草原类型气候区划指标[J]. 中国农业气象, 2010, 31（03）: 384–387.

[17] 国家发展与改革委员会, 国家能源局. 煤炭工业发展十三五规划[R]. 2016.

[18] 国家统计局.中国统计年鉴[J].北京:中国统计出版社. 2001–2014.

[19] 韩芳, 刘朋涛, 牛建明, 乌兰巴特尔, 张庆, 张靖. 50年来内蒙古荒漠草原气候干燥度的空间分布及其演变特田[J]. 干旱区研究, 2013, 30（3）: 449–456.

[20] 韩芳. 气候变化对内蒙古荒漠草原生态系统的影响[D]. 内蒙古大学, 2013.

[21] 韩俊. 中国食物生产能力与供求平衡战略研究[M]. 北京: 首都经贸大学出版社, 2010.

[22] 韩俊丽. 向集约化草原畜牧业迈进——从三次重白灾看锡盟草原畜牧业的发展趋势[J]. 阴山学刊, 1995（S2）: 59–64.

[23] 侯向阳, 尹燕亭, 丁勇. 中国草原适应性管理研究现状与展望[J]. 草业学报, 2011, 20（02）: 262–269.

[24] 侯向阳. 发展草原生态畜牧业是解决草原退化困境的有效途径[J]. 中国草地学报, 2010, 32（4）: 1–9.

[25] 黄季焜, 杨军, 仇焕广. 新时期国家粮食安全战略和政策的思考[J]. 农业经济问题, 2012（3）: 4–8.

[26] 江凌, 肖燚, 饶恩明, 王莉雁, 欧阳志云. 内蒙古土地利用变化对生态系统防风固沙功能的影响[J]. 生态学报, 2016, 36（12）: 3734–3747.

[27] 景国臣, 王亚娟, 王占喜. 中低产田形成的原因与培肥改良对策[J]. 水土保持应用技术, 2009（4）:34–36.

[28] 赖启福, 陈秋华, 黄秀娟. 美国国家公园系统发展及旅游服务研究[J]. 林业经济问题, 2009, 29（5）: 448–453

[29] 赖玉珮. 流转和合作对干旱半干旱牧民获益能力影响的比较研究: 草场承包政策背景下的草场整合路径比较[D]. 北京大学, 2015.

[30] 李博. 内蒙古地带性植被的基本类型及其生态地理规律[J]. 内蒙古大学学报（自然科学版）, 1962（02）: 41–74.

[31] 李飞, 林慧龙, 常生华. 农牧交错带种植模式与种养模式的能值评价[J].草地学报, 2007, 15（4）: 322–326.

[32] 李光鹏, 李俊龙, 旭日干. 北方草原牧业发展现状与草原生态畜牧业发展研究初报[J]. 内蒙古大

学学报（自然科学版）, 2013, 44（04）: 435–440.

[33] 李晶. 内蒙古自治区干旱灾害时空分布规律及预测研究[D]. 内蒙古农业大学, 2010.

[34] 李青丰, 李福生, 乌兰. 气候变化与内蒙古草地退化初探[J]. 干旱地区农业研究, 2002（04）: 98–102.

[35] 李文平. 内蒙古粮食主产区城镇化发展规制研究[D]. 中央民族大学, 2015.

[36] 李亚荣, 张巨富, 边丽琴. 沙漠生存环境的建设与沙产业开发——锡林郭勒盟沙地资源的修复及开发利用前景[J]. 内蒙古草业, 2005（02）: 19–20+35.

[37] 李银鹏, 季劲钧. 内蒙古草地生产力资源和载畜量的区域尺度模式评估[J]. 自然资源学报, 2004（05）: 610–616.

[38] 林莉, 刘永志, 巴根那, 李青丰. 内蒙古草地管理与牧草种质资源交流考察团赴阿根廷、巴西考察报告[J]. 国外畜牧业, 2003（1）: 28–29

[39] 刘纪远, 匡文慧, 张增祥, 徐新良, 秦元伟, 宁佳, 周万村, 张树文, 李仁东, 颜长珍, 吴世新, 史学正, 江南, 于东升, 潘贤章, 迟文峰. 20世纪80年代末以来中国土地利用变化的基本特征与空间格局[J]. 地理学报, 2014b, 69（1）: 3–14.

[40] 刘纪远, 邵全琴, 于秀波, 黄河清. 中国陆地生态系统综合监测与评估[M]. 北京: 科学出版社, 2014a.

[41] 刘纪远, 张增祥, 徐新良, 匡文慧, 周万村, 张树文, 李仁东, 颜长珍, 于东升, 吴世新, 江南. 21世纪初中国土地利用变化的空间格局与驱动力分析[J]. 地理学报, 2009, 64（12）: 1411 – 1420.

[42] 刘纪远, 张增祥, 庄大方, 王一谋, 周万村, 张树文, 李仁东, 江南, 吴世新. 20世纪90年代中国土地利用变化时空特征及其成因分析[J]. 地理研究, 2003（01）: 1–12.

[43] 刘黎明, 谢花林. 我国草地资源可持续利用评价指标体系的研究[J]. 中国土地科学, 2001, 15（4）: 43–46.

[44] 刘正佳, 邵全琴, 王丝丝. 21世纪以来青藏高寒草地的变化特征及其对气候的响应[J]. 干旱区地理, 2015, 38（02）: 275–282.

[45] 刘钟龄. 北方草原生态安全与草地农牧业发展[J]. 草原与草业, 2014, 1（26）: 7–16.

[46] 刘钟龄. 中国草地资源现状与区域分析[M]. 北京:科学出版社, 2017.

[47] 鲁春霞, 谢高地, 成升魁, 马蓓蓓, 冯跃. 中国草地资源利用: 生产功能与生态功能的冲突与协调[J]. 自然资源学报, 2009, 24（10）: 1885–1897.

[48] 罗蓉, 王丽. 推动经济高质量发展 打造北疆亮丽风景线——对习近平总书记在内蒙古代表团重要讲话的思考[J].紫光阁,2018（04）:11+26.

[49] 马国霞, 於方, 王金南, 周夏飞, 袁婧, 牟雪华, 周颖, 杨威杉, 彭菲. 中国2015年陆地生态系统生产总值核算研究[J]. 中国环境科学, 2017, 37（4）: 1474–1482.

[50] 孟庆丰, 宋英春. 内蒙古自治区湿地资源现状及基本特点[J]. 内蒙古林业调查设计, 1999, 4: 156–157.

[51] 孟英环. 科尔沁沙化草原治理工程效果观察[J]. 新农业, 2013（05）: 46–47.

[52] 缪建明, 李维薇. 美国草地资源管理与借鉴[J]. 北京:中国农业出版社, 2006.

[53] 南志标, 王彦荣, 胡小文. 我国草种子学研究进展[C]. 第二届全国种子科学与技术学术研讨会论文摘要集, 2011.

[54] 内蒙古自治区国土资源厅, 内蒙古自治区测绘事业局. 内蒙古自治区地图集（社会与经济发展）[R]. 2012.

[55] 内蒙古自治区党委 自治区人民政府 "关于实施乡村振兴战略的意见". 人民网–内蒙古频道（2018年2月13日）, http://nm.people.com.cn/n2/2018/0215/c196689–31262299.html.

[56] 内蒙古自治区生态环境厅. 内蒙古自治区环境状况公报[EB/OL].2000–2017.http://sthjt.nmg.gov.cn/hjfw/hjzk/csgb/.

[57] 内蒙古自治区环境监测中心站. 内蒙古自治区生态环境十年变化（2000–2010年）[R]. 2015.

[58] 内蒙古自治区林业厅. 内蒙古第五次荒漠化和沙化土地监测结果公布荒漠化和沙化土地连续十五年保持双减少[EB/OL], http://lcj.nmg.gov.cn/xxgk/xwzx/lyyw/bmyw/201606/t20160617_118345.html.

[59] 内蒙古自治区林业厅. 森林资源与生态状况简报——第七次内蒙古森林资源清查[R]. 2014.

[60] 内蒙古自治区门户网站.第二次内蒙古自治区湿地资源调查结果新闻发布会[EB/OL].2014, http://www.nmg.gov.cn/art/2014/9/23/art_1100_184607.html.

[61] 内蒙古自治区水利厅. 内蒙古水资源公报（2000–2017）[R].

[62] 内蒙古自治区统计局. 内蒙古统计年鉴（1985–2018）[M]. 北京: 中国统计出版社.

[63] 内蒙古自治区政府办公厅. 内蒙古自治区 "十三五" 新型城镇化规划. 内蒙古自治区人民政府官网（2017年1月23日）, http://www.nmg.gov.cn/art/2017/1/23/art_1737_150974.html.

[64] 内蒙古自治区政府办公厅. 内蒙古自治区 "十一五" 发展规划纲要. 中国网（2009年5月15日）, http://www.china.com.cn/aboutchina/zhuanti/09dfgl/2009–05/15/content_17781661.htm.

[65] 内蒙古自治区政府办公厅. 内蒙古自治区国民经济和社会发展第十二个五年规划纲要. 内蒙古自治区人民政府官网（2015年7月2日）, http://www.nmg.gov.cn/art/2015/7/2/art_1737_150954.html.

[66] 内蒙古自治区自然资源厅. 内蒙古自治区地质环境公报（2016年度）, http://www.nmggtt.gov.cn/zwgk/tjsj/201708/t20170821_714503.html.

[67] 欧阳志云, 王如松, 赵景柱. 生态系统服务功能及其生态经济价值评价[J]. 应用生态学报, 1999, 10（5）: 635–640.

[68] 任继周, 梁天刚, 林慧龙, 冯琦胜, 黄晓东, 侯扶江, 邹德富, 王翀.草地对全球气候变化的响应及其碳汇潜势研究[J]. 草业学报, 2011, 20（2）: 1–22.

[69] 任继周, 林慧龙, 侯向阳. 发展草地农业 确保中国食物安全[J]. 中国农业科学, 2007a, 40（3）:

614–621.

[70] 任继周, 林慧龙. 农区种草是改进农业系统、保证粮食安全的重大步骤[J]. 草业学报, 2009, 18（5）: 1.

[71] 任继周, 南志标, 郝敦元. 草业系统中的界面论[J]. 草业学报, 2000, 9（1）:1–8.

[72] 任继周, 南志标, 林慧龙, 侯扶江. 建立新的食物系统观[J]. 中国农业科技导报, 2007b, 9（4）: 17–21.

[73] 任亚平. 军民融合共建祖国北疆安全稳定屏障的思考[J]. 国防, 2016（02）: 12–15.

[74] 任榆田. 美国草地资源管理现状[J]. 中国畜牧业, 2013, 23, 50–52.

[75] 斯钦毕力格. 内蒙古大兴安岭林区森林健康状况评价及保护建议[J]. 内蒙古林业调查设计, 2015, 38（5）: 39–40.

[76] 宋丽弘, 唐孝辉. 内蒙古草原碳汇经济发展的基础与路径[J]. 中国草地学报, 2012（02）: 1–7.

[77] 孙淼, 徐柱, 柳建丽. 内蒙古农牧交错区草地气候生产力对气候变化的响应[J]. 草业科学, 2011, 28（6）:1085–1090.

[78] 孙小龙, 刘朋涛, 李平. 近三十年来锡林郭勒草原植被NDVI指数动态分析[J]. 中国草地学报, 2014, 36（06）: 23–28.

[79] 孙政国, 陈奕兆, 居为民, 周伟, 李建龙. 我国南方不同类型草地生产力及对气候变化的响应[J]. 长江流域资源与环境, 2015, 24（04）: 609–616.

[80] 塔娜. 内蒙古城市生态环境与经济协调发展时空差异研究[D]. 内蒙古师范大学, 2017.

[81] 唐静, 林慧龙. 草地农业的循环经济特征分析[J]. 草业学报, 2013, 22（1）: 167–175.

[82] 唐羽彤, 林慧龙. 食物安全的草地农业创新模式刍议[J]. 中国农业科技导报, 2012, 14（5）: 7–14.

[83] 汪韬. 政府干预对牧民应对气候变化适应能力影响研究: 基于内蒙古克什克腾旗的案例研究[D]. 北京大学, 2011.

[84] 王关区. 有效推进内蒙古生态文明建设的探讨[J]. 北方经济, 2013（05）: 1–5.

[85] 王宏亮. 城镇化背景下建设用地利用强度研究[D]. 中国农业大学, 2017.

[86] 王明玖, 张存厚. 内蒙古草地气候变化及对畜牧业的影响分析[J]. 内蒙古草业, 2013, 25（01）: 5–12.

[87] 王喜峰. 考虑区域承载力的水资源效率研究[J]. 城市与环境研究, 2018, 2: 97–110.

[88] 王义凤, 雍世鹏, 刘钟龄. 内蒙古自治区的植被地带特征[J]. Journal of Integrative Plant Biology, 1979（03）: 274–284.

[89] 王湛. 北京市生态基础设施建设与区域发展研究[D]. 北京林业大学, 2018.

[90] 魏立峰. 内蒙古京津风沙源治理工程区森林防风固沙功能价值评估[J]. 内蒙古林业调查设计, 2017, 40（2）: 30–33.

[91] 习近平. 关于社会主义社会建设论述摘编, 人民网（2017年10月）, http://theory.people.com.cn/

GB/68294/416915/index.html.

[92] 习近平. 建立体现生态文明要求的目标体系、考核办法、奖惩机制. 中国共产党新闻网（2014年8月13日）, http://cpc.people.com.cn/n/2014/0813/c164113-25455972.html.

[93] 习近平. 开创美丽中国建设新局面——在全国生态环境保护大会上的重要讲话引起热烈反响. 新华网（2018年5月20日）, http://www.xinhuanet.com/2018-05/20/c_1122859915.htm.

[94] 习近平. 推动形成绿色发展方式和生活方式 为人民群众创造良好生产生活环境. 新华网（2017年5月27日）, http://www.xinhuanet.com/politics/2017-05/27/c_1121050509.htm.

[95] 习近平. 习近平在参加内蒙古代表团审议时强调: 扎实推动经济高质量发展 扎实推进脱贫攻坚.中国共产党新闻网（2018年3月6日）, http://cpc.people.com.cn/n1/2018/0306/c64094-29849635.html.

[96] 习近平. 在中国共产党第十九次全国代表大会上的报告. 中国共产党新闻网（2017年10月28日）, http://cpc.people.com.cn/n1/2017/1028/c64094-29613660.html.

[97] 习近平. 保持加强生态文明建设的战略定力 守护好祖国北疆这道亮丽风景线. 中国共产党新闻网（2019年3月5日）, http://cpc.people.com.cn/n1/2019/0305/c64094-30959333.html.

[98] 肖胜生, 董云社, 齐玉春, 彭琴, 何亚婷, 杨智杰. 草地生态系统土壤有机碳库对人为干扰和全球变化的响应研究进展[J]. 地球科学进展, 2009, 24（10）: 1138-1148.

[99] 肖玉, 谢高地, 甄霖, 鲁春霞, 徐洁. 阴山北麓草原生态功能区防风固沙服务受益范围识别[J]. 自然资源学报, 2018, 33（10）: 1742-1754.

[100] 谢高地, 鲁春霞, 冷允法, 郑度, 李双成. 青藏高原生态资产的价值评估[J]. 自然资源学报, 2003, 18（2）: 189-196.

[101] 谢伊娜. 草场承包政策对牧民进入关键资源能力的影响研究: 以牧民走“敖特尔”为例[D]. 北京大学, 2008.

[102] 新华网. 推动共建丝绸之路经济带和21世纪海上丝绸之路的愿景与行动.（2015年3月28日）, http://www.xinhuanet.com//2015-03/28/c_1114793986.htm.

[103] 修丽娜, 冯琦胜, 梁天刚, 任继周. 2001-200年中国草地面积动态与人类活动的关系[J]. 草业科学, 2014, 31（1）: 66-74.

[104] 徐中民, 程国栋, 张志强. 生态足迹方法的理论解析[J]. 中国人口・资源与环境, 2006（6）69 – 78.

[105] 薛海丽, 张钦, 唐海萍. 近60年内蒙古不同草原类型区极端气温和干旱事件特征分析[J]. 干旱区地理, 2018, 41（04）: 701-711.

[106] 闫慧敏 ,陈伟娜, 杨方兴, 刘纪远, 胡云锋, 冀咏赞. 过去50年内蒙古极端气候事件时空格局特征[J]. 地理研究, 2014, 33（01）: 13-22.

[107] 杨臣华, 潘志峰, 李力, 付东梅, 杜勇锋, 徐盼, 杨力英, 蔡雨成. 内蒙古“十三五”经济社会发

展目标和指标体系研究[J]. 北方经济, 2015（05）: 29–33.

[108] 杨旭东, 杨春, 孟志兴. 我国草原生态保护现状、存在问题及建议. 草业科学, 2016, 33（09）: 1901–1909.

[109] 杨志刚, 沈益新. 调整农业产业结构,加快农区种草养畜步伐[J]. 江西畜牧兽医杂志, 2002（4）: 22–24.

[110] 叶志华, 侯向阳. 我国草业发展的现状, 问题及科技对策[J]. 中国农业科技导报, 2002, 4（2）: 69–73.

[111] 尹燕亭, 侯向阳, 运向军, 丁勇, 李西良. 不同经济水平牧户草场植被特征比较[J]. 中国沙漠, 2013, 33（04）: 1041–1047.

[112] 于冬瑶. 内蒙古粮食种植结构变化趋势分析[J]. 经济论坛, 2016, 3: 71–74.

[113] 张存厚, 王明玖, 李兴华, 郭瑞清, 张立伟. 近30年来内蒙古地区气候干湿状况时空分布特征团[J]. 干旱区资源与环境, 2011, 25（8）: 70–75.

[114] 张峰, 周广胜, 王玉辉. 基于CASA模型的内蒙古典型草原植被净初级生产力动态模拟[J].植物生态学报, 2008（04）: 786–797.

[115] 张琳, 张凤荣, 姜广辉, 姚慧敏. 我国中低产田改造的粮食增产潜力与食物安全保障[J]. 农业现代化研究, 2005, 26（1）: 22–25.

[116] 张培增, 郭海鸿. 新西兰草地畜牧业机械化技术考察印象[J]. 当代农机, 2014（2）: 33–35.

[117] 张晓玲, 徐保根, 樊兰瑛, 董联蓉. 中低产田成因类型划分方法的研究[J]. 资源科学, 1999, 21（4）: 35–38.

[118] 张英俊, 王明利, 黄顶, 杨富裕. 我国牧草产业发展趋势与技术需求[J]. 现代畜牧兽医, 2011, 201（1）: l0.

[119] 张中立, 辛国昌. 澳大利亚、新西兰草原畜牧业的发展经验[J]. 世界农业, 2008（4）: 22–24.

[120] 赵颖, 赵珩, Peter Ho. 产权视角下的草原家庭承包制[J]. 草业科学, 2017, 34（03）: 635–643.

[121] 中共中央 国务院.乡村振兴战略规划（2018—2022年）. 新华网（2018年9月26日）, http://www.xinhuanet.com/politics/2018-09/26/c_1123487123.htm.

[122] 中国环境科学研究院. 内蒙古自治区国民经济和社会发展第十二个五年规划纲要战略环境评价报告书[R]. 2012.

[123] 中华人民共和国国家发展和改革委员会. 中蒙俄经济走廊规划纲要, http://www.ndrc.gov.cn/zcfb/zcfbghwb/201609/t20160912_818326.html.

[124] 中华人民共和国国务院. 全国主体功能区规划[R]. 2010.

[125] 中华人民共和国环境保护部, 中国科学院. 全国生态功能区划（修编版）[R]. 2015.

[126] 中华人民共和国环境保护部, 中国科学院. 全国生态环境十年变化（2000–2010年）调查评估报告（简本）[R]. 2015.

[127] 中华人民共和国环境保护部. 中国生物多样性保护战略与行动计划（2011–2030年）[R], 2010.

[128] 中华人民共和国生态环境部, 中国科学院. 全国生态状况变化（2010–2015年）遥感调查评估报告[R]. 2018.

[129] 中华人民共和国生态环境部环境规划院. 中国经济生态生产总值核算发展报告2018[R]. 2018.

[130] 中华人民共和国水利部. 2017年中国水资源公报[R]. 2018.

[131] 中华人民共和国水利部. 全国水土保持规划国家级水土流失重点预防区和重点治理区复核划分成果[R]. 2013.

[132] 中华人民共和国统计局. 2017年中国统计年鉴[R]. 2018.

[133] 周竞红. 沙产业开发与沙区发展——基于内蒙古的探索之路[J]. 开发研究, 2018（03）: 92–97.

[134] 周扬, 李宁, 吉中会, 顾孝天, 范碧航. 基于SPI指数的1981—2010年内蒙古地区干旱时空分布特征[J]. 自然资源学报, 2013, 28（10）: 1694–1706.

[135] BLM. BLM and Forest Service Announce 2018 grazing fees, 2018. Available at: https://www.blm.gov/press–release/blm–and–forest–service–announce–2018–grazing–fees.

[136] BLM. Introduction and history: The Bureau of Land Management, 2018. Available at: http://www.ti.org/blmintro.html#RTFToC4.

[137] BLM. National Conservation Lands, 2018. Available at: https://www.blm.gov/programs/national–conservation–lands（Retrieved on June 10, 2018）.

[138] BLM. Who we are, what we do? 2018. Available at: https://www.blm.gov/about/our–mission.2019

[139] Mitchell, J. E. Rangeland resource trends in the United States. Fort Collins（CO）: USDA Forest Service Rocky Mountain Research Station. General Technical Report RMRS–GTR–68, 2000.

[140] Olson, E. National grasslands management, a primer. US Forest Service, 1997. Available at: http://www.fs.fed.us/grasslands/resources/documents/primer/NG_Primer.pdf

[141] Stubbs, M. Congressional Research Service: Environmental Quality Incentives Program（EQIP）: Status and Issues. 2010.

[142] UNEP. Protected area profile for United States of America from the world database of protected areas, 2019. Available at: www.protectedplanet.net

[143] USDA. Future of America's forest and rangelands: forest service 2010 resources planning act assessment. Gen. Tech. Rep. WO–87. Washington, DC. 2012

[144] Costanza R, d'Arge R, deGroot R, Farber S, Grasso M, Hannon B, Limburg K, Naeem S, ONeill RV, Paruelo J, Raskin R G, Sutton P, VandenBelt M. 1997.The value of the world's ecosystem services and natural capital. Nature. 387（6630）: 253–260.

[145] Daily GC.1997. Nature's service: societal dependence on natural ecosystems. Washington D C:

Island Press.

[146] Deng X, Huang J, Huang Q, Rozelle S, Gibson J. 2011. Do roads lead to grassland degradation or restoration? A case study in Inner Mongolia, China. Environment and Development Economics. 16:751–773.

[147] Huang J, Yang J, Rozelle S. 2010. China' s agriculture: drivers of change and implications for china and the rest of world. Agricultural Economics. 41: 47–55.

[148] Liu J, Kuang W, Zhang Z, Liu J, Kuang W; Zhang Z, Xu X, Qin Y, Ning J, Zhou W, Zhang S, Li R, Yan C, Wu S, Shi X, Jiang N, Yu D, Pan X, Chi W. 2014a. Spatiotemporal characteristics, patterns, and causes of land–use changes in China since the late 1980s. J Geogr Sci. 24: 195–210.

[149] Liu J, Liu M, Tian H, Zhuang D, Zhang Z, Zhang W, Tang X, Deng X. 2005. Spatial and temporal patterns of China' s cropland during 1990 – 2000: An analysis based on Landsat TM data. Remote Sens. Environ. 98: 442 – 456.

[150] Liu J, Zhang Z, Xu X, Kuang W, 2010. Spatial patterns and driving forces of land use change in China during the early 21st century. J Geogr Sci. 20: 483–494.

[151] Liu X, Wang H, Guo J, Wei J, Ren Z, Zhang J, Zhang D, Pan D, Wang F. 2014b. Spatially–explicit modelling of grassland classes – an improved method of integrating a climate–based classification model with interpolated climate surfaces. The Rangeland Journal, 36（2）: 175–183.

[152] Tao S, Fang J, Zhao X, Zhao S, Shen H, Hu H, Tang Z, Wang Z, Guo Q. Rapid loss of lakes on the Mongolian Plateau[J]. PNAS. 2015, 112:2281 – 2286.

[153] Wang Z, Chen J, Zheng W, Deng X. 2018. Dynamics of land use efficiency with ecological intercorrelation in regional development. Landscape and Urban Planning. 177:303–16.

[154] Wang Z, Deng X, Song W, Li Z, Chen J. 2017. What is the main cause of grassland degradation? A case study of grassland ecosystem service in the middle–south Inner Mongolia. Catena. 150:100–7.

[155] Wu F, Deng X, Yin F, et al. 2013. Projected changes of grassland productivity along the representative concentration pathways during 2010–2050 in China. Advances in Meteorology, Article ID 812723, 9 pages.

[156] Wu J, Zhang Q, Li A, Liang C. 2015, Historical landscape dynamics of Inner Mongolia: patterns, drivers, and impacts, Landscape Ecology, 30: 1579 – 1598

[157] Xu Q, Jiang Q, Cao K, Li X, Deng X. 2013. Scenario–based analysis on the structural change of land uses in China. Advances in Meteorology. Article ID 919013, 12 pages.